新能源类专业教学资源库建设配套教材

多晶硅生产技术

——项目化教程

第二版

刘秀琼　主编

邓　丰　唐正林　副主编

戴裕崴　主审

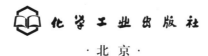

化学工业出版社

·北京·

内容简介

本书为"十四五"职业教育国家规划教材和新能源类专业教学资源库建设配套教材。

本书主要讲述了改良西门子法生产多晶硅的制备原理及生产过程，内容包括三氯氢硅的合成、精馏提纯，三氯氢硅氢还原制备高纯硅，尾气干法回收，硅芯的制备等核心内容，同时对气体的制备与净化、四氯化硅的综合利用与处理、纯水的制备做了详细介绍。本书以新型能源开发为指引，倡导绿色低碳，紧密结合生产实践，注重理论与实践的有机结合。书中配置了二维码，可以即扫即学。

本书可作为本科和高职院校太阳能光伏产业硅材料专业教材，同时也可作为中专、技校和从事多晶硅生产的企业员工的培训教材，还可供相关专业工程技术人员学习参考。

图书在版编目(CIP)数据

多晶硅生产技术：项目化教程/刘秀琼主编. —2版. —北京：化学工业出版社，2019.11 （2024.9重印）
新能源类专业教学资源库建设配套教材
ISBN 978-7-122-35801-1

Ⅰ.①多…　Ⅱ.①刘…　Ⅲ.①半导体材料-硅-生产技术-高等职业教育-教材　Ⅳ.①TN304.1

中国版本图书馆 CIP 数据核字（2019）第 253607 号

责任编辑：刘　哲　　　　　　　　　　装帧设计：韩　飞
责任校对：宋　夏

出版发行：化学工业出版社（北京市东城区青年湖南街 13 号　邮政编码 100011）
印　　装：河北延风印务有限公司
787mm×1092mm　1/16　印张 16¼　字数 430 千字　2024 年 9 月北京第 2 版第 7 次印刷

购书咨询：010-64518888　　　　　售后服务：010-64518899
网　　址：http://www.cip.com.cn
凡购买本书，如有缺损质量问题，本社销售中心负责调换。

定　　价：45.00 元

新能源类专业教学资源库建设配套教材

建设单位名单

天津轻工职业技术学院 (牵头单位)
佛山职业技术学院 (牵头单位)
酒泉职业技术学院 (牵头单位)

（以下按照汉语拼音排列）
包头职业技术学院
常州轻工职业技术学院
哈尔滨职业技术学院
湖南电气职业技术学院
兰州职业技术学院
乐山职业技术学院
秦皇岛职业技术学院
衢州职业技术学院

新能源类专业教学资源库建设配套教材

编审委员会成员名单

主 任 委 员：戴裕崴
副主任委员：李柏青　薛仰全　李云梅
主 审 人 员：刘　靖　唐建生　冯黎成
委　　　　员（按照姓名汉语拼音排列）

陈文明　陈晓林　戴裕崴
段春艳　方占萍　冯黎成
冯　源　韩俊峰　胡昌吉
黄冬梅　李柏青　李良君
李云梅　廖东进　林　涛
刘　靖　刘秀琼　皮琳琳
唐建生　王春媚　王冬云
王技德　薛仰全　张　东
张　杰　张振伟　赵元元

序

多晶硅生产技术——项目化教程
DUOJINGGUI SHENGCHAN JISHU—XIANGMUHUA JIAOCHENG

随着传统能源日益紧缺，新能源的开发与利用得到世界各国的广泛关注，越来越多的国家采取鼓励新能源发展的政策和措施，新能源的生产规模和使用范围正在不断扩大。《京都议定书》签署后，新的温室气体减排机制将进一步促进绿色经济以及可持续发展模式的全面进行，新能源将迎来一个发展的黄金年代。

当前，随着中国的能源与环境问题日趋严重，新能源开发利用受到越来越高的关注。新能源一方面可以作为传统能源的补充，另一方面可以有效降低环境污染。我国新能源开发利用虽然起步较晚，但近年来也以年均超过 25％ 的速度增长。自《可再生能源法》正式生效后，政府陆续出台一系列与之配套的行政法规和规章来推动新能源的发展，中国新能源行业进入发展的快车道。

中国在新能源和可再生能源的开发利用方面已经取得显著进展，技术水平已有很大提高，产业化已初具规模。

新能源作为国家加快培育和发展的战略性新兴产业之一，国家已经出台和即将出台的一系列政策措施，将为新能源发展注入动力。随着投资光伏、风电产业的资金、企业不断增多，市场机制不断完善，"十三五"期间光伏、风电企业将加速整合，我国新能源产业发展前景乐观。

2015 年根据教育部教职成函【2015】10 号文件《关于确定职业教育专业教学资源库 2015 年度立项建设项目的通知》，天津轻工职业技术学院联合佛山职业技术学院和酒泉职业技术学院以及分布在全国的 10 大地区、20 个省市的 30 个职业院校，建设国家级新能源类专业教学资源库，得到了 24 个行业龙头、知名企业的支持，建设了 18 门专业核心课程的教育教学资源。

新能源类专业教育教学资源库开发的 18 门课程，是新能源类专业教学中应用比较广、涵盖专业知识面比较宽的课程。18 本配套教材是资源库海量颗粒化资源应用的一个方面，教材利用资源库平台，采用手机 APP 二维码调用资源库中的视频、微课等内容，充分满足学生、教师、企业人员、社会学习者时时、处处学习的需求，大量的资源库教育教学资源可以通过教材的信息化技术应用到全国新能源相关院校的教学过程，为我国职业教育教学改革做出贡献。

戴裕崴
2017 年 6 月 5 日

本书是在第一版的基础上修订而成。

本次修订以改良西门子法生产多晶硅过程为基础，以完成工作任务为目标，共设置了 8 个学习性项目、32 个学习性工作任务，努力体现现代教育理念和专业特点，突出能力培养。同时，根据几年来使用本教材的院校教师、企业工程技术人员、职业培训教师的意见，对教材相关内容进行了增删和调整：减少工业硅生产内容，增加精馏、还原、尾气回收章节中对设备的维护与管理、设备和系统的操作，细化部分设备结构，增加四氯化硅综合利用内容。

党的二十大报告提出，加快规划建设新型能源体系。本书深入贯彻二十大精神与理念，以有色金属行业"半导体硅材料职业技能鉴定标准"为基准，按照教育部最新理念，坚持贴近岗位的基本原则，根据学生的认知规律，按照多晶硅生产的工作过程组织教学内容，设计了以多晶硅生产过程中的成品或半成品制备为载体的学习性"项目任务"，分别与相应工种岗位的知识、能力、素质要求相吻合，将理论与实践结合在一起，实现教、学、做一体，并强调教材的可读性、易学性、实用性。

修订后的主要内容包括：气体的制备与净化（项目一）；三氯氢硅的合成（项目二）；三氯氢硅精馏提纯（项目三）；三氯氢硅氢还原制备高纯硅（项目四）；尾气干法回收（项目五）；四氯化硅的综合利用与处理（项目六）；硅芯的制备与腐蚀（项目七）；纯水的制备（项目八）。项目一～项目五设有关于规范操作、安全素养等企业案例，扫描二维码即可查看。

本教材与新能源类专业教学资源库配合使用，资源库有相应的学习资料。本教材配有二维码，可以即扫即学。本教材配套的 PPT 课件可在 www.cipedu.com.cn 免费下载使用。

本书主要适用于本科和高职院校硅材料技术相关专业的教学，也可作为其他新能源类相关专业以及职业培训的教材或参考用书。

本书由刘秀琼主编，邓丰、唐正林任副主编，戴裕崴主审。参加编写的人员还有王丽、鲍学东、张舸、黄梅、周雅美、杨莉、舒茜、张东、卢秉伟、叶常琼。在本教材的修订过程中，得到峨眉半导体材料厂高级工程师尹建华等企业专家和同行的无私支持，审稿老师也提出了许多宝贵意见和建议，在此一并表示感谢！

由于编者水平所限，不完善之处在所难免，敬请读者和同仁们指正，以便今后修订时改正。

编者

目　录

绪 论

由于人类的大量开发和使用，石油、天然气、煤等能源贮量越来越少，正在慢慢地被耗尽。不断加剧的"能源危机"使得人类不得不寻求新的能源。其中，太阳能就是最理想的一种能源，它贮藏量巨大，又无污染，将会在以后很长时间里占据着越来越大的比重。将太阳能转换为电能的核心器件就是太阳能电池，而目前制作太阳能电池的主要材料就是硅。预计在未来 50 年里，还不可能有其他材料能够替代硅材料而成为光伏产业主要原材料。利用太阳能发电的硅太阳能电池的研究与生产是最具前途的科技产业之一。人们预测，在今后半个世纪内，太阳能电池产业的发展将持续以 30% 以上的速率增长，将对硅材料的需求与发展形成持久的巨大拉动力。

中国自 2005 年以来，光伏产业迅速兴起，对硅材料的需求急剧增加，从而催生了太阳能级硅材料产业的快速发展。作为上游企业，多晶硅行业也越来越壮大。目前随着现代化建设的进程，能源压力将日趋严重，这将进一步促使太阳能电池产业的加速发展。

多晶硅作为太阳能电池、集成电路、分立器件的基础材料，其传统的生产工艺是用氯气和氢气合成氯化氢（或外购氯化氢），氯化氢和工业硅粉在一定的温度下合成三氯氢硅，然后对三氯氢硅进行分离精馏提纯，提纯后的三氯氢硅在氢还原炉内进行化学气相沉淀（CVD）反应生产高纯多晶硅。此方法称为改良西门子法。

0.1 改良西门子法生产多晶硅

改良西门子法是当今生产多晶硅的主流技术，其纯度可达 N 型 $2000\Omega \cdot cm$。实践证明，$SiHCl_3$ 比较安全，可以安全地运输，可以贮存几个月仍然保持电子级纯度。当容器打开后不像 SiH_4 或 SiH_2Cl_2 那样燃烧或爆炸；即使燃烧，温度也不高，可以用盖盖上。$SiHCl_3$ 法的有用沉积比为 1×10^3，是 SiH_4 的 100 倍。沉积速率可达 $8 \sim 10 \mu m/min$。一次通过的转换效率为 5%～20%，沉积温度为 1100℃，有利于连续操作。为了提高沉积速率和降低电耗，需要解决气体动力学问题和优化钟罩反应器的设计。反应器的材料可以是石英也可以是金属，操作在约为 3.114MPa 的压力下进行，钟罩温度≤575℃。如果钟罩温度过低，则电能消耗大，而且靠近罩壁的多晶硅棒温度偏低，不利于生长。如果罩壁温度大于 575℃，则

SiHCl₃ 在壁上沉积，实收率下降，还要清洗钟罩。国外多晶硅棒直径可达 229mm。国内 SiHCl₃ 法的电耗经过多年的努力已由 $500kW \cdot h/kg$ 降至 $200kW \cdot h/kg$，硅棒直径达到 100mm 左右。要提高产品质量和产量，必须在炉体的设计上下工夫，解决气体动力学问题，加大炉体直径，增加硅棒数量。

改良西门子法经历了数十年的发展，其关键技术由敞开式生产发展到闭环生产。

0.1.1 第一代多晶硅生产流程

适用于 100t/a 以下的小型多晶硅厂，以 HCl 和冶金级多晶硅为起点，在 300℃和 0.45MPa 下经催化反应生成。主要副产物为 SiCl₄ 和 SiH₂Cl₂，含量分别为 51.2% 和 11.4%，此外还有 11.9% 较大分子量的氯硅烷。生成物经沉降器去除颗粒，再经过冷凝器分离 H₂，H₂ 经压缩后又返回流床反应器。液态产物则进入多级分馏塔（图 0-1），将 SiCl₄、SiH₂Cl₂ 和较大分子量的氯硅烷与 SiHCl₃ 分离。提纯后的 SiHCl₃ 进入贮罐。SiHCl₃ 在常温下是液体，由 H₂ 携带进入钟罩反应器，在加温至 1100℃的硅芯上沉淀。其反应为：

$$SiHCl_3 + H_2 \longrightarrow Si + 3HCl \tag{0-1}$$

$$2SiHCl_3 \longrightarrow Si + SiCl_4 + 2HCl \tag{0-2}$$

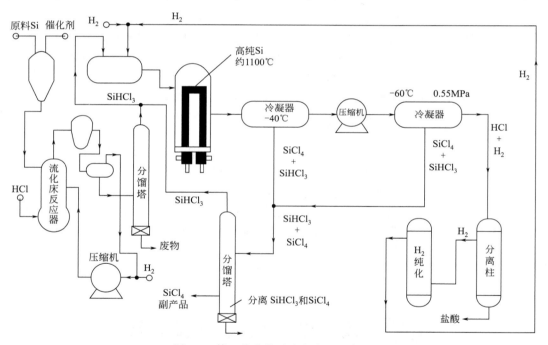

图 0-1 第一代多晶硅生产流程示意图

式(0-1)是希望唯一发生的反应，但实际上式(0-2)也同时发生。这样，自反应器排出的气体主要有 4 种，即 H₂、HCl、SiHCl₃ 和 SiCl₄。第一代多晶硅生产流程适应于小型多晶硅厂。回收系统回收 H₂、HCl、SiCl₄ 和 SiHCl₃，但 SiCl₄ 和 HCl 不再循环使用而是作为副产品出售，H₂ 和 SiHCl₃ 则回收使用。反应器流出物冷却至-40℃，再进一步加压至 0.55MPa，深冷至-60℃，将 SiCl₄ 和 SiHCl₃ 与 HCl 和 H₂ 分离。后两者通过水吸收：H₂ 循环使用；盐酸为副产品。SiHCl₃ 和 SiCl₄ 混合液进入多级分馏塔，SiCl₄ 作为副产品出售，高纯电子级的 SiHCl₃ 进入贮罐待用。

第一代多晶硅生产的回收和循环系统小，所以投资不大。但是 SiCl₄ 和 HCl 未得到循环利用，生产成本高，当年生产量仅为数十吨以下时还可以运行，而年生产量扩大到数百吨以上时，则进展到第二代。

0.1.2　第二代多晶硅生产流程

如图 0-2 所示，所得产物主要是 $SiCl_4$ 和 SiH_2Cl_2。分离提纯后，高纯 $SiHCl_3$ 又进入还原炉生长多晶硅，$SiCl_4$ 重新又与冶金级硅反应。由于 $SiCl_4$ 的回收可以增加沉积速度，从而扩大了生产。

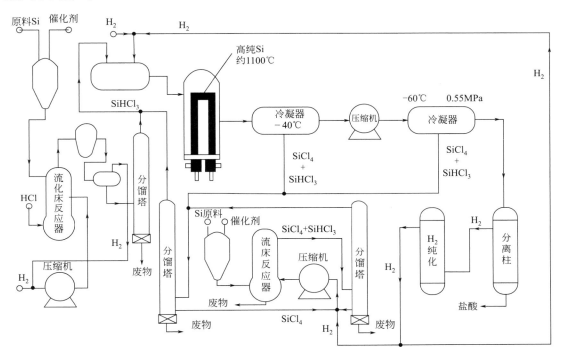

图 0-2　第二代多晶硅生产流程示意图

0.1.3　第三代多晶硅生产流程

如图 0-3 所示，第二代多晶硅生产流程中虽然 $SiCl_4$ 得到利用，但 HCl 仍然未进入循环。

第一代和第二代多晶硅生产流程中，H_2 和 HCl 的分离可以用水洗法，并得到盐酸。而第三代多晶硅生产流程（图 0-3）中不能用水洗法，因为这里要求得到干燥的 HCl。为此，用活性炭吸附法或冷 $SiCl_4$ 溶解 HCl 法回收，所得到的干燥的 HCl 又进入流化床反应器与冶金级硅反应。在催化剂作用下提高多晶硅的产量可以走两条途径：一是提高一次通过的转换率，另一种是维持合理的一次转化率的同时，加大反应气体通过量，提高单位时间的硅沉积量。第一种途径可以节约投资，但是生产产量提高不大。第二种途径可以加大沉积速率，从而扩大了产量，但要投资建立回收系统。第二代多晶硅生产流程就是按第二途径而设计。流程中将 $SiCl_4$ 与冶金级硅反应，在催化剂参与下生成 $SiHCl_3$（见图 0-2）。其反应式为：

$$3SiCl_4 + Si + 2H_2 \longrightarrow 4SiHCl_3 \tag{0-3}$$

在温度 300℃ 和压力 0.45MPa 条件下转化为 $SiHCl_3$，经分离和多级分馏后与副产品 $SiCl_4$、SiH_2Cl_2 和大分子量氯硅烷分离。$SiHCl_3$ 又补充到贮罐待用，$SiCl_4$ 则进入另一流化

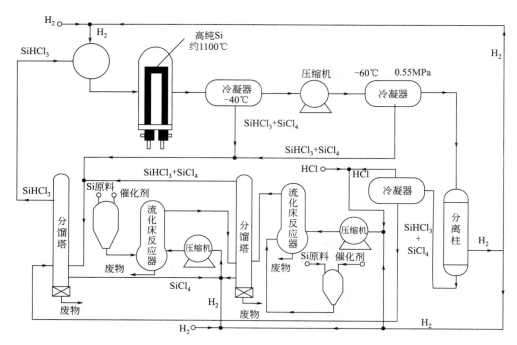

图 0-3　第三代多晶硅生产流程示意图

床反应器，在 $500℃$ 和 $3.45MPa$ 的条件下生产 $SiHCl_3$。

第三代多晶硅生产流程实现了完全闭环生产，适用于现代化年产 1000t 以上的多晶硅厂。其特点是 H_2、$SiHCl_3$、$SiCl_4$ 和 HCl 均循环利用。还原反应并不单纯追求最大的一次通过的转化率，而是提高沉积速率。完善的回收系统可保证物料的充分利用，而钟罩反应器的设计完善使高沉积率得以体现。反应器的体积加大，硅芯根数增多，炉壁温度在 $≤575℃$ 的条件下尽量提高；多硅芯温度均匀一致（约 $1100℃$），气流能保证多硅棒均匀迅速地生长，沉积率已由 1960 年的 $100g/h$ 提高到 1988 年的 $4kg/h$，现在已达到 $5kg/h$，数十台反应器即可达到千吨级甚至万吨级的年产量。

成功运行第三代多晶硅生产的关键之一是充分了解反应物和生成物的组成，另一关键是充分了解每步反应的最佳条件，才能正确地设计工厂的工艺流程及装备。

现代多晶硅生产已将生产 1kg 硅的还原电耗降至 $100kW \cdot h$ 以下，冶金级硅耗约 $1.14kg$，液氯耗约 $1.14kg$，氢耗约 $0.15m^3$，综合电耗为约 $170kW \cdot h$。

多晶硅的纯度也是至关重要的，施主杂质容许的最高原子比为 15×10^{-11}（150ppta❶），受主杂质浓度为 5×10^{-11}（50ppta），碳浓度为 1×10^{-7}（100ppba）。质量浓度也应控制在 5×10^{-10}（500pptw）以下。此外对表面金属也有严格要求。

0.2　其他多晶硅生产方法

0.2.1　$SiCl_4$ 法

氯硅烷中以 $SiCl_4$ 法应用较早，所得到的多晶硅纯度也很好，但是生长速率较低（4～

---

❶ $ppm = 10^{-6}$，$ppb = 10^{-9}$，$ppt = 10^{-12}$。

$6\mu m/min$），一次转换效率只有 $2\%\sim10\%$，还原温度高（$1200℃$），能耗 $250kW\cdot h/kg$，虽然有纯度高、安全性高的优点，但产量低。目前 $SiCl_4$ 主要用于生产硅外延片。

0.2.2 硅烷法——硅烷热分解法

SiH_4 是以四氯化硅氢化法、硅合金分解法、氢化物还原法、硅的直接氢化法等方法制取，然后将制得的硅烷气提纯后在热分解炉生产纯度较高的棒状多晶硅。中国过去对硅烷法有研究，也建立了小型工厂，但使用的是陈旧的 Mg_2Si 与 NH_4Cl 反应（在 NH_3 中）方法。此方法成本高，已不采用。用钠和四氟化硅或氢化钠和四氟化硅也可以制备硅烷，但是成本也较高。适于大规模生产电子级多晶硅用的硅烷是以冶金级硅与 $SiCl_4$ 逐步反应而得。此方法由 UnionCarbide 公司发展，并且在大规模生产中得到应用。硅烷生长的多晶硅电阻率可高达 $2000\Omega\cdot cm$（用石英钟罩反应器）。

现代硅烷法的制备方法是由 $SiCl_4$ 逐步氢化：$SiCl_4$ 与硅、氢在 $3.155MPa$ 和 $500℃$ 下首先生成 $SiHCl_3$，再经分馏/再分配反应生成 SiH_2Cl_2，并在再分配反应器内形成 SiH_3Cl，SiH_3Cl 通过第三次再分配反应迅速生成硅烷和副产品 SiH_2Cl_2。转换效率分别为 $20\%\sim22.15\%$、9.16% 及 14%，每一步转换效率都比较低，所以物料要多次循环。整个过程要加热和冷却，再加热再冷却，消耗能量比较高。硅棒上沉积速率与反应器上沉积速率之比为 $10:1$，仅为 $SiHCl_3$ 法的 $1/10$。特别要指出，SiH_4 分解时容易在气相成核，所以在反应室内生成硅的粉尘，损失达 $10\%\sim20\%$，使硅烷法沉积速率仅为 $3\sim8\mu m/min$。硅烷分解时温度只需 $800℃$，所以电耗仅 $40kW\cdot h/kg$，但由于硅烷易爆炸，因此建设中的大型硅厂不应采取钟罩式硅烷热分解技术。硅烷的潜在优点在于用流化床反应器生成颗粒状多晶硅。

0.2.3 流化床法

以四氯化硅、氢气、氯化氢和工业硅为原料，在流化床内（沸腾床）高温高压下生成三氯氢硅，将三氯氢硅再进一步歧化加氢反应生成二氯二氢硅，继而生成硅烷气。

制得的硅烷气通入加有小颗粒硅的流化床反应炉内进行连续热分解反应，生成粒状多晶硅产品。因为在流化床反应炉内参与反应的硅表面积大，生产效率高，电耗低，成本低，适用于大规模生产太阳能级多晶硅。唯一的缺点是安全性差，危险性大。其次是产品纯度不高，但基本能满足太阳能电池生产的使用。

SiH_2Cl_2 也可以生长高纯度多晶硅，但一般报道只有约 $100\Omega\cdot cm$，生长温度为 $1000℃$，其能耗在氯硅烷中较低，只有 $90kW\cdot h/kg$。与 $SiHCl_3$ 相比有以下缺点：它较易在反应壁上沉淀，硅棒上和管壁上沉积的比例为 $100:1$，仅为 $SiHCl_3$ 法的 1%；易爆，而且还产生硅粉，一次转换率只有 17%，也比 $SiHCl_3$ 法略低；最致命的缺点是 SiH_2Cl_2 危险性极高，易燃易爆，且爆炸性极强，与空气混合后在很宽的范围内均可以爆炸，被认为比 SiH_4 还要危险，所以也不适于多晶硅生产。

0.2.4 铸锭法

铸锭硅是介于原始多晶硅与单晶硅之间的一种产品。铸锭硅虽然也属于多晶硅，但它的晶粒要比原始多晶硅大得多，一般为几到几十毫米。用铸锭硅片制作的太阳能电池片，虽然光电转换效率比单晶硅要低一点，但铸锭硅的生产成本比单晶硅要低，并且产量大。

铸锭硅的生产是把高纯多晶硅装入到铸锭炉中，先熔化成液态，通过铸锭炉的自动化操作，使液态硅自下而上缓慢地重新结晶，生成一块大晶粒的多单晶铸锭硅。

项目一

气体的制备与净化

项目描述

　　本项目介绍氢气、氮气的性质及安全使用；改良西门子法多晶硅生产中氢气、氮气的制备；气体净化基本常识；电解纯水制氢工艺流程、核心设备结构原理及操作，制氢站常见问题判断与处理，应急事故处理等。

能力目标

① 能按安全操作规范和作业文件要求，生产合格的氢气、氮气。
② 能判断氢气、氮气的质量是否符合生产要求。
③ 能发现和判断氢气、氮气生产过程中常见故障并进行相应处理。
④ 能联系上、下工序，确认开车状态。

在改良西门子法生产多晶硅中，常用的气体有氢气和氮气。
氢气在多晶硅生产中主要应用于以下几方面。
① 作为原料生产 HCl：

$$H_2 + Cl_2 =\!=\!= 2HCl$$

② 作为原料参与还原反应，生产多晶硅：

$$H_2 + SiHCl_3 =\!=\!= Si + 3HCl$$

③ 作为原料参与氢化反应，生产三氯氢硅：

$$H_2 + SiCl_4 =\!=\!= SiHCl_3 + HCl$$

④ 用于系统的置换、赶气。
氮气主要应用于生产系统、设备的吹扫、置换赶气以及作为保护性气体。
几种常用气体的性质见表 1-1。

表 1-1 常用气体的性质

气体名称	分子式	分子量	在标准状况下的密度/(g/L)	标准状况下的摩尔体积/L	在 1atm❶时的沸点/℃	液化温度/℃	液态条件下的密度/(g/L)
氢气	H₂	2.016	0.0899	22.43	−252.7	−252	0.0709
氮气	N₂	28.016	1.2507	22.3	196	−196	0.808
氩气	Ar	39.944	1.784	22.39	−185.7	−185	1.402
氧气	O₂	32.00	1.429	22.39	−183	−183	1.14

注：标准状况是指压强 $p=101.3\text{kPa}$、温度 $T=273.15\text{K}$ 的条件。

任务一 气体的制备

【任务描述】

本任务学习氢气、氮气的性质，电解纯水制氢原理，氢气制备工艺流程，制氢站关键及核心设备，制氢站常见问题判断与处理、应急事故处理等。

【任务目标】

① 掌握氢气、氮气的性质。
② 理解电解纯水制氢原理。
③ 掌握电解纯水制氢工艺流程、制氢站关键及核心设备。
④ 能判断与处理制氢站常见问题。
⑤ 能在制氢站出现突发事故时进行处理。

1.1.1 氢气的制备

1.1.1.1 氢气的性质

氢气（H₂）是一种无色无嗅的气体，熔点 −259.2℃，沸点 −252.8℃，相对密度 0.07（空气＝1），饱和蒸气压 13.33kPa。不溶于水、乙醇、乙醚，能被金属吸收，透过炙热的铁、铂等。在 240℃ 时能透过钯，常温下能透过带孔橡皮而放出，还能透过玻璃；在镍、钯和铂内溶解度大，1 体积的钯能溶解几百体积的氢气，具有较大的扩散速度和很高的导热性。

氢气的制备与净化

氢气能自燃，但不能助燃，易燃烧、易爆炸（遇火或 700℃ 时产生爆炸，产生大量的热）。若使氢和氧按体积比为 2:1 混合并点燃时，立即发生剧烈的爆炸。这种混合气称"爆鸣气"。与空气混合形成爆炸性气体（氢与空气的混合气中含有 4.0%～75% 体积比的氢点燃时即发生爆炸）。氢气比空气轻，在室内使用和贮存时，漏气上升滞留屋顶，不易排出，遇火星会引起爆炸。因此使用氢气时必须注意：在氢气系统中不得混入氧或空气。若氢气中含有少量氧气或空气，那么使用前必须对氢气进行净化。氢气与氟、氯、溴等卤素会剧烈反应。无毒，仅在高浓度时可使人缺氧窒息，呈现出麻醉作用。

多晶硅生产中主要用氢气来合成氯化氢、还原三氯氢硅制取多晶硅及氢化四氯化硅。

工业上制取氢气的方法很多。半导体工业中使用的氢气，一般是采用电解水或电解食盐水（NaCl）溶液的方法来制取。电解水时，一般是在 15% 的 KOH 或 NaOH 水溶液中以镍作阳极，

❶ 1atm＝101325Pa。

铁作阴极，两极之间放置石棉隔膜进行电解，在阳极上得到氧，在阴极上得到氢。另一方面，还可由尾气回收系统将还原反应中生成的和未反应的氢气或合成反应生成的氢气回收。

1.1.1.2　电解的基本原理

当电解槽通电后，溶液中所有的阳离子（K^+ 及少量的 H^+ 等）都向阴极移动。所有的阴离子（OH^- 等）都向阳极移动。但在阴极上并不是所有的阳离子都被还原。虽然在 15% 的 KOH 溶液中，H^+ 的浓度比 K^+ 浓度小得多，但是 H^+ 的标准电极电势（$\varphi^\ominus = 0.000V$）比 K^+ 的标准电极电势（$\varphi^\ominus = -2.925V$）高，氢离子更易在阴极得到电子，因此，在阴极上析出的是氢而不是钾。

在阴极上的反应为：

$$2H^+ + 2e = H_2 \uparrow$$

在阳极上的反应为：

$$4OH^- - 2e = O_2 \uparrow + 2H_2O$$

所以电解 KOH 水溶液时，在两极析出来的是氢和氧，而钾离子则留在电解液之中。从实际效果来看电解的是 H_2O 而不是 KOH。由于 H_2O 本身的导电性能很差，电解纯水是很不容易的，因此在实际工作中想要电解水，均采用 KOH 或 NaOH 的水溶液作电解液。

电解水制得的氢气中的杂质含量见表 1-2。

表 1-2　电解水制得的氢中杂质含量

杂质种类	H_2O	O_2	CO_2	N_2	Ar	CH_4
杂质含量/ppm	>5000	0.5	5~10	170~2600	46	7~11

注：1ppm=1mg/L。

采用电解方法制得的氢气一般要经过净化处理才能用于半导体工业。

电解 NaCl 水溶液在两极上的反应分别如下。

阳极：
$$2Cl^- - 2e = Cl_2 \uparrow$$

阴极：
$$2H^+ + 2e = H_2 \uparrow$$

在氧化-还原反应中，离子的电极电势越高，其得电子能力（或氧化性）越强；反之，离子的电极电势越低，其失电子能力（或还原性）越强。一些常见离子的标准电极电势顺序如下。

阳离子：$K^+ < Ca^{2+} < Na^+ < Al^{3+} < Zn^{2+} < Fe^{2+} < Sn^{2+} < Pb^{2+} < H^+$

阴离子：$F^- > OH^- > MnO_4^- > Cl^- > Br^- > I^-$

由上面离子的标准电极电势可以解释为什么在电解 NaCl 水溶液时不能得到 H_2 和 O_2，而是 H_2 和 Cl_2，这是由于 OH^- 的得电子能力比 Cl^- 强，所以在电解时 Cl_2 会先于 O_2 析出。

对于像 K^+、Na^+ 等失电子能力极强的离子，如果想得到其单质元素，通常采取电解其熔融盐（比如 KCl 等）的方法制得。

1.1.1.3　氢气的生产工艺流程

氢气在多晶硅生产厂中一般是通过电解水法生产。在电解水过程中，由电解槽阴极生成的氢气导入氢气总管，送到氢气处理工序。电解水的现象最早是在 1789 年被观测到，1800年 Nicholson 和 Carlisle 发展了这一技术；1948 年 Zdansk 和 Lonza 建造了第一台增压式水电解槽。目前，已经发展了三种基于不同种类的电解槽，分别是碱性电解槽、聚合物薄膜电解槽以及固体氧化物电解槽，电解效率也由 70% 提高到 90%。尽管碱性电解槽的效率是三种电解槽中最低的，但由于价格低廉，技术最为成熟，目前仍然被广泛使用，尤其是在大规模制氢工业中。

电解水制氢工艺流程图如图 1-1 所示。

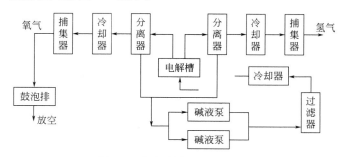

图 1-1　氢气制备工艺流程图

工业软水经纯水装置制取纯水，并送入原料水箱，经补水泵输入碱液系统，补充被电解消耗的水。电解槽中的水，在直流电的作用下被分解成 H_2 与 O_2，并与循环电解液一起分别进入框架中的氢、氧分离洗涤器后进行气液分离、洗涤、冷却。分离后的电解液与补充的纯水混合后，经碱液冷却器、碱液循环泵、过滤器送回电解槽循环、电解。调节碱液冷却器冷却水流量，控制回流碱液的温度，来控制电解槽的工作温度，使系统安全运行。分离后的氢气由调节阀控制输出，送入氢气贮罐，再经缓冲减压后，供用户使用。

1.1.1.4　制氢站的核心设备

(1) 电解槽

① 碱性电解槽　碱性电解槽是最古老、技术最成熟、也最经济的电解槽，并且易于操作，在目前广泛使用，但缺点是其效率是三种电解槽中最低的。其基本原理示意图如图 1-2 所示。

碱性电解槽主要由电源、电解槽箱体、电解液、阴极、阳极和横隔膜组成。通常电解液都是氢氧化钾溶液（KOH），浓度为 $20\% \sim 30\%$（质量分数）；横隔膜主要由石棉组成，主要起分离气体的作用；而两个电极则主要由金属合金组成，比如 Raney Nickel、Ni-Mo 和 Ni-Cr-Fe，主要是分解水，产生氢和氧。电

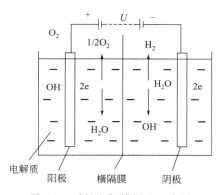

图 1-2　碱性电解槽原理示意图

解槽工作温度 $70 \sim 100℃$，压力为 $100 \sim 3000 kPa$。在阴极，两个水分子（H_2O）被分解为两个氢离子（H^+）和两个氢氧根离子（OH^-），氢离子得到电子生成氢原子，并进一步生成氢分子（H_2），而那两个氢氧根离子（OH^-）则在阴、阳极之间的电场力作用下穿过多孔的横隔膜，到达阳极，在阳极失去两个电子生成一个水分子和 1/2 个氧分子。阴、阳极的反应式分别如下。

阴极：
$$2H_2O + 2e \longrightarrow H_2 + 2OH^-$$

阳极：
$$2OH^- \longrightarrow 1/2O_2 + H_2O + 2e$$

目前广泛使用的碱性电解槽结构主要有两种：单极式电解槽和双极式电解槽。这两种电解槽的示意图如图 1-3 所示。

在单极式电解槽中电极是并联的，而在双极式电解槽中则是串联的。双极式的电解槽结构紧凑，减小了因电解液的电阻而引起的损失，从而提高了电解槽的效率。但双极式电解槽在另一方面也因其紧凑的结构增大了设计的复杂性，从而导致制造成本高于单极式的电解

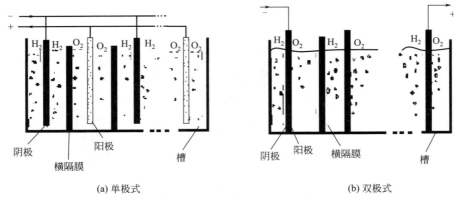

阴极　　阳极　　横隔膜　　槽　　　　　　阴极　阳极　横隔膜　　槽

(a) 单极式　　　　　　　　　　　　(b) 双极式

图 1-3　单极式和双极式电解槽示意图

槽。鉴于目前更强调的是转换效率，现在工业用电解槽多为双极式电解槽。为了进一步提高电解槽转换效率，需要尽可能地减小提供给电解槽的电压，增大通过电解槽的电流。减小电压可以通过发展新的电极材料、新的横隔膜材料以及新的电解槽结构——零间距结构（Zero-Gap）来实现。研究表明 Raney Nickel 和 Ni-Mo 等合金作为电极能有效加快水的分解，提高电解槽的效率。而由于聚合物的良好的化学、机械的稳定性，以及气体不易穿透等特

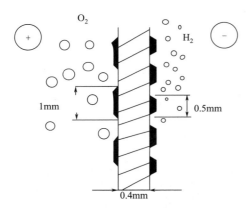

图 1-4　零间距结构电解槽示意图

性，将取代石棉材料成为未来的横隔膜材料。同时提高电解槽的效率还可以以提高反应温度来实现，温度越高，电解液阻抗越小，效率越高。而零间距结构则是一种新的电解槽构造，由于电极与横隔膜之间的距离为零，有效降低了内部阻抗，减少了损失，从而增大了效率。零间距结构电解槽如图 1-4 所示，多孔的电极直接贴在横隔膜的两侧，在阴极水分子被分解成 H^+ 和氢氧根离子（OH^-），OH^- 直接通过横隔膜到达阳极生成氧气，因为没有了传统碱性电解槽中电解液的阻抗，有效增大了电解槽的效率，是未来比较有潜力的电解槽结构。

　　② 聚合物薄膜电解槽（PEM Electrolyzer）　碱性电解槽结构简单，操作方便，价格较便宜，比较适合用于大规模制氢，但缺点是效率不够高，70%～80%。为了进一步提高电解槽的效率，开发出了聚合物薄膜（PEM）电解槽和固体氧化物电解槽（Solid Oxide Electrolyzer）。聚合物薄膜电解槽（PEM Electrolyzer）是基于离子交换技术的高效电解槽，第一台 PEM 电解槽是由通用电气公司在 1966 年研制出来的，当时是用于空间技术，随后日本开展了 WE-NET 工程，进行了大量的研究。它的工作原理如图 1-5 所示。

　　PEM 电解槽主要也是由两电极和聚合物薄膜组成，质子交换膜通常与电极催化剂成一体化结构（MEA：Membrane Electrode Assembly）。在这种结构中，以多孔的铂材料作为催化剂结构的电极是紧贴在交换膜表面的。薄膜由 Nafion（一种聚四氟乙烯的阳离子交换膜）组成，包含有 SO_3H，水分子在阳极被分解为氧和 H^+，而 SO_3H 很容易分解成 SO_3^{2-} 和 H^+，H^+ 和水分子结合成 H_3O^+，在电场作用下穿过薄膜到达阴极，在阴极生成氢。PEM 电解槽不需电解液，只需纯水，比碱性电解槽安全、可靠。使用质子交换膜作为电解质，具有化学稳定性、高的质子传导性、良好的气体分离性等优点。由于较高的质子传导

性，PEM 电解槽可以工作在较高的电流下，从而增大了电解效率。并且由于质子交换膜较薄，减小了欧姆损失，也提高了系统的效率。目前 PEM 电解槽的效率可以达到 85% 或以上，但由于在电极处使用铂等贵重金属，Nafion 也是很昂贵的材料，故 PEM 电解槽目前还难以投入大规模的使用。为了进一步降低成本，目前的研究主要集中在如何降低电极中贵重金属的使用量以及寻找其他的质子交换膜材料。有机材料比如 Poly[bis(3-methyl-phenoxy)phosphazene] 和无机材料如 SPS 都已经经过实验证明具有和 Nafion 很接近的特性，但成本却比 Nafion 要低，因此可以考虑作为 PEM 电解槽质子交换膜。随着研究的进一步深入，将可能找到更合适的质子交换膜，并且随着电极贵金属分量的减小，PEM 电解槽的成本将会大大降低，成为主要的制氢装置之一。

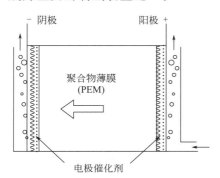

图 1-5　聚合物薄膜电解槽示意图　　　　图 1-6　固体氧化物电解槽示意图

③ 固体氧化物电解槽（Solid Oxide Electrolyzer）　固体氧化物电解槽从 1972 年开始发展起来，目前还处于早期发展阶段。由于工作在高温下，部分电能由热能代替，效率很高，并且成本也不高，其基本原理示于图 1-6。高温水蒸气进入管状电解槽后，在内部的负电极处被分解为 H^+ 和 O^{2-}，H^+ 得到电子生成 H_2，而 O^{2-} 则通过电解质 ZrO_2 到达外部的阳极，生成 O_2。固体氧化物电解槽目前是三种电解槽中效率最高的，并且反应的废热可以通过汽轮机、制冷系统等利用起来，使得总效率达到 90%，但由于工作在高温下（1000℃），也存在着材料和使用上的一些问题。适合用作固体氧化物电解槽的材料主要是 YSZ（Yttria-Stabilized Zirconia）。这种材料并不昂贵，但由于制造工艺比较贵，使得固体氧化物电解槽的成本也高于碱性电解槽的成本。其他的比较便宜的制造技术如电化学气相沉淀法（EVD：Electrochemical Vapor Deposition）和喷射气相沉淀法（JVD：Jet Vapor Deposition）正在研究之中，有望成为以后固体氧化物电解槽的主要制造技术。各国的研究重点除了发展制造技术外，同时也在研究中温（300～500℃）固体氧化物电解槽，以降低温度对材料的限制。随着研究的进一步深入，固体氧化物电解槽技术将和质子交换膜电解槽成为制氢的主要技术，架起一座从可再生能源到氢能源的桥梁。

（2）电解液循环系统

电解液循环系统的作用，是从电解槽带走电解过程中产生的氢气、氧气和热量，将补充的原料水送给电解槽，对电解槽内电解反应区域进行"搅拌"，以减少浓差极化，降低电耗。该系统包括如下路线（内循环）：

$$碱液泵 \rightarrow 碱液过滤器 \rightarrow 电解槽 \begin{cases} \rightarrow 氢分离器 \\ \\ \rightarrow 氧分离器 \end{cases} \rightarrow 碱液泵$$

（3）氢气系统

氢气从电解小室的阴极一侧分解出来，借助于电解液的循环和气液密度差，在氢分离洗涤器中与电解液分离形成产品气，其路线为：

$$电解槽 \rightarrow 氢分离器 \rightarrow 调节阀 \begin{cases} 氢气出口 \\ 阻火器排空 \end{cases}$$

氢气的排空主要用于开停机期间，不正常操作或纯度不达标以及故障排空。

（4）氧气系统

氧气作为水电解制氢装置的副产品具有综合利用价值，氧气系统与氢气系统有很强的对称性，装置的工作压力和槽温也都以氧侧为测试点。

它包括：

$$电解槽 \rightarrow 氧洗涤器 \rightarrow \begin{cases} 用户或贮存 \\ 或排空 \end{cases}$$

氧气的排空除与氢气排空做同样考虑外，对于不利用氧气的用户，排空是常开状态。

（5）补水、补碱系统

水电解制氢（氧）过程唯一的"原材料"是高纯水，此外氢气和氧气在离开系统时要带走少量的水分，因此，必须给系统不断补充原料水，同时通过补水还维持了电解液液位和浓度的稳定性。补充水同时从氢、氧两侧补入。

$$原料水箱 \rightarrow 补水泵 \rightarrow 氢分离洗涤器 \rightarrow 电解槽$$

（6）冷却水系统

水的电解过程是吸热反应，制氢过程必须供以电能，但水电解过程消耗的电能超过了水电解反应理论吸热量，超出部分主要由冷却水带走，以维持电解反应区正常的温度。电解反应区温度高，可降低能源消耗，但温度过高，石棉质的电解小室隔膜将被破坏，同时对设备长期运行带来不利。本装置要求工作温度保持在不超过 90℃ 为最佳。此外，所生成的氢气、氧气也须冷却、除湿。晶闸管整流装置也设有必要的冷却管路。冷却水分三路流入系统：

$$冷却水入口 \begin{cases} 温度调节阀 \rightarrow 碱液冷却器 \rightarrow 出口 \\ 氢（氧）气冷却器 \rightarrow 出口 \\ 整流柜冷却管路 \rightarrow 排放 \end{cases}$$

（7）充氮和氮气吹扫系统

装置在调试运行前，要对系统充氮做气密性试验。在正常开机前也要求对系统的气相充氮吹扫，以保证氢、氧两侧气相空间的气体远离可燃可爆范围。充氮口设在氢、氧分离洗涤器连通管的一侧，氮气引入后流经：

$$充氮口 \begin{cases} 氢分离洗涤器 \rightarrow 阻火器 \rightarrow 排空 \\ 氧分离洗涤器 \rightarrow 排空 \end{cases}$$

（8）排污系统

由如下排污点组成：电解槽两端排污管；碱液过滤器排污管；原料水箱排污管；碱箱排污管；氢（氧）侧排水器排污管；氢（氧）分离器液位计排污。

1.1.1.5　制氢站主要工艺控制条件

① 电解液：15%KOH 水溶液（水为超纯水）。

② 原料水水质要求：

电阻率≥$1.0×10^5 Ω·cm$；

铁离子含量＜1mg/L；

氯离子含量＜2mg/L；

干残渣含量＜7mg/L；

悬浮物含量＜1mg/L。

③ 冷却水：

温度≤30℃；

压力0.4～0.6MPa；

水质自来水。

④ 电源：

控制柜电源为三相四线制 AC 380V，50Hz；

晶闸管整流柜控制电源为三相四线制 AC 380V，50Hz。

⑤ 控制气源：

压力0.5～0.7MPa；

流量$6m^3/h$；

露点低于环境温度10℃以下；

无油、无尘，含油量≤$5mg/m^3$。

1.1.1.6　操作与维护

（1）开机前的检查

① 详细检查有无金属工具杂物等异物落放在电解槽内，槽体清洁干燥，无短路和绝缘不良现象。整流柜铜排清洁干净，无接触不良和绝缘不良现象，整个工艺系统整洁、稳固，排污沟畅通，槽体上部无漏雨和其他的滴漏。

② 按流程图检查现场连接管安装是否正确，按照电气图检查接线是否正确规范。

③ 检查接地、防雷装置、气源等是否符合要求，并预先联系好保证稳定供电、供气、供水。检查原料水系统为无污染、无腐蚀材料制成，并经过严格除油、除污，阀除油、除锈，一般宜为不锈钢制作。冷却水系统压力、流量能满足工艺要求，并确保冷却水系统无泄漏。

④ 排空系统畅通，无冻结阻塞。

⑤ 检查设备仪器仪表系统安装的正确性，检查电、气接头有无松动、脱开。

（2）气密性试验

① 关闭制氢机所有外连阀门，打开制氢机内所有阀门。

② 向系统充入工业纯以上氮气，压力到1.0MPa时关闭进气阀门，检查系统有无泄漏，检查没泄漏后升压至1.2MPa，观察有无泄漏，确保无泄漏后，再升压到1.68MPa检查气密情况，检查泄漏情况并消除漏点。系统保压12h，泄漏量不超过每小时5‰为良好。

（3）清洗

制氢装置调试运行前，须用原料水清洗系统内部容器和管路。

① 补水泵的启动转换开关为手动停止挡（联锁消除挡）。

② 清洗水箱、碱箱，用原料水冲刷箱体内表面，将箱内的污物和杂质如铁锈、焊渣、油污及泥沙等冲下，并通过排污口排掉。如油垢洗不净时，应用清洗剂擦洗，直至从两箱内排出的原料水洁净为止。

③ 清洗电解槽及工艺管道，该过程是借助碱液泵循环来完成的。

● 清洗前，所有阀门均处于关闭状态，先开碱箱进水阀、出水阀，再开进碱阀、碱液泵进出口阀、过滤器进口阀、出口阀，然后启动碱液泵，缓缓地打开电解槽进碱阀，将原料水打入到电解槽及工艺管道中，直到液位达到分离器液位计中部时停泵。

● 开碱液连通管的进碱阀，关进碱阀，启动碱液泵，进行内循环，直到流量达到最大。通过如此循环洗涤上述系统，3～4h后停泵，打开电解槽排污阀、过滤器排污阀，将污水排净。

● 重复以上操作2～3次，直到排出液干净为止，排出原料水洁净无污。

（4）电解液的准备

30℃时，15%KOH水溶液相对密度为1.180，30%KOH水溶液相对密度为1.281。

① 置所有阀门为关闭状态。

② 打开碱箱补水阀，向碱液箱内注原料水〔其加水量根据技术性能和消耗表中所列数据进行换算（体积用升表示），稀碱换算方法为：消耗稀碱量（kg）÷15%－消耗稀碱量，浓碱把15%改为30%即可〕，注水完毕后关补水阀（注意，如果碱箱体积不能一次配好，可以采用一次把所用的碱加完打进设备，然后加水进行稀释，也可以分几次完成，建议采用后者）。

③ 启动循环泵，调碱液进料阀，至碱液流量最大，进行配碱循环。

④ 缓慢加入KOH，待完全溶解后加入0.2%的V_2O_5。电解液配好后，停泵，关闭进碱阀。

⑤ 待配好的电解液温度降到常温后，启动循环泵（先确认碱箱出碱阀关闭），调节进碱阀，将配好的电解液（<50℃）打入制氢机，至氢氧分离器液位中下部。停泵，关碱箱进出碱阀。

⑥ 启动循环泵，使碱液在制氢机内循环，缓慢调节碱液阀，使流量指示在规定的范围内，内循环进行半小时后缓缓打开出碱阀，小心取碱样（用量筒），稍静置，检测碱液相对密度（30℃时检测最佳）。相对密度小，可将碱液退回碱箱，加KOH后再注入系统至相对密度合格；相对密度过大，可向系统通过补水泵注原料水至相对密度合格或退回碱箱加水。

（5）正常停机

补水泵启动开关置于停止挡；切断分析仪电源，分析气样流量调到0；二位三通阀处于放空状态；将整流柜总电流给定缓缓调到0；分步逐渐调低系统压力设定值，并注意观察氢、氧侧液位，必要时借助手动调节液位；设定碱液温度值为0，使碱液循环量最大，以冷却碱液；碱液泵继续运行1～2h后停泵；切断电源、气源、冷却水之后，可关各阀，装置停车完毕。

（6）紧急停机

① 在紧急停电但无其他故障情况下，应快速关闭氢、氧两侧保压阀，关闭氢、氧两侧分析仪取样阀。如果短时间供电正常，可通过自控系统按正常开机步骤开机。如果长时间停机待电，在维持两侧液位基本平衡情况下卸压，其他操作同上。

② 设备故障紧急停车时，立即停止整流柜，迅速关闭氢、氧两侧保压阀，快速切换补水泵至停止挡，密切注意使液位均衡，严防氢氧混合。紧急停机后要做好停机记录，供事后分析和处理。属设备故障，则须对故障进行认真分析和排除，正常后方可投入运行。

（7）制氢装置维护

电解小室阴极和阳极之间的隔膜材料为石棉布，其在运行过程中少量纤维和杂质将脱落下来，附在过滤器滤芯上。发现碱液循环量下降时，要清洗过滤器滤芯。清洗时最好使产品气为排空状态。其步骤如下。

① 拆开过滤器顶盖，取出滤芯，解开滤网，用尼龙刷和清水刷洗滤网，干净后装在滤管上用原料水冲洗。

② 排掉污液，再用原料水清洗1～2次，排污。

③ 装好滤芯，装好顶盖，排出过滤器里的空气后，使碱液循环量在正常状态。观察碱液液位，如果偏低，可以通过补水泵从碱箱适当补充。

④ 长期连续运行过程中冷却水系统可能会结垢、沉淀、阻塞。发现装置的冷却器换热效果不好，要对冷却水系统除垢和疏通。

⑤ 制氢设备运行过程要密切注意温度、压力以及露点等有关参数以及自动阀门的工作运行状态。

⑥ 整流系统、自动控制系统、各种仪器仪表以及碱液泵、补水泵的使用维护见相应的说明书和资料。

企业案例

【制氢站】

1.1.1.7　应急事故及处理

（1）大量氢气泄漏

① 停压缩机，关闭压缩机进出口阀门，打开压缩机放空阀，泄压至零位后关闭。

② 切断氢气泄漏处相关阀，阻止 H_2 泄漏。

③ 退出控制柜程序。

④ 关闭产品气出口，打开产品气放空阀。

⑤ 打开压缩机各压力设备放空阀，泄压至0.1MPa后关闭。

⑥ 关闭蒸汽进口阀，排冷凝水。

⑦ 通知调度室及值班长氢气提纯因大量氢气泄漏已停车。

⑧ 通知相关岗位氢气提纯已停车。

⑨ 产品气出口压力泄至0.1MPa时关闭产品气出口放空阀。

⑩ 压缩机冷却后关闭压缩机放空阀，停循环水，停氮封气。

（2）突然停电

① 停电后立即通知主控及班长，迅速将整流柜的输出调节至0。

② 立即到电解制氢装置前关闭氢氧保压手阀，调节氢氧液位保持平衡状态。

③ 将纯化装置的出口阀门打至放空状态，若停电时间较长，则缓慢泄压。

④ 通知调度后将产品气缓冲罐出口阀门关闭。

⑤ 检查冷冻机组电源开关，按照正常停车步骤关闭相关阀门，检查其他补水泵、冷冻水泵、碱泵电源开关，确保处于关闭状态。

⑥ 检查关闭相关检测分析仪表的阀门和仪表。

（3）氢气泄漏着火

① 巡检发现事故应立即上报主控及班长，班长及主控及时汇报给调度及车间领导。

② 如火焰较小，可直接使用 N_2 软管向泄漏源进行吹扫，将氢气与氧气隔绝灭火。

③ 如果是氢气设备起火，绝对不能关闭进气阀，系统压力较高的，先维持系统正压，待系统内压力低于氮气总管压力时充入 N_2 稀释物料，维持系统正压。

④ 逐步关闭物料阀门灭火。如无法充入 N_2，则先关小氢气阀，使火焰变小（但必须保证管道正压），再用二氧化碳灭火器灭火。在火焰比较小的情况，可用湿麻布直接扑在火焰上灭火。

⑤ 当火灭以后，检查着火原因，一般都是由于氢气泄漏产生静电，或遇到点火源而发

生的。应先处理氢气泄漏，并找出火源消除。灭火后系统如需检修，则在通知各相关单位做好准备后，按正常步骤将系统停下来检修。如无需检修，则逐步恢复系统正常生产。

⑥ 可用灭火器和消防栓扑救。火灾较大，应通知调度，通知消防队。

⑦ 清点现场人数，确认有无人员受伤。检查设备情况，再汇报调度处理情况。

1.1.1.8　制氢站常见问题判断及处理（表1-3）

表 1-3　制氢站常见问题判断及处理

故障情况	产生原因	排除方法
1. 槽压过高或达不到额定值	①压力调节不良； ②调节阀阀位不正确或有堵塞； ③气体系统有阻塞； ④系统有泄漏	重新校准调节仪和变送器或修正参数； 校准阀位,清除堵塞； 检查和排除阻塞； 消除漏点
2. 槽温过高	①冷却水系统结垢或堵塞； ②温度调节阀阀位不正确； ③温度调节仪调节不良； ④冷却水压力低或流量过小,进口温度过高； ⑤碱液循环量偏小	除垢疏通冷却水系统； 校准调节阀； 校准调节仪修正参数和给定值,检修变送器； 增加冷却水压力和流量,增加冷却塔等设施； 增大循环量
3. 氢氧侧液位差过大	①液位调节仪调节不良； ②氢氧侧调节阀阀位不正确、阀芯阻滞或调节阀泄漏； ③筛板阻塞； ④与槽压过高同步检查	检查调校调节仪和变送器,检查引讯管； 校准调节阀、消除泄漏或更换调节阀； 清洗筛板
4. 碱液循环量下降	①碱液泵故障； ②过滤器阻力大； ③液循环系统有阻滞； ④泵吸入口有气体吸入； ⑤电源电压过高或过低； ⑥流量指示不准	检修碱液泵； 清洗过滤器； 检查碱液循环系统,消除阻滞； 检查相关管路排出液路内的气体； 解决电源问题； 检查流量计
5. 产品气纯度指示低	①分析仪系统不正常； ②原料水或碱液化学成分不合格； ③碱液循环量不合适； ④液位不合适； ⑤碱液浓度不当； ⑥电解槽密封不良； ⑦电解槽内部有阻塞； ⑧隔膜石棉布破坏	校准分析仪,恢复分析仪为正常状态； 更换碱液,使用合格的原料水； 调整循环量； 调整液位； 配制浓度适当的碱液； 适当压紧电解槽； 清洗电解槽内部； 大修电解槽
6. 电解槽总电压高,电耗高	①电解液浓度过高或过低； ②工作温度偏低； ③碱液循环量不合适	配制好合适浓度的碱液； 适当提高工作温度； 调整循环量

续表

故障情况	产生原因	排除方法
7. 电解槽左右电流偏差大	①电解小室内阻力大; ②输电铜排系统接触不良或截面小、有烧灼锈皮; ③仪表指示误差	清洗电解槽; 改新铜排或换铜排; 修复仪表
8. 产品气体含湿量大（露点偏高）	①运行压力低; ②气体冷却不良; ③筛板阻塞; ④运行压力、温度等波动太大; ⑤仪表误差	提高系统压力; 加大冷却水压力和流量; 清除筛板污物; 改善运行状态; 检查校验仪表的准确性

1.1.2 氮气的性质与制备

纯净的氮气是一种无色、无嗅、无味的气体，比空气稍轻，与同体积空气的质量比是 0.97。氮气难溶于水，在水里的溶解度比氧气在水里的溶解度还小。如果把氮气加高压并降低到一定温度，可以液化成为液态氮。液态氮的沸点是 $-196℃$（即 77K）。

氮气在常温时较稳定，不易和其他物质直接化合。它与氢气、氧气不同，本身既不能燃烧，也不能帮助燃烧，所以能大量游离存在于空气中。但是在一定的条件下氮气也能与氢、氧、金属（比如金属镁）以及其他非金属（比如硼）等发生化合反应，例如，在高温、高压并有催化剂存在的条件下，氮气能和氢气直接化合生成有刺激性气味的气体——氨。

在高温下，氮与活泼的金属生成氮化物，并能与硅起反应生成氮化硅。具体的反应方程式如下：

$$3H_2 + N_2 \longrightarrow 2NH_3 \quad （高温、高压、催化剂）$$
$$Mg + N_2 \longrightarrow MgN_2 \quad （燃烧，发出耀眼的白光）$$
$$3Si + 2N_2 \longrightarrow Si_3N_4 \quad （加热）$$

工业上氮气的制备方法主要是空分制氮。空气中含有大量的氮气，以空气为原料，将其加压并降低温度，使之液化，然后使液态空气蒸发。利用液态氮的沸点（$-196℃$）比液态氧沸点（$-183℃$）低的特点，使液态氮先变成气体而从液态空气中分离出来。

高纯氮气的制备，是以纯氮（99％以上）为原料，通过精馏、液化和分离等工艺，纯度可达 99.999％～99.9999％，然后再经过过滤，得到高纯氮气。

1.1.3 气体的安全使用

1.1.3.1 气瓶的标记和气瓶的安全使用

为了便于识别气瓶与管道中的气体，常用不同颜色和字样予以标明，如表 1-4 所示。

表 1-4 常见气体的标识方法

气体名称	气瓶与输气管道颜色	标记字样	字样颜色	气体名称	气瓶与输气管道颜色	标记字样	字样颜色
氧气	天蓝	氧	黑	工业氩气	黑	工业氩	天蓝
氢气	深绿	氢	红	纯氩气	灰	纯氩	绿
氮气	黑	氮	黄	氦气	棕	氦	白

使用时应注意严格区分它们。

气瓶内的气体通常具有较高的气压（新装的气瓶约有 $150kgf/cm^2$❶的气压），为安全起见，存放和使用应注意以下几点。

① 开启气瓶时，操作人员必须站在与减压器成垂直方向的位置上，切勿与减压器站在同一直线上。

② 将气瓶中的气体输送到使用系统前必须通过减压器。

③ 存放气瓶的附近禁止堆放易燃物。应防止气瓶受热，如暴晒或使用火源，否则瓶内气体会受热膨胀，气压升高发生事故。在搬运气瓶时，应避免强烈的震动和碰撞。

④ 气瓶内应留下一定的剩余气体，一般不应少于 $0.5kgf/cm^2$ 的剩余压力，否则大气中的其他气体混进瓶内，将影响气体的纯度。

⑤ 压缩氧气与有机物（尤其是油类）接触时，可自燃或发生爆炸，甚至痕量的油与压缩氧气接触后，也会发生爆炸。所以氧气瓶及其专用工具严禁与油接触。

⑥ 对装有互相接触能引起燃烧或爆炸的气瓶（如氢气瓶和氧气瓶），必须分别存放。

1.1.3.2　氢气的安全使用

氢气与其他气体按一定的比例混合将发生爆炸，爆炸极限见表1-5。

表1-5　氢气的爆炸极限（体积分数）　　　　　　　　　　　　%

爆炸极限	空气	氧气	一氧化碳	一氧化氮
下限	4	4	52	13.5
上限	75	95	80	49

（1）使用氢气时的注意事项

氢气瓶与氧气瓶分开存放，更不能混用；使用设备与氢气之间必须安装回火装置；通氢气之前，先用保护气体（氮气、氩气）赶净设备中空气，并检查是否漏气，不漏气时方能通入氢气。当操作完毕不用氢气时，应先通保护氮气或氩气，当设备中氢气赶净后，再关保护气体。

（2）氢气燃烧或爆炸的事故处理

当设备、管道发生氢气泄漏而引起爆炸、燃烧时，要迅速判明氢气来源处，严禁关闭氢气来源阀门（防止回火）。在氢气来源处接上氮气或氩气，缓慢通入管道、设备，慢慢加大流量，关小氢气阀，直至完全关闭氢气阀门。火焰消失后，继续通保护气体，待管道设备冷却后，再关闭保护气体阀门。

（3）安全操作规章

氢气是易燃易爆气体，氢气混合或氢气与空气混合到一定比例，形成爆炸气体，遇到微火源（含静电和撞击打火），就会引起严重的爆炸。确保制氢、用氢安全是头等大事，特制定以下安全制度，必须严格遵守。

① 制氢、用氢人员，必须强化安全意识，牢固树立"安全第一"思想，认真执行各项规章制度，切实做好安全工作。

② 电解水制氢操作人员必须经过严格训练，应真正了解掌握电解水制氢设备原理、结构、性能和操作方法，经考核合格方可上岗。

③ 任何人员不得携带火种进入制氢室。制氢和充灌气人员工作时，不可穿戴易产生静电的化纤服装（如尼龙、腈纶、丙纶等）及带钉的鞋作业，以免产生静电和撞击起火。

---

❶ $1kgf/cm^2 = 98kPa$。

④ 制氢人员必须严格按电解水制氢规程制氢，开机后不得远离制氢室，应注意巡视制氢设备工作情况，做到严密监视和控制各运行参数。如有异常立即处理，不允许带故障运行。

⑤ 每次开机必须做氢气纯度分析，纯度达不到 99.5%，应立即停机巡查检修。

⑥ 使用压缩氢气瓶时，钢瓶内氢气不得全部用完，瓶内气压应不低于 0.05MPa，以防空气进入瓶内。新购氢气瓶、长期存放的钢瓶和放空氢气瓶，必须经过抽真空或充氮气置换后方可使用。应定期进行氢气瓶技术检验，每三年检验一次。

⑦ 连续开机制氢，使用氢气开展有偿服务时，必须以保证业务使用的前提下开展，不得超负荷长时间运行。一般应停留在一挡（电流不超过 100A）。

⑧ 必须严格按照电解水制氢管理办法和操作规程对设备进行随机维护和定期检修，做到日检查、月维护、年检修，并建立维护检修档案。

⑨ 制氢室及其周围必须严防烟火，并设"严禁烟火"醒目标志，配备灭火器材。制氢室必须通风良好，以防泄漏出的氢气滞留室内形成爆炸气体。室内灯具、电源线和开关必须符合防爆要求。制氢室处在雷暴多发地区、高地或不在避雷保护范围的，应设避雷装置。

⑩ 为防止静电，设备必须接地良好，定期检查接地线，确保接地牢固可靠，每年测试一次接地电阻，其阻值不大于 4Ω。制氢室内不得存放易爆物品和影响制氢操作的一切杂物，严禁金属物体放在电解槽上，以免引起短路。

任务二 气体净化

【任务描述】

本任务学习气体净化基本常识，常见气体净化剂，氢气、氮气的净化。

【任务目标】

① 了解常见气体净化剂的性质与使用。
② 掌握氢气、氮气的净化工艺。

1.2.1 气体净化的意义

制备半导体材料的生产过程中，产品质量的高低与所用气体的纯度密切相关。硅材料生产中常用气体作为载流气体和利用氢气作为还原剂，不仅需要的量大，而且对纯度的要求也越来越高，在多晶硅生产中，一般要求气体的纯度在 99.999% 以上，其中含氧量要小于 3ppm，露点要低于 -75℃。

在一般性的工业生产中，对气体的纯度要求低，其杂质含量高。很多工厂生产的氢气几乎都用电解水的方法，其纯度一般只有 98%，还有 2% 的杂质，如水、氧、二氧化碳、一氧化碳、甲烷等气体杂质。这些杂质的存在对多晶硅及单晶硅的生产影响很大。有研究表明，当氢气中含氧量高于 20ppm，或氢气的露点高于 -30℃ 时，在多晶硅生长过程中，硅棒的径向方向上就会产生数量不等的分层结构，即多晶硅夹杂或夹层现象，严重时用肉眼就可以直接从硅棒的横断面上看到同心圆圈状的、与树木年轮相似的图案。这些夹层的存在，在用多晶硅生产单晶硅的过程中会带来很大的影响：在真空条件下生长单晶硅时，会造成熔融的硅从熔区或坩埚中溅出，轻者有如"火焰"一样地往外冒花（即所谓的"放花"现象），严重者会崩坏加热线圈、加热器和石英坩埚（这些现象称为"硅跳"现象），使生产无法进行下去，造成严重的损失。此外，氢气中过量的水分还会导致工艺设备被腐蚀和堵塞。

在进行硅外延生产时，当氢气中的氧含量为 75ppm 时，生长出的外延层质地低劣，表面多坑。而氢中的水含量在 100ppm 时（即露点－42℃）将使外延生长出多晶，达不到外延生长的目的。

在硅材料的生产中，还常常用氮气和氢气作为保护气或载流气，这些气体的杂质含量同样影响产品的质量。

由上所述，气体的净化对于提高半导体材料的质量是有十分重要意义的。

1.2.2 气体的纯度及其表示法

由于气体分为单质气体、多元气体、混合气体和有机化合物气体等，所以可将组成气体的物质（或元素）称为该气体成分。因此，气体纯度的含义可理解为：除主体气体成分外，所含其他物质的多少。例如，氢气的纯度，是指除氢成分外，含有的 O_2、N_2、Ar、CO_2、H_2O、金属、尘粒等杂质的多少；氮气的纯度，是指除氮成分外，含有的 O_2、NH_3、CO_2、H_2O、尘粒等杂质的多少；又如氮和氦的混合气，是指除 N_2 和 He 成分外，含有的 O_2、CO_2、H_2O、尘粒等杂质的多少。

半导体材料的纯度可用百分含量表示，如某种材料的纯度在 99.99995 以上，杂质含量不超过 0.0001%。为简化起见常用几个"9"来表示，如上述纯度是 6 个"9"以上，写作 6N，N 即为 9 的个数。

微量杂质用 ppm（Part Per Million）表示，1ppm 为百万分之一，即 0.0001%。如氢气中含氧量在 0.0005% 以下，可以表示为含氧量在 5ppm 以下。

更微量的杂质用 ppb（Part Per Billion）表示，1ppb 就是十亿分之一，即 0.0000001%。

1.2.3 气体净化的基本常识

气体中的杂质对半导体材料的品质影响很大。为了得到高质量的多晶硅和单晶硅，必须在使用气体前将其净化。净化的方法很多，在气体净化技术中，经常综合运用以下几种方法。

① 用吸湿性液体干燥剂（碱液、硫酸等）进行吸收。

② 用固体干燥剂 KOH、$CuSO_4$、$CaCl_2$、过氯酸镁等进行化学吸收；用硅胶、分子筛进行物理吸附。

③ 用催化剂（105 分子筛等）进行化学催化。

④ 用冷媒进行低温冷冻。

1.2.3.1 吸收

吸收指被吸收的物质从气相转入液相，以物理过程溶解于液体中或与气体起化学反应。

在一般化工厂中应用较多的气体吸收剂有碱液、浓硫酸等，碱液用于吸收酸性气体，如 CO_2、CO、Cl_2 等；浓硫酸常用于吸收气体中的水分。

$$Na_2CO_3 + CO_2 + H_2O \Longrightarrow 2NaHCO_3$$
$$Na_2CO_3 + H_2S \Longrightarrow NaHS + NaHCO_3$$
$$2NaOH + CO_2 \Longrightarrow Na_2CO_3 + H_2O$$
$$H_2SO_4 + H_2O \Longrightarrow H_2SO_4 \cdot H_2O \quad （放出大量的热）$$

浓硫酸的吸收能力很强，吸收过程中放出大量的热。但是在半导体材料生产中，用浓硫酸吸收氢气中的水分是不合适的，因为浓硫酸不仅严重腐蚀管道，同时会挥发出 SO_2 气体，增加了氢气中的杂质，并且这种含硫杂质的存在会造成物理吸附剂中毒的现象。

1.2.3.2 吸附

某些物质可以从周围气体介质中把能够降低其界面张力的其他物质聚积到自己的表面上来，使得被聚积物质在界面上的浓度大于界面外的浓度，这种现象叫吸附。具有这种聚积作用的物质称为吸附剂（通常为固体）。

吸附一般为放热过程，该热量称为吸附热。通常，固体表面的原子和固体内部的原子所处环境不同，内部原子所受的原子间力是均匀的，表面原子所受的力则是不均匀的。因此表面原子具有剩余力，当气体分子碰撞固体表面时，受到这种力的影响而停留，就产生吸附。

气体吸附的种类可分为物理吸附和化学吸附两种。

① 物理吸附是无选择性的吸附，任何固体都有可能吸附气体，吸附量会因吸附剂及被吸附的物质的种类不同而相差很多，吸附可以是单分子层或多分子层的。

物理吸附的脱附较容易。吸附热与液化热数值相近。易于液化的气体易被吸附，这类吸附与气体液化相似，可以看作表面凝聚。此外，吸附速度快，不受温度的影响，吸附不需要活化能，没有电子转移、化学键的生成与破坏、原子的重排等，形成这种吸附的力称范德华力。

② 化学吸附是一种有选择性的吸附，吸附剂只是对某些气体有吸附作用，吸附热值很大（>10kcal❶/mol），和化学反应热差不多。这类吸附总是单分子层的，且不易脱落，由此可见，它与化学反应差不多，可以看成是表面化学反应。速度慢，温度升高，吸附速度增快。这种吸附要一定的活化能，依靠气体分子与吸附剂表面的键合力，与化合物中原子间的力相似。

吸附剂的种类很多，目前半导体工业中最广泛的应用还是硅胶、分子筛之类的吸附剂。评价吸附剂一般要看吸附剂比表面积的大小及单位面积的活性等。

1.2.3.3 化学催化

存在于气体中的有害杂质，有时不能靠物理方法除去，需要借助于催化剂的作用，使气体中的杂质吸附在催化剂的表面，然后与气体中的其他组分产生化学反应，转化为无害的化合物，达到去除杂质的目的。这种方法称为化学催化。

在催化反应中，催化剂的作用是控制反应速度，或是使目标反应沿着特定的途径进行。

催化过程分两类进行：一种为均相催化（催化剂与反应物处在同一相中）；另一种为非均相催化（催化剂与反应物处在不同的相中）。气体催化的净化过程常常用固体作催化剂，是一种非均相催化。

均相催化： $K_2MnO_4 + MnO_2 + O_2 \longrightarrow 2KMnO_4$（催化剂为 MnO_2）

非均相催化： $2H_2 + O_2 \longrightarrow 2H_2O$（催化剂为活性铜）

$N_2 + 3H_2 \longrightarrow 2NH_3$（催化剂为铂铑合金）

就固体催化剂而言，它的表面是催化反应的场所，一般要求其具有很大的表面积，以提高反应速度。因此催化剂大多呈海绵状，这种催化剂同时具有较好的吸附性。

气体净化所用的绝大多数催化剂由金属盐类或金属覆盖在具有巨大表面积的硅藻土、氧化铝、石棉、陶土等惰性载体上制成。

一般来说，催化剂从理论上来说可以无限期使用，但在实际使用中催化剂会损坏或失去活性，所以必须更换或活化来增加其活性。催化剂损坏的原因是多方面的，一般是由物理和化学原因引起的。物理损坏可能是由于机械摩擦，或过热和烧结而引起的。化学损坏可能是由于催化剂和气体中杂质的化学反应并产生稳定的产物的结果。这两种情况都会导致催化剂表面上的"活化中心"数目减少，使催化剂的活性降低或失活。气体中杂质引起的失活现象，通常称为催化剂中毒。

❶ 1cal=4.18J。

因此，催化剂必须具有一定的抗催化剂中毒能力，还须足够坚固。其次，催化剂的形状和尺寸应当使通过床层的压力降减至最小。

1.2.3.4　气体净化剂

认识气体净化剂

在高纯金属、半导体生产过程中，为了获得高纯气体，必须根据不同的气源和有关要求来选择净化装置及净化剂。净化剂不同，对不同气体杂质的净化能力和效果也不同。

气体净化剂的种类多种多样，按其脱除杂质的不同可分成以下几种。

脱氧剂：105 催化剂、活性铜催化剂、钯或铂石棉催化剂、镍铬催化剂、钯铝石及海绵钛等。

除水剂：硅胶、分子筛、活性炭、各种干燥剂、分子筛冷阱等。

除 CO、CO_2 的试剂：NaOH、KOH 等。

除磷、砷的特效试剂：$AgNO_3$、浓 H_2SiO_4 以及金属盐类。

除去固体粉尘（主要是净化剂粉末）：玻璃砂、过滤球、细菌过滤器及蒙乃尔过滤器等。

除去氢气中一切杂质的有效方法是采用钯合金扩散室净化。

（1）分子筛

分子筛是气体纯化过程中不可缺少的一种重要吸附剂。它不仅能有效地吸附气体中的水，而且还能吸附其他有害杂质。

用于氢气净化的分子筛，其化学成分是一种人工合成的含有结晶水的铝硅酸盐。特殊制备过程使其产生许多肉眼看不见的大小相同的孔洞，成为一种具有微孔结构的晶体，具有极强的吸附能力，能把小于孔洞的杂质分子吸进孔中，从分子筛小晶粒之间的空隙中通过，大于孔洞的分子被挡在孔外。即把大小不同的分子"过了筛"。由于有这种筛分分子的作用，所以叫做"分子筛"。

此外，分子能否被吸附还与其极性有关。一般说来，分子筛优先吸附强极性分子，如水、氨、硫化氢等极性分子，而对氢气、甲烷等非极性分子的吸附能力较弱。

分子筛的特性如下。

① 选择吸附的特点。小于分子筛孔径的分子被吸附，大于分子筛孔径的分子不被吸附。被吸附物质的分子直径都小于分子筛孔径的情况下，极性分子首先被吸附，故分子筛对水有较大的吸附能力，是理想的脱水剂。利用分子筛可得到露点很低（可低达−60℃以下）的干燥气体。

② 气体相对湿度低时，分子筛具有较高的吸附容量，而且不会被水所损坏。

③ 低温和高温下都有较好的吸附能力，钠-A 型或钙-A 型分子筛在−80℃或更低温度下能有效地从氢气中除去微量的氧气。

④ 净化能力与净化范围比其他类似的吸附剂（硅胶、活性炭等）更为理想。

⑤ 可以再生连续使用。一般吸附的水分和气体可在 350～550℃下加热除去，如果通惰性气体或抽空，此时温度可适当降低（300～400℃）。由于分子筛的吸附能力随着所吸附的水分增加而降低，在实际工艺应用中，应该定时进行再生处理。

表 1-6 和表 1-7 分别列出了几种分子筛的类型和一些常见气体分子的直径参数。

表 1-6　各种分子筛吸附分子的直径

分子筛类型	3A	4A	5A	10x	13x
能吸附的分子直径范围	3Å❶ 以下	4Å 以下	5Å 以下	10Å 以下	13Å 以下

---

❶ 1Å = 10^{-10} m。

表 1-7 一些物质的分子直径参数

分子	直径/Å	分子	直径/Å	分子	直径/Å	分子	直径/Å
H_2	2.4	CO	3.8	NH_3	3.8	CH_4	4.18
O_2	2.8	Ar	3.84	PH_3	4.6	SiH_4	4.84
N_2	3.0	H_2O	3.18	AsH_3	4.7	B_2H_6	4.5
CO_2	3.2	H_2S	3.91	SH_3	5.1	Si_2H_6	5.3

在半导体材料生产中，常用条状或球状的分子筛净化气体，除去气体中某些杂质。表 1-8 为一些能被分子筛吸附的物质。

表 1-8 几种常用的分子筛可以吸附的物质

分子筛型号	直径/Å	可以吸附的物质
3A	3.0～3.8	He、Ne、H_2、O_2、H_2O、Ar
4A	4.2～4.7	CO、NH_3、Kr、Xe、CH_4、C_2H_6、CH_3OH、CH_3Cl、CO_2、C_2H_2
5A	4.3～5.5	正构烷烃（C_3～C_4），正丁醇以上的醇类，正烯烃以及更高烯烃及 3A、4A 吸附的物质

为了保持分子筛的使用效果，要定期进行再生。再生的方法有很多，一种是将分子筛在常压下加热至550℃，恒温2～4h；另一种是在减压的情况下（10^{-5}mmHg❶）加热至350℃左右，恒温5～10h，冷至常温后使用。还有一种方法是在通一定气流的情况下加热至330～360℃恒温12～24h，冷至室温即可使用。再生周期可以根据分子筛的用量、设备能力等因素综合确定，也可根据分析结果来决定再生周期的长短。

（2）硅胶

硅胶是硬而透明的玻璃状物质，是一种极性吸附剂，对水、三氯化砷、五氯化磷等极性分子都有较强的吸附能力。将盐酸或硫酸加入硅酸钠溶液中，得到硅酸凝胶，它的组成相当于 $x SiO_2 \cdot y H_2O$，然后再将硅酸凝胶脱水，即得到硅酸干胶——硅胶。硅胶具有多孔性，因而有很强的吸附能力。硅胶成本低，再生容易，所以常作干燥剂用。

无色硅胶在使用过程中无法指示出是否已经失去干燥能力，通常使用变色硅胶。将无色硅胶浸透二氯化钴（$CoCl_2$）溶液之后，再干燥而成蓝色干胶。二氯化钴含有结晶水，其所含结晶水不同而呈现不同的颜色。

氯化钴 $CoCl_2 \cdot x H_2O$ 在逐渐失水时的颜色变化如表 1-9 所示。

表 1-9 氯化钴的颜色与含水量对照表

x 值	6	4	2	1.5	1	0
颜色	粉红	红	淡红紫	暗红紫	蓝	浅蓝

被硅胶吸附的水分有时可以达到其本身重量的5%，氢气净化过程通常利用硅胶的这一特性来除去水分。

与5A分子筛相比，硅胶具有以下优点：当氢气中相对湿度比较大时（大于4%），硅胶的吸附容量（即吸附剂的吸附水分量与吸附剂本身重量之比）较大；硅胶表面对气流产生的摩擦小，故对气流的阻力小，摩擦产生的粉尘少；再生温度低。

硅胶的吸附表面积比分子筛小，在相对湿度低于35%时，其吸附容量将迅速下降。硅胶一般能将水分降至露点−24～−30℃。

硅胶的吸附容量随温度升高而急剧下降。当气体温度高于50℃时，吸附容量将比25℃下

❶ 1mmHg＝133.322Pa。

降一半。因此对于高温、高湿的气体，使用硅胶吸附时，需要加设冷却装置。硅胶随气体流速的提高，其吸附容量也急剧下降，故硅胶干燥器的横截面应适当加大，以降低气流速度。

硅胶的使用与再生：在氢气净化系统中，原料气经过冷却后进入硅胶装置进行初步干燥，然后进入分子筛等净化装置。当硅胶吸附水分接近或达到饱和时，吸附率将大大下降。一般当干燥器的气体露点升到规定值时，即需要对硅胶进行再生。硅胶的再生和分子筛的再生方法基本相同，只是温度不同，硅胶再生温度为 120～150℃。

（3）活性铜

活性铜是一种脱氧剂，呈红棕色圆柱形固体，其主要成分是氧化铜，能使氢和氧在一定的温度下反应生成水，借以除去氢气中微量的氧气。活性铜必须在加热条件下使用，工作温度为 250～300℃。其脱氧原理如下：

$$CuO + H_2 \xrightarrow{250～300℃} Cu + H_2O$$
$$2Cu + O_2 \xrightarrow{250～300℃} 2CuO$$

第一次使用时，需经活化处理。在加热（250～300℃）条件下慢慢通入氢气，使氧化铜还原生成新生态铜，经过这样活化后的活性铜即可使用，使用过程中不需要再生。如有一段时间不使用，则在重新使用前应活化。

同样，应防止氯化物、硫化物、砷化物对活性铜的"中毒"作用，使用活性铜前须先除去这类有害杂质。

（4）105 催化剂

105 催化剂又叫做 C-05 分子筛，它是一种含 0.03% 钯的分子筛，被广泛应用于除去氢气中的微量氧气。它与 5A 分子筛联合使用，在常温下可以将电解氢提纯到很高的纯度，当电解氢（含氧量 1%）一次通过催化剂时，氢气中含氧量可降低到 0.2ppm。1g 催化剂在净化电解氢 1400L 后，其催化能力依然不减，当水含量增高时，则催化作用减弱，需要进行活化。

105 催化剂的催化作用来源于钯，能使氢气中的微量氧气与氢气反应生成水而被分子筛吸附，从而达到除氧气的目的。反应是放热反应，在催化剂表面进行。如果氢气中含氧量大于 2.5% 时，会使 105 催化剂受到破坏而产生永久性失效。所以含氧量小于 25% 的氢气才能采用 105 催化剂。

经活化后的催化剂，因操作不合理或系统漏气而与空气直接接触时，也会使催化剂急剧发热而失效。合理的使用方法是将氢气用硅胶脱水后再脱氧，而脱氧后产生的水应立即被吸附，以免水分被后面的催化剂吸附而影响除氧效果。因此，一般采用 105 催化剂与分子筛混合的装置。

105 催化剂在第一次使用前和使用一段时间后均要活化。活化温度为 340～360℃，在 0.1bar❶ 的真空条件下脱水 2～6h，或者在 350～400℃ 下将纯化氢气以 2.3L/min 流量通过分子筛，时间也是 3～6h，然后冷却至室温。

105 催化剂容易发生硫化物、氯化物、砷化物、汞化物以及 NH_3、CO "中毒"，使用前应先除去这些有害的杂质。

用氢还原法或硅烷法生产多晶硅的氢气净化系统中，一般在 105 催化剂前面设有两个除水的分子筛或其他净化塔，用以保护 105 催化剂。105 催化剂脱氧后生成水，因此在 105 催化剂后装水分干燥塔，进行精脱水。

（5）镍铬催化剂及 1409 和 140B 吸附剂

镍铬催化剂又称为"651"，是一种高效催化剂，性能稳定，使用温度（90±10）℃，操

---

❶ 1bar＝10^5Pa。

作方便，可以连续使用，无需活化，不易堵塞，阻力小。

1409 和 140B 为吸附剂，在液态空气或液氮温度下能将氢、氩、氮、二氧化碳等气体定量除去，在净化系统中，一般放在最后一级使用。

（6）AgX 型分子筛

AgX 型分子筛是一种多用途的气体净化剂。其氧化态可以除去各种气体中的氢，还原态可以除去各种气体中的氧，同时还可以将气体中的水分、二氧化碳以及各种含硫化合物等主要杂质一次净化，而且使用温度范围广，可以从 $-80\sim+160$℃，主要用来净化各种非氢气体。

1.2.4 氢气的净化

氢气的净化方法有两种：一种是催化脱氧吸附干燥法；另一种是钯合金扩散法。钯合金扩散法是目前国内外比较先进的净化氢气方法，但是钯合金膜设备和材料价格昂贵，而且使用钯合金膜时，氢气仍需预净化，因此这种方法的应用还不十分广泛。催化脱氧吸附干燥法比较经济，是一种被广泛应用的方法。

由于氢气纯度的要求，所用的各种净化剂必须是高纯度的，净化效果要好，不与氢气反应，不消耗氢气，有较高的净化处理量，净化速度快，能连续使用，便于活化和再生。

净化剂的安装顺序一般是先脱氧而后除水，一般净化器必须要两套设备，一套使用，一套再生或备用。净化设备应当简单，管道尽可能短，管道接口处必须密封。

各种净化剂要求一定的使用条件（如温度、压力等）。在使用中不但要控制使用条件，而且还要注意其他各种影响因素以及长期使用净化能力是否减弱或失效，是否需要再生。在使用中，严禁空气吸入净化系统。当有降温、降压、断氢或停氢时，首先应保证系统为正压。新装的净化剂由于在空气中氧化或吸水，使用前应进行活化。再生方法与再生程度决定于净化剂的性质，再生的程度和时间应根据净化剂性能与用量、吸水量等条件确定，一般以彻底除去杂质为原则。

1.2.4.1 氢气净化流程

（1）催化脱氧吸附干燥法

利用氢和氧在 Ni-Cr 催化剂的作用下转化为水，然后通过各种吸附剂将水等杂质吸附，并通过过滤器除去氢气中的固体微粒，从而达到提纯氢气的目的。

氢气催化脱氧吸附干燥法的工艺流程示意图如图 1-7 所示。

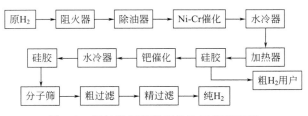

图 1-7 氢气脱氧吸附干燥法工艺流程图

为了对整个过程进行控制，及监测最终氢气的质量，通常还要在流程的出口处安装在线微氧分析仪和露点仪，以监测净化气体的氧含量和水分。

阻火器的作用：当氢发生燃烧时，回火器可以起到一个缓冲和散热的作用，因为回火器内装有一些散热的物质（如铜屑和活性铜以及其他物质），起隔热隔离的作用。

Ni-Cr 催化剂一般装在净化剂的前面，当氢中氧通过镍铬催化剂时，将氧和氢反应转化成水，达到除氧的目的。其反应如下：

$$2H_2 + O_2 \xrightarrow[80\sim100℃]{镍铬催化剂} 2H_2O$$

催化脱氧及吸附干燥法，在较好的情况下可将氢气的露点降低到 $-40\sim-60℃$，氧含量可以降到几个 ppm，达到很好的除水和除氧效果。这种方法的不足之处在于：

① 氮气、碳氢化合物、CO_2 的清除效果较差；

② 催化剂会逐渐被新生成的水所钝化，因此需要及时活化，吸附剂也需要定时进行再生；

③ 系统复杂，设备庞大，管道长，管理不便。

为消除催化脱氧吸附干燥法的上述缺点，已有不少企业采用钯合金扩散法。这种设备不但可以从电解氢中制取超纯氢，也能从含量仅为 75% 的工业氢中提取超纯氢，其纯度可达 8 个 "9" 以上，露点 $-80℃$ 以下，还能有效地除去其他气体中的杂质。

（2）钯合金扩散法

将氢气通入钯合金扩散室，在 $300\sim500℃$ 时，氢被吸附在钯壁上，氢在催化作用下电离为质子（$H_2 \longrightarrow 2H^+$），由于钯的晶格常数为 3.88Å（20℃时），而氢的质子半径为 1.5×10^{-5}Å，因此氢质子可以透过钯表面进入膜盒而逸出，并重新结合成分子，而其他杂质（如 N_2、O_2、CO、CO_2 等杂质）既不溶解也不电离，仍以分子状态停留在钯合金的另一侧，从而使氢气与所有的气体杂质分离开来。其主要原理就是利用钯对氢的催化作用和可透性来净化氢气。

从理论上讲所提取的氢气纯度可达 100%，但由于钯合金工艺过程中不可能绝对密封及绝对清洁，故一般可达 7N～8N。

虽然钯膜净化器有着很多的优点，但其不足之处也是比较明显的，主要表现在以下几个方面：

① 净化气体量有限，设备价格昂贵；

② 钯净化过程中废气排放量大（8%～10%），使氢气的损耗也大；

③ 工作温度高（350℃）；

④ 进钯净化器前需设置预净化装置；

⑤ 单向透吸易损坏，易产生 As、S、Cl 等 "中毒"。

1.2.4.2　氢气的贮存、运输

（1）管道氢气运输

可以像天然气一样，用远距离管道运输。按气体扩散定律，氢气在管道中的流速将是甲烷（天然气主要成分）的 3 倍，所以将来如果用氢气代替天然气作常规燃料气，单位时间管道输送来的能量基本不变，但压送氢气的压缩泵要求 3 倍于天然气的压缩功率才行。此外，管道氢气运输对泄漏问题要求更严格。

（2）高压气瓶运输

氢气可以在 $150\sim400$atm 下装盛在气体钢瓶中，以压缩气体形式运输。这种技术已经得到充分发展，比较方便可靠，但效率是极低的，一只 30kg 重的气体钢瓶在 150atm 下仅能装盛 1kg 氢气，在 400atm 下也仅能装 2.5kg 氢气。氢气重量在运物工具重量中只占 2%～4%，所以氢气的运输成本是昂贵的。这种技术仅适用于运输少量氢气并应用于氢气价格不占很重要比例的场合。

（3）液氢的存贮

将氢气冷却到 $-253℃$，即可呈液态，然后，将其贮存在高真空的绝热容器中。液氢贮

存工艺首先用于宇航中，其贮存成本较贵，安全技术也比较复杂。现在一种间壁间充满中孔微珠的绝热容器已经问世。这种二氧化硅的微珠直径为 $30\sim150\mu m$，中间是空心的，壁厚 $1\sim5\mu m$。在部分微珠上镀上厚度为 $1\mu m$ 的铝。由于这种微珠热导率极小，其颗粒又非常细，可完全抑制颗粒间的对流换热；将部分镀铝微珠（一般为 $3\%\sim5\%$）混入不镀铝的微珠中，可有效地切断辐射传热。这种新型的热绝缘容器不需抽真空，其绝热效果远优于普通高真空的绝热容器，是一种理想的液氢贮存罐。

（4）金属氢化物贮氢

氢与氢化金属之间可以进行可逆反应，当外界有热量加给金属氢化物时，它就分解为氢化金属并放出氢气；反之，氢和氢化金属构成氢化物时，氢就以固态结合的形式贮于其中。用来贮氢的氢化金属大多为由多种元素组成的合金。目前世界上已研究成功多种贮氢合金，它们大致可以分为四类：一是稀土镧镍等，每千克镧镍合金可贮氢 153L；二是铁-钛系，它是目前使用最多的贮氢材料，其贮氢量大，是前者的 4 倍，且价格低、活性大，还可在常温常压下释放氢，给使用带来很大的方便；三是镁系，这是吸氢量最大的金属元素，但它需要在 287℃ 下才能释放氢，且吸收氢十分缓慢，因而使用上受限制；四是钒、铌、锆等多元素系，这类金属本身属稀贵金属，因此只适用于某些特殊场合。目前在金属氢化物贮存方面存在的主要问题是：贮氢量低，成本高及释氢温度高。带金属氢化物的贮氢装置既有固定式，也有移动式，它们既可作为氢燃料和氢物料的供应来源，也可用于吸收废热，贮存太阳能，还可作氢泵或氢压缩机使用。

1.2.5　氮气、氩气的净化

利用分馏的方法，从液态空气中制取的氮气，一般含氮量在 99% 以上，有少量的水、氧和二氧化碳等杂质。氮气在半导体器件生产中用途较广，如作为保护气、运载气和稀释气等。氮气的净化通常采用干燥吸附的方法除去其中的水、氧和二氧化碳等杂质。氮气的净化工艺流程如图 1-8 所示。

氮气 → 加热器 → 干燥器 → 硅胶 → 活性炭 → 过滤器 → 使用

图 1-8　氮气的净化工艺流程示意图

由液态空气分馏制取的氩气，一般氩气含量在 99.7% 以上，含有的杂质有氧、氮、氢、二氧化碳、水和有机气体。净化流程如图 1-9 所示。

瓶装氩气 → 5A分子筛 → AgX分子筛 → 使用

图 1-9　氩气净化工艺流程示意图

【拓展阅读】　氢气的液化

氢气液化和空气液化在原理上相似，是通过高压气体的绝热膨胀来实现的。氢气的临界温度是 33.19K，即 -240℃，必须首先取得这个低温而后才能使氢气液化。所以在氢气液化机中，先令经过活性炭吸附除去杂质（杂质含量不得超过 20ppm）的纯化氢气通过贮氢器进入压缩机，经三级压缩达到 150atm，再经高压氢纯化器（除去由压缩机带来的机油等）分两路进入液化器：一路经由热交换器 Ⅰ 与低压回流氢气进行热交换，或后经液氢槽进行预冷；另一路在热交换器 Ⅱ 中与减压氮气进行热交换，然后通过蛇形管在液氮槽中直接被液氮预冷。经预冷的两路高压氢汇合，此时氢气的温度已经冷却到低于 65K（即 -208℃）。

　　冷高压氢进入液氢槽的低温热交换器，直接受到氢蒸气的冷却。温度降到 33K（临界点），最后通过绝热膨胀阀（称为节流阀）膨胀到气压低于 0.1～0.5atm。由于高压气体膨胀的制冷作用，一部分氢液化，聚集在液氢槽中，可通过放液管放出，注入液氢贮存器中。没有液化的低压氢和液氢槽里蒸发的氢蒸气一起经过热交换器（作制冷剂）由液化器通出，进入贮氢器或压缩机送气管，重新循环。一般氢液化机要求原料氢气纯度不低于 99.5%，水分不高于 2.5g/m³，氧含量不高于 0.5%。氢液化机的原理如图 1-10 所示。

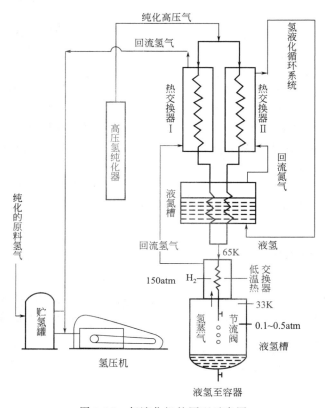

图 1-10　氢液化机的原理示意图

【小结】

　　在改良西门子法生产多晶硅中，常用的气体有氢气和氮气。氢气主要用于生产 HCl，参与还原反应、氢化反应，用于系统的置换、赶气。氮气主要应用于生产系统、设备的吹扫、置换赶气以及作为保护性气体。

　　氢气是一种具有双原子分子形式的无色无嗅的气体，其密度是所有气体中最低的。氢具有很大的扩散速度和很高的导热性。将氢气深冷并加压，可由气态变为液态，在 -259.3℃ 时可变为透明固体。氢微溶于水，但可被某些金属吸附形成金属氢化物；氢具有可燃性、还原性，与活泼金属反应时具有氧化性；氢与空气、氧气、一氧化碳等气体按一定比例混合后，易发生爆炸。

　　工业上制氢的方法很多，在多晶硅生产中多采用碱性电解槽电解 KOH 溶液的方式制氢。生产出的氢气通过除氧、除水、分子筛过滤等方式提纯后使用。

【习题】

单项选择题

1. 根据 GB 7144—1999，充装常用气体的气瓶颜色标志中，氢气一般采用（　　）钢瓶。

    A. 黑色   B. 淡绿色   C. 淡蓝色   D. 棕色

2. 相同温度和压力下，下列气体中，密度最大的是（　　）。

    A. 氢气   B. 氮气   C. 氧气   D. 氯化氢

3. 表示注意、警告的安全标示颜色为（　　）。

    A. 红色   B. 黄色   C. 蓝色   D. 绿色

4. 氢气阻火器由一种能够通过气体的、具有许多细小通道或缝隙的阻火元件组成，阻止火焰的主要机理是（　　）。

    A. 器壁效应   B. 温度效应   C. 流速效应   D. 热效应

5. 根据气瓶颜色标志 GB 7144—1999，充装氯化氢的气瓶颜色为（　　）。

    A. 银灰色   B. 淡蓝色   C. 深绿色   D. 棕色

6. 在多晶硅生产过程中，以下可用作安全保护气的是（　　）。

    A. 空气   B. 氢气   C. 氮气   D. 氧气

7. 在多晶硅厂中使用的氢气的制取一般采用（　　）方法。

    A. 生物制氢   B. 氨分解制氢   C. 电解水制氢   D. 甲醇裂解制取氢气

8. 氢气与空气按一定的比例混合将发生爆炸，爆炸极限为（　　）。

    A. 4～95   B. 4～75   C. 52～80   D. 13.5～4.9

9. 常用的氢气净化方法中（　　）是比较经济已被广泛应用的一种方法。

    A. 钯合金扩散法   B. 催化脱氧及吸附干燥法

    C. 氧化法   D. 还原法

10. （　　）在多晶硅生产中必不可少，主要用于置换、吹扫等。

    A. 氮气   B. 空气   C. 氧气   D. 压缩空气

11. 在多晶硅生产过程中，以下可用作安全保护气的是（　　）。

    A. 空气   B. 氢气   C. 氮气   D. 氧气

项目二

三氯氢硅的合成

 项目描述

　　本项目介绍液氯汽化原理、工艺流程、核心设备结构及操作，氯气的性质、存放及安全使用，液氯汽化岗位可能出现的故障与处理；氯化氢合成原理、工艺流程、主要设备结构及操作，氯化氢的性质及安全控制，氯化氢合成工序可能出现的故障与处理；三氯氢硅合成原理、工艺流程、核心设备结构及操作，三氯氢硅合成系统故障判断与处理，硅、三氯氢硅、二氯二氢硅的性质及安全使用，工业硅生产简介。

 能力目标

　　① 能按安全操作规范和作业文件要求操作合成炉及配套设备生产氯化氢和三氯氢硅。
　　② 能按作业文件规定进行氯化氢合成系统的开车、停车。
　　③ 能稳定控制合成系统各项参数。
　　④ 能分析产品不合格的原因，并采取纠正、预防措施。
　　⑤ 能对本岗位关键设备进行巡检、维护保养。
　　⑥ 能发现和判断本工序工艺、设备的常见故障，并进行相应处理。
　　⑦ 能组织、协调处理本岗位危化品泄漏、着火等突发事故。

　　三氯氢硅（$SiHCl_3$）的合成，是生产多晶硅的重要环节之一，包括液氯汽化、HCl 合成、$SiHCl_3$ 合成等工序。辅助设施有湿法除尘釜液回收装置、硅粉洗涤回收装置。其核心设备 $SiHCl_3$ 合成炉的功效直接影响整个合成车间的经济指标。下面按工序顺序介绍所用原材料的性质和制备原理及工艺。

任务一 液氯汽化

【任务描述】

本任务学习氯气的性质，液氯汽化原理、工艺流程、核心设备结构及操作，氯的存放与安全使用，液氯汽化岗位可能出现的故障与处理。

【任务目标】

① 了解氯气的性质。
② 理解液氯汽化原理。
③ 掌握液氯汽化工艺流程、关键及核心设备结构。
④ 能在液氯汽化岗位出现突发事故时进行处理。

2.1.1 氯气的性质

2.1.1.1 氯气的物理性质

液氯（Cl_2）是黄绿色、有刺激性气味的液化气体，易溶于水和碱液。相对分子质量71，熔点$-101℃$，沸点$-34.6℃$，相对密度（水=1）1.47，相对蒸气密度为2.48，气体密度$3.21g/L$。比空气重，泄漏的氯气常常滞留在地面。

液氯/氯气为剧毒物质，氯气在空气中的最大允许浓度为$1mg/m^3$。其职业性接触毒物危害程度等级为Ⅱ级。属于高度危害，能严重刺激皮肤、眼睛、黏膜；高浓度时，有窒息作用；可引起喉肌痉挛、黏膜肿胀、恶心、呕吐、焦虑和急性呼吸道疾病，如咳嗽、咯血、胸痛、呼吸困难、支气管炎、肺水肿、肺炎等；氯气还能刺激鼻、口、喉，随浓度升高引起咳嗽直至引发喉肌痉挛而导致死亡。人吸入氯气最低致死浓度为LCL_0：$500 \times 10^{-6}/5min$。

氯气在空气中不燃烧，但有助燃性。一般可燃物大都能在氯气中燃烧，一般易燃气体或蒸气也都能与氯气形成爆炸性混合物；氯气能与许多化学品如乙炔、松节油、乙醚、氨、燃料气、烃类、氢气、金属粉末等猛烈反应，发生爆炸或生成爆炸性物质，它几乎对金属和非金属都有腐蚀作用。H_2在Cl_2中的爆炸极限如下：

上限 H_2 87%，Cl_2 13%；
下限 H_2 5%，Cl_2 95%。

多晶硅生产中，主要用氯气来合成氯化氢。

2.1.1.2 氯气的化学性质

（1）与氢气反应

氯气与氢气的反应异常激烈，在阳光或者加热的情况下两者迅速反应合成HCl，并放出大量的热（Q）：

$$H_2 + Cl_2 \stackrel{}{=\!=\!=} 2HCl + Q$$

氢气和氯气在稳定燃烧时，发出苍白色火焰。

在较低温度和无光照情况下，两者的反应速度缓慢。因此，当氢气和氯气发生混合反应时应注意降温、避光和卸压，并送入大量的氮气稀释，产生的尾气通入碱洗设备处理。

（2）与水反应

氯气与水的反应产物是盐酸和次氯酸：

$$Cl_2 + H_2O \Longrightarrow HCl + HClO$$

氯气与水的反应是可逆反应，当水中的 H^+ 含量偏高时，可认为氯气溶解于水中，加热会逸出。

次氯酸是强氧化剂和杀菌剂。自来水厂的杀菌工序就是向水中通入少量氯气生成次氯酸，进行杀菌和除臭。

（3）与碱溶液反应

氯气与碱溶液的反应实际上是首先与水反应，生成的盐酸和次氯酸再与氢氧根发生酸碱中和反应，生成氯化盐和次氯酸盐：

$$Cl_2 + H_2O \Longrightarrow HCl + HClO$$
$$H^+ + OH^- \Longrightarrow H_2O$$

利用氯气极易与碱反应的性质，工业上用 NaOH 溶液吸收或洗涤氯气，或用大量的水洗涤也能除去泄漏在空气中的氯气。

（4）与有机物的反应

氯气能够与大多数有机物发生衍生反应，生成氯基衍生物：

$$Cl_2 + C_2H_4 \longrightarrow C_2H_4Cl_2$$

（5）与其他物质的反应

氯气还能与许多金属反应：

$$Cl_2 + 2Na \longrightarrow 2NaCl$$
$$3Cl_2 + 2Sb \longrightarrow 2SbCl_3$$
$$2Cl_2 + Si \longrightarrow SiCl_4$$

2.1.2 氯气的制备简介

工业制取液氯的方法一般是电解食盐水溶液，其反应如下：

$$2NaCl + 2H_2O \longrightarrow 2NaOH + H_2 + Cl_2$$

该反应主要是制备烧碱，氯气是副产品。电解产生的混合气体通过冷凝、干燥制取的液氯纯度可达 99% 以上，杂质主要是水和微量溶解的 H_2。

在有机硅工业生产中也会产生大量的液氯副产物，但这种液氯含有不利于多晶硅生产的有机成分，不宜作为多晶硅厂的原料。

2.1.3 液氯汽化的工作原理

2.1.3.1 液氯汽化

利用液氯在 19℃ 时的饱和蒸气压为 0.65MPaG，用热水加热液氯，使其在 24.5℃ 下汽化，得到规定压力的氯气。

液氯钢瓶内压力高于汽化器压力，液氯才能顺利流入汽化器，故钢瓶内压力应控制在 0.69MPaG，其对应温度约 20℃。

出于安全考虑，用于液氯钢瓶加热的热水温度不允许超过 45℃，用于汽化器加热的热水温度宜控制在 50～70℃。液氯汽化温度与饱和蒸气压力关系如下：

20℃ 时的饱和蒸气压力为 0.6864MPaG；

25℃ 时的饱和蒸气压力为 0.7868MPaG；

30℃ 时的饱和蒸气压力为 0.8973MPaG；

65℃ 时的饱和蒸气压力为 2.0MPaG。

2.1.3.2　含氯废气处理

在废气处理塔内 NaOH 和氯气发生以下反应：

$$Cl_2 + H_2O = HCl + HClO$$
$$HClO + NaOH = NaClO + H_2O$$
$$HCl + NaOH = NaCl + H_2O$$

氯气最终与氢氧化钠反应生成次氯酸钠和氯化钠而被吸收。

2.1.3.3　NCl$_3$ 处理

液氯中含有少量 NCl$_3$（≤20ppm），其蒸气压远小于液氯的蒸气压，故从钢瓶引入汽化器的液氯发生汽化时，大部分的 NCl$_3$ 会沉积下来，使汽化器底部液氯中的 NCl$_3$ 浓度逐渐积累升高。当其浓度达到或超过 5%（质量分数）时有发生剧烈分解而爆炸的危险。因此，当达到 40g/L 时，应排放到碱液中进行中和处理。

在 OH$^-$ 离子的催化作用下，NCl$_3$ 发生分解反应，反应产生的氯气再与碱液反应而得到吸收：

$$2NCl_3 = N_2 + 3Cl_2$$
$$Cl_2 + H_2O = HClO + HCl$$
$$HClO + NaOH = NaClO + H_2O$$
$$HCl + NaOH = NaCl + H_2O$$

2.1.4　液氯汽化的工艺流程

如图 2-1 所示。

液氯库从功能上划分包括以下几个模块：液氯钢瓶满瓶库区、空瓶库区、钢瓶汇流排、液氯汽化和尾气处理。满瓶和空瓶用于钢瓶的堆积，满瓶允许最高堆积高度为两层，空瓶可以堆积三层。

图 2-1　液氯汽化工艺流程图

液氯汽化一般设置 1$^\#$、2$^\#$ 两个钢瓶组，为一开一备，每个钢瓶组有 12 个钢瓶。液氯从 1 组 12 个钢瓶中同时放出，经各钢瓶对应支管上的转子流量计汇入液氯总管，然后流入液氯汽化器的盘管内，被流经管外的热水加热后进入汽化器内筒汽化。汽化器也是两台，一开一备。出汽化器的氯气经缓冲罐后送去氯化氢合成的氯气缓冲罐。

液氯汽化器底部残液管上安装有取样阀，定期检测汽化器中液氯的成分，当 NCl$_3$ 的含量达到 40g/L 时，切换汽化器，将汽化器中的残液排放到排污罐中，再进入碱液罐鼓泡中和。残液处理完后把废液排放到碱液池。

钢瓶向汽化器输送液氯是利用钢瓶中液氯的汽化增压完成，需向钢瓶表面喷淋循环水（热水），该循环水通过地沟回流到循环水收集池，然后用泵输送到板式换热器，加热后的热水再用于钢瓶喷淋。

汽化器的热水来自热水槽。脱盐水补充到热水槽中，用低压蒸汽鼓泡直接加热，加热后的热水通过泵输送到汽化器，换热后的热水则回到热水槽中。

2.1.5　主要设备及操作

2.1.5.1　汇流排

气体汇流排（图 2-2）是将数个气瓶分组汇合后进行减压，再通过主管道输送至使用终端的系统设备，主要用于中小型气体供应站以及其他适用场所。根据气瓶切换形式的不同，可分为手动切换、气动（半自动）切换和自动切换。根据使用的需要，可装配气体加热器、回火防止器、泄压阀、气体泄漏报警仪、压力报警器、压力开关、护瓶支架等设备。

图 2-2　气体汇流排

2.1.5.2　液氯钢瓶（图 2-3）

用以贮存和运输液氯。钢瓶外套有橡胶圈防止碰撞。

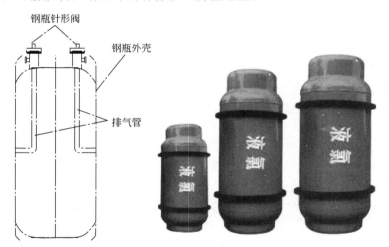

图 2-3　液氯钢瓶

2.1.5.3　小缓冲罐（图 2-4）

用于稳定系统压力，防止产生脉冲，起到调节系统流量的作用。

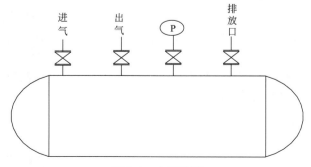

图 2-4　小缓冲罐

2.1.5.4 操作要点

先选用一组钢瓶，按顺序开启瓶阀、汇流排上控制阀、缓冲罐进气阀、出气阀，进入到 HCl 合成岗位的大 Cl_2 缓冲罐，并维持小缓冲罐内 Cl_2 压力在一定范围即可。压力不足时可多开瓶或用水淋洗液氯钢瓶，有助于液氯汽化，一直到钢瓶液氯用完（用手摸钢瓶底面不冰手即液氯用完）。

2.1.5.5 液氯质量指标（符合国际优质液氯标准）

氯含量（体积分数，%）：≥99.8。

水或其他含氧的杂质（质量分数，%）：≤0.015。

三氯化氮（质量分数，%）：≤0.002。

不挥发的残余物：≥0.015%。

2.1.6 氯的存放和安全使用

2.1.6.1 生产安全规则

① 液氯应符合 GB 5138～5139 中规定的产品标准，其中纯度≥99.5%，含水≤0.06%。

② 氯气总管中含氢≤0.4%。氯气液化后尾气含氢应≤0.4%。

③ 液氯的充装压力不得超过 1.1MPa。

④ 采用压缩空气充装液氯时，空气含水应≤0.01%。采用液氯汽化器充装液氯时，只许用水加热汽化器，不准使用蒸汽直接加热。

⑤ 液氯贮罐、计量槽、汽化器中液氯充装量不得超过全容积的 80%。

⑥ 严禁将液氯汽化器中的液氯充入液氯钢瓶。

⑦ 液氯汽化器、预冷器及热交换器等设备，必须装有排污装置和污物处理设施，并定期检查。

⑧ 为防止氯压机或纳氏泵的动力电源断电，造成电解槽氯气外溢，必须采用下列措施之一：

- 配备电解槽直流电源与氯压机、纳氏泵动力电源的联锁装置；
- 配备氯压机、纳氏泵动力电源断电报警装置；
- 在电解槽与氯压机、纳氏泵之间，装设防止氯气外溢的吸收装置。

⑨ 设备、管道和阀门，安装前要经清洗、干燥处理。阀门要逐只做耐压试验。

⑩ 应将管内残留的流质、切割渣屑等物清除干净，禁止用烃类和酒精清洗管道。

2.1.6.2 使用、贮存和运输的安全规则

（1）液氯钢瓶的充装和使用安全

① 充装前应校准计量衡器；检查台面和计量杠杆。充装用的衡器每 3 个月检验一次，确保准确。

② 充装前必须有专人对钢瓶进行全面检查，确认无缺陷和异物，方可充装。

③ 充装系数为 1.25kg/L。严禁超装。

④ 充装后的钢瓶必须复验充装量。两次称重误差不得超过充装量的 1%。复磅时应换人换衡器。

⑤ 充装前后的重量均应登记，作为使用期中的跟踪档案。

⑥ 入库前应有产品合格证。合格证必须注明：瓶号、容量、重量、充装日期、充装人和复磅人姓名或代号。

⑦ 钢瓶有以下情况时，不得充装：漆色、字样和气体不符合规定或漆色、字样脱落，不易识别气体类别；钢印标记不全或不能识别；新瓶无合格证；超过技术检验期限；安全附件不全、损坏或不符合规定；瓶阀和易熔塞上紧后，螺扣外露不足 3 扣；瓶体温度超过 40℃。

⑧ 充装量为 50kg 的钢瓶，使用时应直立装置，并有防倾倒措施；充装量为 500kg 和 1000kg 的钢瓶，使用时应卧式放置，并牢靠定位。

⑨ 使用钢瓶时，必须有称重衡器，并装有膜片压力表（如采用一般压力表时，应采取硅油隔离措施）、调节阀等装置。操作中应保持钢瓶内压力大于使用侧压力。

⑩ 严禁使用蒸汽、明火直接加热钢瓶。可采用 45℃ 以下的温水加热；严禁将油类、棉纱等易燃物和与氯气易发生反应的物品放在钢瓶附近；钢瓶与反应器之间应设置逆止阀和足够容积的缓冲罐，防止物料倒灌，应定期检查以防失效；应采用经过退火处理的紫铜管连接钢瓶，紫铜管应经耐压试验合格；不得将钢瓶设置在楼梯、人行道口和通风系统吸气口等场所；应有专用钢瓶开启扳手，不得挪作他用；开启瓶阀要缓慢操作，关闭时亦不能用力过猛或强力关闭；钢瓶出口端应设置针形阀调节氯流量，不允许使用瓶阀直接调节；瓶内液氯不能用尽，必须留有余压。充装量为 50kg 的钢瓶应保留 2kg 以上的余氯，充装量为 500kg 和 1000kg 的钢瓶应保留 5kg 以上的余氯；作业结束后必须立即关闭瓶阀；空瓶返回生产厂时，应保证安全附件齐全。

（2）液氯钢瓶的贮存安全

① 钢瓶禁止露天存放，也不准使用易燃、可燃材料搭设的棚架存放，必须贮存在专用库房内。

② 空瓶和充装后的重瓶必须分开放置，禁止混放。

③ 重瓶存放期不得超过 3 个月。

④ 充装量为 500kg 和 1000kg 的重瓶，应横向卧放，防止滚动，并留出吊运间距和通道。存放高度不得超过两层。

（3）液氯钢瓶的运输安全

① 钢瓶装卸、搬运时，必须戴好瓶帽、防震圈，严禁撞击。

充装量为 50kg 的钢瓶装卸时，要用橡胶板衬垫，用手推车搬动时，应加以固定；充装量为 500kg 和 1000kg 的钢瓶装卸时，应采取起重机械，起重量应大于瓶体重量的一倍，并挂钩牢固，严禁使用叉车装卸；起重机械的卷扬机构要采用双制动装置，使用前必须进行检查，确保正常；夜间装卸时，场地必须有足够的照明。

② 机动车辆运输钢瓶时，应严格遵守当地公安、交通部门规定的行车路线，不得在人口稠密区和有明火等场所停靠。

③ 车辆驾驶室前方应悬挂规定的危险品标志旗帜。

④ 不准同车混装有抵触性质的物品和让无关人员搭车。

⑤ 车辆停车时应可靠制动，并留人值班看管。

⑥ 高温季节应根据当地公安部门规定的时间运输。

⑦ 车辆不符合安全要求或证件（运输证、驾驶证、押运证等）不齐全的，充装单位不得发货。

⑧ 运输液氯钢瓶的车辆不准从隧道过江。

⑨ 车辆运输钢瓶时，瓶口一律朝向车辆行驶方向的右方。

⑩ 充装量为 50kg 的钢瓶应横向装运，堆放高度不得超过两层；充装量为 500kg 和 1000kg 的钢瓶装运，只允许单层设置，并牢靠固定防止滚动。

（4）液氯贮罐的充装、使用安全

① 充装液氯贮罐时，应先缓慢打开贮罐的通气阀，确认进入容器内的干燥压缩空气或汽化氯的压力高于贮罐内的压力时，方可充装。

② 贮罐车上输送液氯用的压缩空气，应经过干燥装置，保证干燥后空气含水量低于0.01%（质量分数）。

③ 铁路罐车卸氯时，罐车的压力应高于贮罐0.15～0.2MPa。罐车最高压送压力不得超过1.4MPa。

④ 采用液氯汽化法向贮罐压送液氯时，要严格控制汽化器的压力和温度，釜式汽化器加热夹套大包底且应用热水加热，严禁用蒸汽加热，出口水温不应超过45℃，汽化压力不得超过1MPa。

⑤ 充装停止时，应先将罐车的阀门关闭，再关闭贮罐阀门，然后将连接管线残存液氯处理干净，并做好记录。

⑥ 禁止将贮罐设备及氯气处理装置设置在学校、医院、居民区等人口稠密区附近。

⑦ 贮罐输入或输出管道，应设置两个以上截止阀门，定期检查，确保正常。

⑧ 贮罐设置的安全要求：贮量1t以上的贮罐基础，每年应测定基础下沉状况；贮罐露天布置时，应有非燃烧材料顶棚或隔热保温措施；在贮罐20m以内，严禁堆放易燃、可燃物品；贮罐的贮存量不得超过贮罐容量的80%；贮罐库区范围内应设有安全标志。

2.1.6.3 预防泄漏和抢救

① 严格执行氯气安全操作规程，及时排除泄漏和设备隐患，保证系统处于正常状态。

② 氯气泄漏时，现场负责人应立即组织抢修，撤离无关人员，抢救中毒者。抢修、救护人员必须佩戴有效防护面具。

③ 抢修中应利用现场机械通风设施和尾气处理装置等，降低氯气污染程度。

④ 液氯钢瓶泄漏时的应急措施

• 转动钢瓶，使泄漏部位位于氯的气态空间。

• 易熔塞处泄漏时，应用竹签、木塞做堵漏处理；瓶阀泄漏时，拧紧六角螺母；瓶体焊缝泄漏时，应用内衬橡胶垫片的铁箍箍紧。凡泄漏钢瓶应尽快使用完毕，返回生产厂。

• 严禁在泄漏的钢瓶上喷水。

• 在运输途中钢瓶泄漏又无法处理时，应将载氯瓶车辆开到无人的偏僻处，使氯气危害降到最低程度。

2.1.6.4 防护用品的使用和急救

防护用品应定期检查，定期更换。

生产、使用、贮存岗位必须配备两套以上的隔离式面具。操作人员必须每人配备一套过滤式面具，并定期检查，以防失效。

生产、使用、贮存现场应备有一定数量药品，吸氯者应迅速撤离现场，严重时及时送医院治疗。

在企业生产过程中，值班人员必须按照安全操作规程进行作业。严禁违章操作。

氯气微量泄漏时，值班人员应迅速采取有效措施进行处置，以防泄漏事故扩大，事后应及时报告分厂、总厂。

氯气泄漏量较大时，值班人员应以最快捷的方式向应急救援指挥领导小组进行报警，并采取适当合理的方式自救。

根据现场的严重性和可能性生产的危害后果，确定隔离区的范围，严格限制出入，一般小量泄漏的初始隔离半径为 150m，大量泄漏的隔离半径为 450m，撤离人员应向氯气扩散的逆向撤离。

处理时应佩戴好防毒面具，尽可能切断泄漏源，去除或消除所有的可燃和易燃物质，所使用的工具严禁沾有油污，防止发生爆炸事故，处理的过程中防止泄漏的液氯进入下水道，严禁在泄漏的液氯钢瓶上喷水，有可能时，可将泄漏的液氯导入碱池，且注意碱池的碱液浓度，排入碱池的液氯量应控制在 $<0.28MPa/h$。

车间内空气中允许氯气浓度 $<1mg/m^3$，并定期巡回检查。

企业案例

【液氯汽化岗位】

2.1.7　液氯汽化岗位可能出现的故障及处理（表 2-1）

表 2-1　液氯汽化岗位可能出现的故障及处理

序号	故障和事故现象	可能的原因	预防及处理方法
1	汽化器压力突然升高	①通入热水前未开启出氯阀或排气阀	①预防：先开启排气阀或出氯阀再通入热水；处理：立即开启排气阀或出氯阀泄压
		②在高液氯液位的情况下通入加热水	②预防：先通热水再缓慢进氯，并注意控制液位于较低水平；处理：开排气阀，关进氯阀，停热水循环泵，排尽热水
2	液化器液位过高	进氯量偏大	关小液氯总管上的阀门
3	氯气输送量达不到设定值	①汽化器液氯供应量不足	①适当开大液氯总管阀门，若效果不显著，则用热水喷淋，提高钢瓶内压力
		②汽化器压力不足	②适当提高热水槽的设定温度；检查氯气缓冲罐压力调节系统，确保热水循环量与设定压力相协调
4	管道及设备泄漏液氯及氯气	①原料液氯含水量超标造成设备、管道腐蚀穿孔	①对原料质量进行严格的抽查检验，不合格原料不予接受
		②拆卸液氯钢瓶前未抽气出氯	②拆下钢瓶上的连接挠性管前，先对连接管道进行抽气除氯操作
5	液氯钢瓶发生泄漏	①瓶阀损坏	①拧紧六角螺母或用"其他处理措施"
			②用内衬橡胶垫片的铁箍箍紧或用"其他处理措施"处理
		②瓶体焊缝泄漏	③预防：严禁使用高于 45℃ 的热水冲洗钢瓶；处理：堵漏并尽快使用完毕或用"其他处理措施"处理
		③淋洗钢瓶热水温度过高造成易熔塞熔化	④其他处理措施：将钢瓶浸入事故钢瓶处理池；对于正在供氯的钢瓶，开启钢瓶中气相瓶嘴阀及气相支管上的阀门，将瓶中的氯气抽至废处理塔处理，直至瓶中的液氯保留至最少(5kg)
6	液氯设备爆炸	①液氯汽化器残氯中 NCl_3 含量过高	①定时取样分析液氯汽化 NCl_3 浓度，在达到 40g/L 时将残氯排出处理；避免设备管道的振动；避免光照残氯；避免残液被加热
		②液氯汽化器加热温度过高	②严格监控出氯汽化器的热水温度 ≤45℃
		③淋洒液氯钢瓶的水温过高	③严格控制喷淋水温 ≤45℃
		④停车时未及时停止加热供应，致使汽化器内存留的液氯持续升温，形成过大压力而爆炸	④停车后应立即停热水泵并排尽热水，应视察汽化器压力变化，必要时排气泄压
		⑤因外界温度高致使停车后未及时排尽的设备、管道内的液氯被加热，形成过大压力而爆炸	⑤环境温度较高或长时间停车，均应及时排尽所有设备、管道内的液氯

续表

序号	故障和事故现象	可能的原因	预防及处理方法
7	液氯汽化器壳体产生高温	汽化器加热管或内管穿孔,致使液氯与水直接接触产生高温,在此温度下,钢瓶与氯气发生燃烧反应	立即停进液氯,并立即排尽汽化器外筒内的水,停止该汽化器的使用并进行检测;检测加热水,若呈酸性,则更换加热水;启用备用设备
8	事故风机排放气中氯气超标	①循环碱液中的 NaOH 浓度过低	①切换至备用碱液循环槽,并用新鲜的碱液进行吸收操作
		②碱液循环泵输送量不足	②开大泵出口阀门,若无效,则切换使用备用泵,并检修前泵
9	事故风机壳体产生高温	钛材在含有氯气的干气体中发生燃烧反应	预防:①保持废气处理系统有效运转,防止氯气排放超标;②向风机壳体内喷水 处理:立即停机,加大喷水量,开备用机,检修前风机

任务二　氯化氢的合成

【任务描述】

本任务学习氯化氢的性质,氯化氢合成原理、工艺流程、核心设备结构及工艺操作条件的选择,氯化氢合成过程中的质量控制与安全控制,氯化氢合成岗位可能出现的故障与处理。

【任务目标】

① 了解氯化氢的性质。
② 理解氯化氢合成原理。
③ 掌握氯化氢合成工艺流程、关键及核心设备结构。
④ 能在氯化氢合成岗位出现突发事故时进行处理。

2.2.1 氯化氢的性质

氯化氢（HCl）相对分子质量36.5,为无色、易溶水、有强烈刺激性气味的气体。在空气中会"冒烟",这是因为 HCl 与空气中的水蒸气结合形成了酸雾。HCl 的水溶液叫盐酸,在标准状况下（压强为101325Pa,温度0℃）,1 体积的水溶解约 500 体积的 HCl,相对密度 1.19（液体）;在有水存在的情况下,氯化氢具有强烈的腐蚀性。HCl 的熔点为－114.2℃,沸点－85.0℃,临界温度51.4℃,临界压力 8.26MPa,生成热 92.30kJ/mol,水合热 17.58kJ/mol。因此 HCl 的合成及氯化氢溶于水都会放出热量。HCl 除溶于水外,还可溶于乙醇、乙醚和苯。HCl 中 Cl⁻ 处于氯的最低价态,它具有一定的还原能力,1273K 时可分解。由于盐酸为三大强酸之一,所以它具有一定酸的通性。能与许多金属反应放出氢气并生成相应的氯化物,也能与许多金属氧化物反应生成盐和水。

氯化氢为不燃气体,但与活性金属粉末接触,会发生反应,生成氢气和氯化氢。装氯化氢的钢瓶如遇明火或高温,内压增高,有爆裂危险。

氯化氢对眼和呼吸道黏膜有强烈的刺激作用。急性中毒,会出现头痛、头昏、恶心、眼痛、咳嗽、痰中带血、声音嘶哑、呼吸困难、胸闷、胸痛等。重者发生肺炎、肺水肿。眼角膜可见溃疡或浑浊。皮肤直接接触，可出现大量粟粒样红色小丘疹而呈潮红痛热。慢性影响：长期较高浓度接触，可引起慢性支气管炎、胃肠功能障碍及牙齿酸蚀症。

2.2.1.1　氯化氢环境标准

中国（TJ 36—79）车间空气中有害物质的最高容许浓度 15mg/m³。

中国（TJ 36—79）居住区大气中有害物质的最高容许浓度 0.05mg/m³（一次值），0.015mg/m³（日均值）。

2.2.1.2　现场应急监测方法

气体检测管法。

2.2.1.3　实验室监测方法

硫氰酸汞分光光度法（HJ/T 27—1999，固体污染源排气）。

离子色谱法《空气和废气监测分析方法》（国家环保局）。

2.2.1.4　应急处理处置方法

（1）泄漏应急处理

迅速撤离泄漏污染区人员至上风处，并进行隔离，小泄漏时隔离 150m，大泄漏时隔离 300m，严格限制出入。建议应急处理人员戴自给正压式呼吸器，穿防毒服。从上风处进入现场，尽可能切断泄漏源，合理通风，加速扩散，喷氨水或其他稀碱液中和。构筑围堤或挖坑收容产生的大量废水。如有可能，将残余气或漏出气用排风机送至水洗塔或与塔相连的通风橱内。漏气容器要妥善处理，修复、检验后再用。

废弃物处置方法：建议废料用碱液-石灰水中和，生成氯化钠和氯化钙，用水稀释后排放，从加工过程的废气中回收氯化氢。

（2）防护措施

呼吸系统防护：空气中浓度超标时，佩戴过滤式防毒面具（半面罩）。紧急事态抢救或撤离时，建议佩戴空气呼吸器。

眼睛防护：必要时戴化学安全防护眼镜。

身体防护：穿化学防护服。

手防护：戴橡胶手套。

其他：工作完毕，淋浴更衣，保持良好的卫生习惯。

（3）急救措施

皮肤接触：立即脱去被污染的衣着，用大量流动清水冲洗，至少 15min，就医。

眼睛接触：立即提起眼睑，用大量流动清水或生理盐水彻底冲洗，至少 15min，就医。

吸入：迅速脱离现场至空气新鲜处。保持呼吸道通畅。如呼吸困难，给输氧；如呼吸停止，立即进行人工呼吸，就医。

（4）灭火方法

本品不燃，但与其他物品接触引起火灾时，消防人员须穿戴全身防护服，关闭火场中钢瓶的阀门，减弱火势，并用水喷淋保护去关闭阀门的人员。喷水冷却容器，可能的话将容器从火场移至空旷处。

2.2.2　氯化氢合成原理

氯化氢合成采用氯气在氢气中燃烧的方法来制备 HCl。

氯气和氢气的反应是连锁反应：

$$Cl_2 + 能量 \longrightarrow 2\,Cl^*$$
$$Cl^* + H_2 \longrightarrow HCl + H^*$$
$$H^* + Cl_2 \longrightarrow HCl + Cl^*$$

氯气和氢气的混合气体在黑暗中是安全的，反应很慢。但在光照或加热情况下，两者能迅速反应，并释放出大量的热。其反应式可简写成下面的方程式：

$$H_2 + Cl_2 \xrightarrow{\text{点燃}} 2HCl + 183.47J$$

氢气火焰温度在 1000℃ 以上。

生成的 HCl 含有少量的水分，需分离除去，由于水分与 HCl 之间不是一种简单混合物的形式存在，而是一种化合亲和状态，若用硅胶作吸附剂来进行分离，则效果较差，采用冷冻脱水干燥的方法来除去 HCl 中水分效果较好。

氯化氢的合成，是氯气在氢气流中不爆炸燃烧的条件下进行，点火时，需先点燃氢气，然后再通入氯气，达到氢气与氯气的稳定燃烧。

合成炉的烧嘴是套管结构，氯气从内管输送，过量 4% 的氢气从外管输送（宜控制为 8%～10%），这样就可以保证氯气在氢气气氛中燃烧，既可控制游离氯的含量不超标，又可避免产生具有爆炸性的混合气。一般而言，合成 HCl 中氢含量为 2% 以上时，含有的游离氯含量对工艺及设备的影响即可忽略。

2.2.3　氯化氢合成工艺流程

液氯经检验合格后，由汽化岗位变为氯气到达 Cl_2 缓冲罐，氢气通过 H_2 缓冲罐。两种气体进入灯头，到合成炉内燃烧反应，生成氯化氢气体。氯化氢由合成炉炉顶出口经管道自然冷却后，流入自来水列管冷却器，降温到 100℃ 以下，气流中的水分冷却为微量盐酸，HCl 气流再经石墨冷却器深冷，使气体中的水分冷却成少量盐酸。随后经除雾器除去气流中漂流的盐酸雾滴，最后经 HCl 缓冲罐送至沸腾炉合成 $SiHCl_3$，如图 2-5 所示。

2.2.4　氯化氢合成主要设备

（1）氯化氢合成炉结构

氯化氢合成炉（图 2-6）是合成氯化氢的主要设备，其形状有锥形、直筒形两种。锥形合成炉由炉体、炉顶和灯盘组成。由于炉顶受火焰和气流的直接冲击和腐蚀，寿命较短，所以一般采用普通钢和特殊钢等材料制成。炉顶最好以法兰盘与炉体相接，当炉顶损坏时，可将备件及时装上，不致造成长期停产。为了保证安全生产，在炉顶一侧与炉体中心线上装有一定直径的防爆孔，防爆膜采用中压石棉橡胶板，如炉内超过规定压力时，可自动破裂；另一侧为气流出口管道。炉体下部设有窥视孔，以便掌握炉内火焰和反应情况。

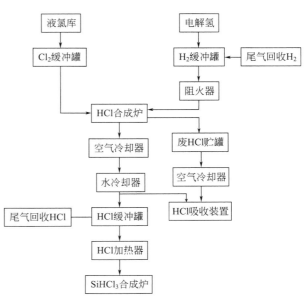

图 2-5　氯化氢合成工艺流程图

　　灯头是合成炉内的氯化氢燃烧器，由石英和不锈钢两种材料制成。如图 2-7 所示，由双层或多层套管制成，其目的在于使氯气和氢气能够混合均匀，燃烧安全，减少游离氯。它固定在炉底下法兰的中部，并与炉体的中心线在同一水平上。

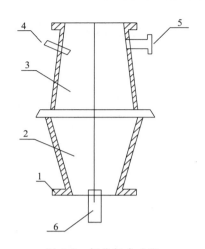

图 2-6　氯化氢合成炉
1—法兰盘；2—炉底下部；3—炉体中部；
4—防爆孔；5—HCl 出口；6—灯头

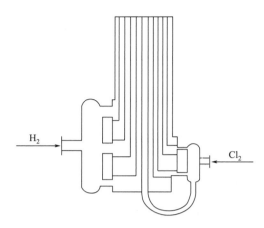

图 2-7　灯头示意图

（2）氯气缓冲罐

　　氯气是经过干燥的，可采用一般碳钢设备，它主要是起缓冲和稳定氯气压力的作用。内部可充填一些瓷圈，使之分离掉氯气中所带来的杂质，保持出口管道阀门不致堵塞。

（3）冷却器

　　因氯化氢出口温度很高，为了降低和保护设备不被腐蚀，必须进行降温，一般先用空气冷却。空气冷却多采用蛇形管或翅片式冷却管或自然冷却，使氯化氢温度控制在一定的范围。空气冷却后将氯化氢送入石墨冷却器。石墨冷却器有列管式和板室式两种。一般板室式冷却器体积小，效率高，但阻力大。列管式冷却器阻力小，可根据不同情况选择不同的冷却器。冷却剂可用自来水或低温食盐水。氯化氢入口温度要适当控制，以保证石墨冷却器的安全操作，防止酚醛树脂里剥离或分解，降低使用寿命。

（4）氯化氢缓冲罐

　　可用 Q235 碳钢制成，起稳定氯化氢压力的作用，经空气冷却可放出少量盐酸。

（5）除雾器

　　合成所得氯化氢经除雾器可将酸雾进行分离，内可装瓷环及聚四氟乙烯屑。

（6）氯气缓冲罐

　　贮藏氯气检修或异常情况下，赶气、作保护气用。

（7）氢气阻火器

　　氢气阻火器如图 2-8 所示，防止火焰到氢气管道内，以防发生事故。

（8）真空泵

　　点火之前对系统抽真空，保证安全。

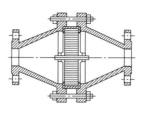

图 2-8　氢气阻火器

2.2.5　工艺条件选择和操作要点

2.2.5.1　HCl 气体含量及过氯检测

HCl 合成中要求合成后的 HCl 含量在 92%～94%，Cl_2 不过量，因此在正常的开车过程中要求每小时取样分析一次。分析的具体操作是：用带有百分刻度的计量瓶充满 HCl，关闭两头旋塞，与充满 KI、淀粉溶液的导管接好后，打开充液旋塞，使溶液充分进入取样瓶，到溶液不流动为止。然后根据液位高度，计量 HCl 含量，若液体变蓝色，则 Cl_2 过量，液体不变色，则游离 Cl_2 达标。

此过程利用了 $2KI + Cl_2 = 2KCl + I_2$，而 I_2 遇淀粉变蓝，同时还利用了 HCl 极易溶于水的原理。

2.2.5.2　操作要点

（1）点火前的准备

检查整个系统的设备、管道、阀门及压力计、温度计是否正常，各类阀门必须灵活好用。系统试压时应充 N_2，用肥皂水检查各接头处。除 H_2 管道外，其他各部分亦可以通入微量 Cl_2，用氨水检查，若发现漏气现象应及时处理，确保不漏气时方可点火。

氢气系统试压完成后，用 H_2 直接将本系统内的 N_2 或空气冲洗排空一定时间，经检测分析确定含 H_2 量合格方可准备点火。

氯气系统检查合格后，将 Cl_2 缓冲罐内充满待用。

氯化氢合成前冷凝器、水冷器预先通入冷媒冷却，并准备好 KI、淀粉溶液。

点火前将炉门打开并卸下，才能用真空橡皮管与氢气管连接点火下法兰，打开真空阀门，排除炉内残留气体。用纸置于炉门处检验炉内是否是负压，确定为负压后继续抽空数分钟，然后开始点火。

（2）点火操作

正式点火之前，通知 H_2 站正常供应氢气，操作者准备好工具及劳保用品后即可点火。点火时将火把用手置于 H_2 进气管下法兰嘴处，接着缓慢打开氢气控制阀门，H_2 自该法兰嘴处喷出着火（带微弱炸破声），随即调节 H_2 流量大小，使火焰适当后，迅速与点火上法兰对好接上（这一操作必须戴好石棉手套和有机玻璃面罩，并力求稳、准、快，严防火焰外喷），立即适当调节 H_2 火焰在炉门内燃烧。再打开 Cl_2 阀门，Cl_2、H_2 即在灯头出口反应，其燃烧火焰呈蜡烛状时，便可关好炉门停止抽空，这种点火方法称为炉外点火。若点火失败，必须重复抽负压，方能点火开车。最初生成的 HCl 气体纯度较低，可将 HCl 输送至水洗塔排出，紧接着调节 Cl_2、H_2 流量，用 KI、淀粉溶液检测 HCl 纯度，至 HCl 气体纯度达到规定指标为止，再关闭放空，开冷凝器，HCl 经冷凝器冷凝、除雾器后经 HCl 缓冲罐，沿管道送至沸腾炉内合成三氯氢硅。

点火方式有两种。

① 人工点火　经手孔插入燃烧着的点火器，点火器的燃料是氢气。从辅助氢气管通入氢气，点燃后取出点火器，关闭手孔。随后逐渐从燃烧器通入氢气，稳定燃烧后关闭辅助氢气管的气源。从燃烧器通入氯气，其量比氢气少 5%～10%。火焰稳定燃烧后关闭吹扫空气。

② 遥控点火　用专用的管道向合成炉内通入氩-甲单硅烷混合气，该混合气体在空气中自燃。燃烧器供应氢气，稳定燃烧后停止氩-甲单硅烷混合气。氩-甲单硅烷混合气管与合成炉断开（阀门后），需用氮气吹扫。向燃烧器通入氯气，其量比氢气少 5%～10%，并关闭吹扫空气。

（3）正常运转

点火正常后，依次增大氢气和氯气的流量达到规定的参数值，并检测合成的 HCl 的质量，达到要求后向 $SiHCl_3$ 合成炉进气，系统投入正常运行，逐渐转入自动控制。

（4）HCl 合成系统运行检查重点

关注氢气、氯气缓冲罐的压力；HCl 合成炉的压力、温度；HCl 空气冷却器、水冷换热器 HCl 出口温度；HCl 贮罐压力、出口温度；石墨 HCl 吸收器的温度及运转情况；盐酸贮罐的液位及盐酸的质量浓度；各台泵的运转情况；仪表、设备及管道的安全使用情况；控制氢气调节阀开度来控制氢气流量稳定；控制氯气调节阀开度来控制氯气流量稳定；每小时取样分析 HCl 含量（含量控制在 94%～96%），含量主要通过调节氢气调节阀和氯气调节阀开度来进行控制。

（5）停车

① 紧急停车　在设备故障或点火失败后，合成系统需紧急停车。若短时间能处理的，应通知 $SiHCl_3$ 合成岗位，沸腾炉保温，合成炉降温保持火焰，系统放空。若无法与合成炉断开或短时间处理不了，应通知 $SiHCl_3$ 合成岗位停车。合成炉必须完成以下工作：迅速关闭 Cl_2、H_2 进合成炉的调节阀；打开放空阀，关闭沸腾炉进气阀（注意先打开淋洗塔水阀）；通知液氯汽化岗位和氢气站停止输送 Cl_2 和 H_2，冷冻岗位停止输冷冻水；向炉内通入氮气，至少 30min 后才能开启手孔，送吹扫空气，并进入点火程序或备用，直到故障排除重新点火。

② 正常停车　正常停车时，先通知 $SiHCl_3$ 合成岗位，得到许可后打开淋洗塔放空阀，关闭沸腾炉进气阀，打开水力真空泵，系统降到微正压后，尾气导向真空泵，再逐渐调小 Cl_2、H_2 流量，先关闭 Cl_2、后关闭 H_2。通知液氯汽化岗位停 Cl_2 气，氢气站停 H_2，冷冻岗位停冷冻水，同时关闭 H_2 缓冲罐进气阀，打开放空阀，关闭氯气进气阀，当真空泵出口已无明显白雾后，关闭尾气系统阀，停真空泵及淋洗塔水。火焰熄灭后从氢气进气管通入氮气对系统进行吹扫，流量（标准状况）50～100m³/h，3～4h 后系统密封备用或改为空气吹扫并开启手孔备用。

2.2.6　氯化氢合成过程的质量控制

主要控制：合成的 HCl 纯度；氯化氢含水量；氢气纯度 99.99%；液氯成分，含水量，含 H_2 量；纯氯含量，露点，含 O_2 量等。

在生产 HCl 过程中主要控制以下参数，达到生产目的。

① H_2、Cl_2 的使用压力。具体根据合成炉的大小而定。

② H_2、Cl_2 体积比。H_2 稍过量，可以使 Cl_2 充分反应，防止游离氯产生。在三氯氢硅合成中，游离氯的存在对硅中某些杂质的氯化有利。

③ 炉压（HCl 压力）。炉压过高会使合成炉的腐蚀性增强。

④ 合成炉出口温度。温度过高，则炉内反应加剧，有可能产生爆炸危险，而且也加剧合成炉的腐蚀性。

2.2.6.1 原料质量

合成 HCl 的主要原料是氯气和氢气，氯气来自液氯库，氢气来自 $SiHCl_3$ 合成尾气回收和电解制氢车间。其质量指标如表 2-2 所示。

表 2-2 氢气质量指标

氢气	氢含量（质量分数）	≥99.997%	来自氢气管网
	氧含量（质量分数）	≤0.003%	
	露点	−60℃	
CDI 回收氢	H_2	≥99.9997ppmV	来自 CDI 回收氢
	HCl	≤1ppmV	
	SiH_2Cl_2	≤1ppmV	
	$SiHCl_3$	≤1ppmV	
	$SiCl_4$	≤1ppmV	
	聚氯硅烷	0	

2.2.6.2 产品 HCl 质量指标

合成的 HCl 质量指标（体积分数，%）：

HCl 含量≥96%；

氢气含量≤4%；

无游离氯（含量小于 20ppm）；

水分含量≤200ppm。

2.2.7 氯化氢合成过程的安全控制

氯气、氯化氢都是有毒气体，在正常生产和检修时，一定要按规定穿好劳保用品。正常生产时不允许 H_2、HCl 外溢，各有毒气体浓度应控制在允许浓度以内。氢气极容易自燃，氢气与一定比例的空气、氯气混合能组成爆鸣气（其中氢气与氯气混合爆炸极限为含 H_2 5%～87%，氢气与空气混合爆炸极限为含 H_2 4.5%～75%），生产过程中应避免生成爆鸣气，开炉点火前应对 Cl_2、H_2 气体进行安全分析（含氧量或含氢量测定）。系统进行维修，若需动火，先用氮气置换。

万一发生爆炸着火事故，应迅速关小 H_2 气，通入 N_2 后再关闭 H_2。对着火设备进行冲氮置换或用二氧化碳封闭火。

放空的氢气，应通入水中。氯化氢合成岗位及氢气管线 10m 以内严禁吸烟和使用明火。定期检查合成炉的防爆膜。

管路、设备高空维修作业应搭好脚手架，铺好平台，做好防护措施。含有 Cl_2、HCl 停留气体的设备或管路检修时，先抽空，再穿戴好劳动防护用品后才可进行。检修时，不应同时对 H_2 和 Cl_2 进行置换，以免空气中混合 H_2、Cl_2 过量而爆炸。H_2 与 Cl_2 的泄漏量都应严格控制，H_2 在空气中过量可能爆炸，Cl_2 过量则造成环境污染。

2.2.8 氯化氢合成可能出现的故障及处理

(1) 火焰熄灭

火焰正常熄灭后，需立即顺序切断氯气、氢气进气阀，打开 HCl 缓冲罐前放空阀，通入保安氮气，并关闭氢气和氯气管线上的手动阀。在用氮气进行气体置换完成之前，禁止打开合成炉手孔。

火焰熄灭的主要原因是合成炉压力过高（接近 H_2 缓冲罐、Cl_2 缓冲罐的贮存压力），可能是系统出现堵塞或前端原料缓冲罐压力设定不合理。对于前者，系统气体置换完成后排除故障；对于后者，应修改原料缓冲罐的设定值。

氢气和氯气流量配比失衡也是造成火焰熄灭的重要因素，在提前和降量过程中应注意增幅不能太大。

如果原料供应不足，原料缓冲罐压力下降到控制下限，系统自动联锁关闭氢气和氯气进气阀，也会造成火焰非正常熄灭。为避免此种情况的发生，液氯库或供氢站应提前通知，使合成炉按正常停车程序进行。

（2）防爆膜破裂

当合成炉的压力达到 0.625MPaG 以上时，防爆膜破裂。引起合成炉超压的主要原因是合成炉内形成了爆炸性混合气，并被引燃。这是极其危险的，在开车前和火焰熄灭后必须按要求进行气体置换，避免形成爆炸性混合气。生产过程中始终保持氢气过量，也是为了防止形成爆炸性混合气。火焰异常熄灭，提供保安氮气是必不可少的条件。

防爆膜破裂后，合成炉压力迅速下降，低于 0.4MPaG 时联锁切断氯气、氢气进气阀，切断 HCl 缓冲罐前进气阀，打开保安氮气进气阀。

防爆膜必须定期更换，超期使用会使其承压能力下降，以致有可能在正常操作压力下出现破裂，给生产造成不必要的损失。

（3）系统泄漏

在高温和 HCl 的腐蚀下，设备、管道、阀门、密封垫损坏造成泄漏是主要原因。一旦出现泄漏，合成炉都应降量或停产，然后对该设备或该段管路进行气体置换，及时维修或处理。

（4）原料供应不足

在得到通知的情况下，按正常停车处理；未得到通知，则按紧急停车处理。

（5）阀门损坏

阀门损坏主要表现在阀门不能开启、不能关闭或内漏。开车前应检查主工艺线上的开关阀是否能开启和关闭，及时更换已损坏的阀门。开车前后注意尾气排放阀是否有内漏，一旦出现，应气体置换后及时更换。必要时，HCl 合成炉可降量或停产处理。

（6）停电

停电时，按紧急停车处理：关闭氯气、氢气进气阀，关闭 $SiHCl_3$ 的 HCl 进气阀，打开保安氮气进气阀，打开 HCl 缓冲罐后放空阀。

任务三　三氯氢硅的合成

【任务描述】

本任务学习工业硅生产工艺原理，硅、三氯氢硅、二氯二氢硅的性质，三氯氢硅合成原理、工艺流程，核心设备的结构、工作原理、操作、维护与保养，三氯氢硅合成工艺参数的设定与调整，三氯氢硅合成岗位可能出现的故障与处理。

【任务目标】

① 了解工业硅生产工艺及原理。
② 了解硅、三氯氢硅、二氯二氢硅的性质。
③ 理解三氯氢硅合成原理。
④ 掌握三氯氢硅合成工艺流程、关键及核心设备结构。
⑤ 能在三氯氢硅合成岗位出现突发事故时进行处理。

三氯氢硅合成包括硅粉加料系统、合成炉、干法除尘、湿法除尘和尾气分离。硅粉加料系统完成向合成炉连续定量地供应硅粉。

2.3.1 工业硅生产简介

工业硅的外观为深灰色，与生铁颜色接近，也称硅铁，如图 2-9 所示。工业硅的块密度约为 $2.0 \times 10^3 \mathrm{kg/m^3}$，硬度为 7，纯度一般为 $95\% \sim 99\%$，其中主要杂质为 Fe、Al、Ca。

工业硅生产简介

工业硅的制备一般采用冶炼法，将硅石（图 2-10）在冶炼炉中用还原剂将 SiO_2 还原成单质硅。通常用的还原剂有钙、镁、铝等。用镁或铝还原 SiO_2，如果还原剂的纯度较高，得到的单质硅纯度可达 3~4 个"9"。不过，由于纯度较高的镁、铝价格高，会增加工业硅的生产成本，因此，目前国内的生产厂家都采用在电炉中用焦炭还原 SiO_2 来制取单质硅，即把碳电极插入由焦炭（或木炭）和石英石组成的炉料中，温度控制在 $1600 \sim 1820 \mathrm{°C}$ 还原出硅，反应式如下：

$$SiO_2 + 2C \xrightarrow{1600 \sim 1800\mathrm{°C}} Si + 2CO$$

图 2-9　工业硅

图 2-10　硅石

加入催化剂，可提高反应能力，加速硅的还原。CaO、$CaCl_2$、$BaSO_4$ 和 NaCl 对碳和二氧化硅反应有明显的催化作用。钙、钡离子在反应中作用相同，而 NaCl 的催化作用略小一些。在 1953K 时加入 1% 的 CaO 和 2% 的 $CaCl_2$，可提高 SiC 和 SiO_2 的反应速度一倍以上。在 1893K 时加入 2% 的 $CaCl_2$ 和在 1953K 时加入 3% 的 $CaCl_2$，催化效果最好，再升高温度，效果就不明显了。

还原后的单质硅是以液态从反应炉中流进硅液包，在这一过程中 Fe、Al、Ca、B、P、Cu 等杂质也会以不同化合态进入液态的单质硅中，为了保证产品符合要求（一般控制在 99% 以上），硅液需要经过进一步处理去除其中的杂质。处理方法是利用杂质的化合态（氯化物或氧化物、硅酸盐等）在液体状态时会逐步离析到液体表面的规律，通过除去表层硅液来达到去除杂质的目的。因此，工业硅厂大都采用在硅液保温槽中通入 Cl_2 或 O_2，促使大部分 Fe、Al、Ca 等杂质生成氯化物或硅酸盐等物质，定期清除表层。这个过程会持续较长时间，并根据石英矿的杂质含量、成分和客户要求而定。这种方法主要是去除 Fe、Al、Ca。工业硅生产工艺流程如图 2-11 所示。

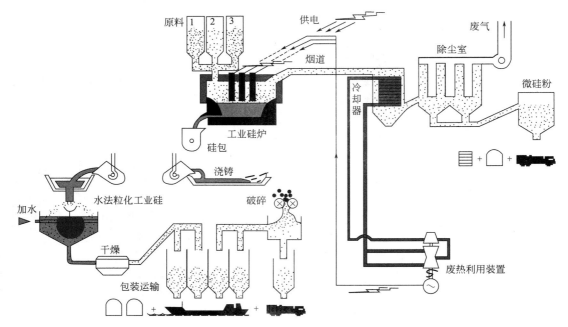

图 2-11　工业硅生产工艺流程示意图

硅在常温下的化学性质很稳定，跟大多数物质都不反应，只与部分强碱（NaOH、KOH）和酸（HF）反应。但在加热条件下（300℃±20℃）可以与多种物质反应，如与干燥的 HCl 气体反应生成氯硅烷，与 Cl_2 反应生成四氯化硅，更高温度时还能和氧气反应生成氧化硅。

2.3.2　合成工序主要物质的性质

2.3.2.1　硅的性质

硅（Silicon）意为"打火石"，为世界上第二丰富的元素——占地壳四分之一。砂石中含有的大量二氧化硅，也是玻璃和水泥的主要原料。纯硅则用在电子元件上，譬如启动人造卫星一切仪器的太阳电池便用得上它。

硅在地壳中的丰度为 27.7%，在所有的元素中居第二位，地壳中含量最多的元素氧和硅化合形成的二氧化硅（SiO_2），占地壳总质量的 87%。硅以大量的硅酸盐矿和石英矿的形式存在于自然界，如果说碳是组成生物界的主要元素，那么，硅就是构成地球上矿物界的主要元素。

由于硅易于与氧结合，自然界中没有游离态的硅存在。

硅，由于它的一些良好性能和丰富的资源，自 1953 年作为整流二极管元件问世以来，随着硅纯度的不断提高，目前已发展成为电子工业和太阳能产业中应用最广泛的一种半导体材料。

传统的高纯度多晶硅生产工艺是运用化学或物理化学方法以工业硅为原料，经氯化合成三氯氢硅液体，再经精馏提纯、氢还原获得多晶硅，此方法称改良西门子法。由此可见，多晶硅的生产实际上是一化工过程，而单晶硅的制备技术属于物理学的范畴。

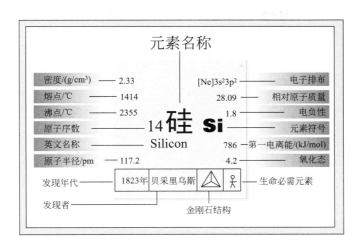

密度/(g/cm³)	2.33	[Ne]3s²3p²	电子排布
熔点/℃	1414	28.09	相对原子质量
沸点/℃	2355	1.8	电负性

元素名称

14 硅 Si
Silicon

原子序数
英文名称
原子半径/pm — 117.2

786 — 第一电离能(kJ/mol)
4.2 — 氧化态

发现年代 — 1823年 贝采里乌斯
发现者

金刚石结构

生命必需元素

硅的性质与分类

此外，硅和其他元素半导体材料一样，其电学性能与内含杂质的关系非常密切，故整个生产过程对原材料和试剂的质量要求是严格的，中间产品也必须符合规定的质量要求，否则，即使一些细微的环节，都会对最终产品质量带来不可估量的危害。

（1）硅的物理性质

硅有晶态和无定形两种同素异形体。晶态硅根据晶面取向不同又分为单晶硅和多晶硅，它们均具有金刚石晶格，晶体硬而脆，具有金属光泽，能导电，但电导率不及金属，且随温度升高而增加，具有半导体性质。晶态硅的熔点 1414℃，沸点 2355℃，密度 2.32～2.34 g/cm³，莫氏硬度为 7。

单晶硅和多晶硅的区别是，当熔融的单质硅凝固时，硅原子以金刚石晶格排列成许多晶核，如果这些晶核长成晶面取向相同的晶粒，则形成单晶硅。如果这些晶核长成晶面取向不同的晶粒，则形成多晶硅。多晶硅与单晶硅的差异主要表现在物理性质方面。例如在力学性质、电学性质等方面，多晶硅均不如单晶硅。多晶硅可作为拉制单晶硅的原料，也是太阳能电池片以及光伏发电的基础材料。单晶硅可算得上是世界上最纯净的物质了，一般的半导体器件要求硅的纯度 6 个 9（6N）以上。大规模集成电路的要求更高，硅的纯度必须达到 9 个 9（9N）。目前，人们已经能制造出纯度为 12 个 9（12N）的单晶硅。单晶硅是电子计算机、自动控制系统及信息产业等现代科学技术中不可缺少的基本材料。

多晶硅按纯度分类可以分为冶金级（金属硅）、太阳能级、电子级。

① 冶金级硅（MG） 是硅的氧化物在电弧炉中用碳还原而成。一般含硅为 90%～95% 以上，有的可高达 99.8% 以上。由于冶金级硅的技术含量较低，取材方便，因此产能一直处于过剩状态，国家对此类高耗能高污染的资源性行业一直采取限制态度。利润不高，同时受电价影响较大，生产厂家时常停产观望或等待丰水期以小水电站供电。随着多晶硅市场的大热，高纯金属硅逐步得到青睐，目前比较引人注目的是 4N（99.99%）级金属硅。4N 金属硅主要有三个用途：用于提炼多晶硅；掺纯度较高的硅料用于生产太阳能电池；直接用于太阳能电池。

② 太阳能级硅（SG） 一般认为含硅在 99.99%～99.9999%，一般多晶硅多是指太阳能级和 IC 级多晶硅。

1996 年美国太阳级硅股东集团把太阳能级硅确定为：B、P 低到掺杂时不必补偿；25℃时的电阻率大于 1Ω·cm；O、C 含量不超过熔硅的饱和值；非掺杂杂质元素总浓度不超过 1ppm。

③电子级硅（EG） 一般要求含硅＞99.9999% 以上，超高纯的达到 99.9999999%～99.999999999%。其导电性介于 0.0004～100000Ω·cm。

无定形硅是一种黑灰色的粉末，实际是微晶体。无定形硅（a-Si）是硅的一种同素异形体。而无定形硅不存在延展开的晶格结构，原子间的晶格网络呈无序排列。换言之，并非所有的原子都与其他原子严格地按照正四面体排列。由于这种不稳定性，无定形硅中的部分原子含有悬空键。这些悬空键对硅作为导体的性质有很大的负面影响。然而，这些悬空键可以被氢原子所填充，经氢化之后，无定形硅的悬空键密度会显著减小，并足以达到半导体材料的标准。但很不如愿的一点是，在光的照射下，氢化无定形硅的导电性能将会显著衰退，这种特性被称为SWE效应（Staebler-Wronski Effect）。它们的成本较相应的晶体硅制成品要低很多。

（2）硅的化学性质

硅一般呈四价状态，其正电性较金属低。在某些化合物中硅呈负价，硅的许多化合物及在许多化学反应中的行为与磷相似。硅极易与卤素化合，生成 SiX_4 型化合物。硅在红热状态下与氧气发生反应生成 SiO_2，在 1326℃ 以上与氮气发生反应，生成氮化硅：

$$3Si+2N_2 \Longrightarrow Si_3N_4（条件 1600K）$$

低温下，$SiCl_4$ 和 N_2 在 H_2 气氛下反应，生成纯度较高的氮化硅，其反应如下：

$$3SiCl_4+2N_2+6H_2 \longrightarrow Si_3N_4+12HCl$$

该低温反应生成的氮化硅能够通过 HF 酸腐蚀掉，反应如下（除氢氟酸外，它不与其他无机酸反应）：

$$Si_3N_4+4HF+9H_2O \longrightarrow 3H_2SiO_3（沉淀）+4NH_4F$$

晶体硅的化学性质很不活泼，在常温下很稳定，包括所有的酸，甚至 HF 酸，但是能够溶于硝酸-氢氟酸混合溶液中（HNO_3-HF），其反应如下：

$$Si+4HNO_3+6HF \longrightarrow 4NO_2\uparrow+4H_2O+H_2SiF_6$$

硅和烧碱发生反应，生成偏硅酸钠和氢气：

$$Si+2NaOH+H_2O \Longrightarrow Na_2SiO_3+2H_2\uparrow$$

硅在高温下，则化学活性大大增强，容易与熔融的金属（如 Mg、Cu、Fe、Ni）等化合形成硅化物。

2.3.2.2 三氯氢硅（$SiHCl_3$）的性质

$SiHCl_3$ 的性质

三氯氢硅（$SiHCl_3$）在常温常压下为具有刺激性恶臭、易流动、易挥发的无色透明液体。密度（0℃）$1350kg/m^3$，常压下熔点 $-134℃$，沸点 $31.8℃$，气体相对密度（空气＝1）4.7，相对分子质量 135.5。其蒸气和液体都能对眼角膜、嘴、鼻表皮及呼吸道产生刺激，引起喘息，甚至肺水肿。在高浓度时会产生痉挛至死亡。流到皮肤上会引起不可痊愈的溃疡。存放阴凉、干燥处，且严格密封，防止挥发。使用时，应穿戴防护用品，如橡胶手套、防毒面具等。危险等级为 2 级。

$SiHCl_3$ 的性质很活泼，能与氧气、水等多种物质反应。

（1）$SiHCl_3$ 的燃烧反应

$SiHCl_3$ 极易燃烧，在 $-18℃$ 以下也有着火的危险，遇明火则强烈燃烧，燃烧时发出红色火焰和白色烟，生成 SiO_2、HCl 和 Cl_2：

$$SiHCl_3+O_2 \longrightarrow SiO_2+HCl+Cl_2$$

三氯硅烷的蒸气能与空气形成浓度范围很宽的爆炸性混合气，爆炸上限 92.1%，爆炸下限 6.6%，受热时引起猛烈的爆炸。它的热稳定性比二氯硅烷好，在 900℃ 时分解产生氯化物有毒烟雾（HCl），还生成 Cl_2 和 Si。

（2）与水的反应

$SiHCl_3$ 极易与水反应，反应式如下：

$$SiHCl_3 + 2H_2O \Longrightarrow SiO_2 + 3HCl + H_2 + Q$$

反应产生的 SiO_2 是白色的固体物质，会附着在周围物体上。生成的 HCl 在空气中与水分结合，迅速形成类似蒸汽的酸雾。因此，一旦发生 $SiHCl_3$ 泄漏，能很容易发现。对贮存有料液的设备，巡检时应注意设备表面是否有白色物质或酸雾出现，一旦出现，则表明该设备有泄漏，需及时检修。

在与水的反应过程中，同时释放出大量的热和 H_2，当大量的 $SiHCl_3$ 与水在空气中反应会剧烈燃烧，甚至有爆炸的危险，除 $SiHCl_3$ 自身的反应外，还可能引起 H_2 的二次反应：

$$H_2 + \frac{1}{2}O_2 \Longrightarrow H_2O + Q$$

为了避免出现危险，在进行残液处理或设备检修时，必须按以下要求进行。

① 残液处理

- 在封闭的贮罐内，首先加入较大量的碱液或水，并用氮气置换填充空间的空气。
- 反应罐的尾气排放口应处于开通状态。
- 反应罐的夹套通入循环水降温，温度宜控制在 85℃ 以下。
- 向碱液中送入料液，流量不能太大。
- 当碱液浓度降到一定值后（仍为碱性），应停止处理，更换新的碱液重复上述步骤。
- 排放的尾气应通入淋洗塔或阻火器放空。

② 检修

- 先从设备的残液排放口把液态 $SiHCl_3$ 排入其他容器，然后通入大量的氮气，尽可能把设备中的 $SiHCl_3$ 送入淋洗塔处理，置换完成后再用水或碱洗涤。
- 当设备发生堵漏，不能按上一步骤进行时，应直接用氮气吹扫或少量蒸汽加热设备表面，使 $SiHCl_3$ 蒸发完全后，再把设备从系统中隔离，打开设备的接管或封头，处于完全卸压状态后用水或碱液洗涤。
- 只有设备完全被清洗干净后才能进行维修。

$SiHCl_3$ 未充分反应时产生硅氧烷，具有易燃性，冲击或摩擦作用下有可能着火或爆炸。从设备中掉落或大量处理产生的水解物类固体块，不能敲击，应轻轻移动到碱液中处理。若滴到皮肤上，会造成人身伤害，其主要原因是与皮肤上的水反应并放出热和 HCl，造成皮肤脱水和灼伤。如果迅速用水洗涤，烧伤会更严重。应该用软布擦拭后再用生理盐水或自来水冲洗。

$SiHCl_3$ 遇潮气（即与潮湿空气接触）时发生反应，生成大量白烟，反应式如下：

$$2SiHCl_3 + 3H_2O \longrightarrow (HSiO)_2O + 6HCl$$

（3）与碱液反应

$$SiHCl_3 + 3NaOH + H_2O \longrightarrow Si(OH)_4 + 3NaCl + H_2$$

（4）热裂解

$SiHCl_3$ 的分子结构是不对称的，热稳定性差，在 400℃ 就开始分解，550℃ 剧烈分解。分解的产物比较复杂，不仅受温度影响，还受所处气氛影响。一般而言，在 HCl 气氛中可认为主要是按下式进行：

$$SiHCl_3 + HCl \Longrightarrow SiCl_4 + H_2$$

在大量氢气气氛下，主要是按下式进行：

$$2SiHCl_3 \Longrightarrow Si + SiCl_4 + 2HCl$$

还原就是利用 $SiHCl_3$ 热稳定性差的性质，在氢气气氛下使其在高温（1080℃）的硅芯上热裂解析出晶体硅。

（5）与有机物反应

$SiHCl_3$ 易与有机物反应，与甲烷反应生成甲基二氯硅烷、甲基三氯硅烷、二甲基二氯硅烷等物质，与乙烷反应生成乙基一氯硅烷：

$$SiHCl_3 + CH_4 \longrightarrow CH_3SiHCl_2 + HCl$$

$$SiHCl_3 + CH_4 \longrightarrow CH_3SiCl_3 + H_2$$

$$SiHCl_3 + C_2H_6 \longrightarrow CH_3CH_2Cl_3SiH_2 \qquad .$$

与乙炔、烯烃等碳氢化合物反应产生有机氯硅烷：

$$SiHCl_3 + CH \equiv CH \longrightarrow CH_2 = CHSiCl_3$$

$$SiHCl_3 + CH_2 = CH_2 \longrightarrow CH_3CH_2SiCl_3$$

因此，有 $SiHCl_3$ 存在的设备不能用普通的有机质品贮存、密封和输送，比如橡胶及其衍生产品、聚乙烯等材料。而一些有机物的卤素衍生物却能适应 $SiHCl_3$，如聚四氟乙烯，其结构对称，性质稳定，可用于 $SiHCl_3$ 的密封或防腐。

在氢化铝锂、氢化硼锂存在条件下，$SiHCl_3$ 可被还原为硅烷。容器中的液态 $SiHCl_3$，当容器受到强烈撞击时会着火。可溶解于苯、醚等。无水状态下三氯硅烷对铁和不锈钢不腐蚀，但是在有水分存在时腐蚀大部分金属。

在高温条件下，三氯氢硅能被氢气还原生成硅：

$$SiHCl_3 + H_2 \xrightarrow{\text{高温}} Si + 3HCl$$

2.3.2.3 二氯二氢硅（SiH_2Cl_2）的性质

二氯二氢硅又名二氯硅烷，相对分子质量 101，沸点 8.2℃，熔点 −122.0℃。常温下成液化气体，25℃液体密度 1.25kg/L，极易水解，在空气中冒白烟，有盐酸气味，水分存在下有极强的腐蚀性。

无色，剧毒，腐蚀性，易燃烧的液化气体，带有刺激性的盐酸味。

在空气中极易燃烧甚至爆炸：

$$SiH_2Cl_2 + O_2 \longrightarrow SiO_2 + 2HCl$$

加热至 100℃以上时会自行分解：

$$SiH_2Cl_2 \longrightarrow H_2 + Cl_2 + Si(\text{不定形硅})$$

施以强烈撞击时会自行分解，甚至爆炸。在湿空气中产生腐蚀性烟雾。与碱、乙醇、丙酮起反应。二氯硅烷的毒作用主要是由它在湿空气中的水解产物氯化氢引起的。

2.3.3 $SiHCl_3$ 合成原理

硅粉和氯化氢按下列反应生成 $SiHCl_3$：

合成炉的结构及原理

$$Si(s) + 3HCl(g) \xrightarrow{280 \sim 320℃} SiHCl_3(g) + H_2(g) + Q$$

反应为放热反应，为保持炉内稳定的反应温度在 280～320℃ 范围内变化，以提高产品质量和实收率，必须将反应热及时带出。随着温度增高，$SiCl_4$ 的生成量不断变大，$SiHCl_3$ 的生成量不断减小，当温度超过 350℃ 时，将生成大量的 $SiCl_4$：

$$Si(s) + 4HCl(g) \xrightarrow{\geqslant 350℃} SiCl_4(g) + 2H_2(g) + Q$$

若温度控制不当，有时产生的 $SiCl_4$ 甚至高达 50% 以上。在合成 $SiHCl_3$ 的同时，还会生成各种氯硅烷及 Fe、C、P、B 等杂质元素的卤化合物，如 $CaCl_2$、$AgCl$、$MnCl_2$、$AlCl_3$、$ZnCl_2$、$TiCl_4$、$CrCl_3$、$PbCl_2$、$FeCl_3$、$NiCl_3$、BCl_3、CCl_4、$CuCl_2$、PCl_3、$InCl_3$ 等。

如温度过低，将生成 SiH_2Cl_2 低沸物：

$$Si(s) + 2HCl(g) \xrightarrow{\leqslant 280℃} SiH_2Cl_2(g) + Q$$

由此可以看出，合成三氯氢硅过程中，反应是一个复杂的平衡体系，可能有很多种物质同时生成，因此要严格地控制操作条件，才能得到更多的三氯氢硅。

2.3.4 SiHCl₃ 合成工艺流程

三氯氢硅合成工艺流程如图 2-12 所示。硅铁（冶金级硅）进入料池，用蒸汽干燥，再进入电感加热干燥炉干燥，经硅粉计量罐计量后，定量加入合成炉内。当合成炉温度升至反应温度时，加入 HCl，同时切断加热电源，转入自动控制，生产得到的 SiHCl₃ 气体中的剩余少量硅粉，经旋风除尘器和布袋过滤器除去，SiHCl₃ 气体经水冷却器和盐水冷凝，得到 SiHCl₃ 液体，流入产品计量罐，其余尾气经淋洗塔排出。

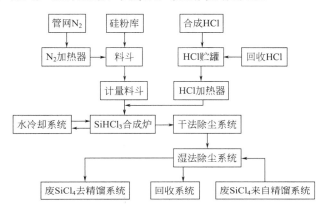

SiHCl₃ 合成原理及
工艺流程

图 2-12 三氯氢硅合成工艺流程简图

2.3.5 三氯氢硅合成的主要设备

2.3.5.1 SiHCl₃ 合成炉

（1）SiHCl₃ 合成炉的发展史

合成 SiHCl₃ 的反应器，最早使用固定床。合成 SiHCl₃ 的反应是放热反应，由于硅粉导热性不良，流体流速受压降限制又不能太大，这就造成传热和温度控制的困难，炉内存在较严重的温度梯度（轴向存在一个最高温度点），这对反应的选择和设备的强度等均极为不利。固定床反应器里合成的 SiHCl₃ 含量一般只有 70%。

SiHCl₃ 合成主要
设备

目前，流化床反应器已经取代固定床反应器，成为普遍采用的设备。由于流化床层内流体和固体剧烈搅动，使床层温度分布均匀，避免了局部过热，合成的三氯氢硅含量可达 90% 左右，并能实现生产的连续性和大规模化。流化床技术的应用，使 SiHCl₃ 合成的综合水平得到了大幅度提高。

与固定床相比较，流化床（沸腾床）有以下优点。

① 生产能力大。每平方米反应器横截面每小时能生产 2.6～6kg 的冷凝产品，而固定床每升反应容积每小时只能生产 10g 左右的产品。

② 可以使生产连续化。固定床反应器需要在反应进行一定时间后中断，进行除渣、加料，然后重新开始生产，其过程涉及很多工序，使有效生产时间缩短，生产效率相对较低，而沸腾床反应器则能够连续加料，连续生产，生产效率较高。

③ 产品中 SiHCl₃ 含量高。沸腾床反应器的产品中 SiHCl₃ 含量至少在 80% 以上，而固定床通常只有 70% 左右。

④ 成本低。有利于采用催化反应，原料可以采用混有同粒度氯化亚铜（Cu₂Cl₂）的硅粉，不一定要使用硅铜合金，因而成本低。

因此，流化床（沸腾床）反应器被广泛采用。

（2）流化床（又称沸腾床）技术

① 沸腾床的形成及流体动力学原理　流体在流动时的基本矛盾是流体动力和阻力的矛盾。在研究沸腾床形成的过程和流体动力学原理时，也存在着这种流体流动的推动力和阻力"互相依存"又"互相矛盾"的关系。图 2-13 为流化管示意图。

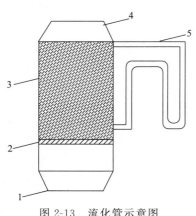

图 2-13　流化管示意图
1—流体入口管；2—流体分布板；
3—流化管；4—流体出口；
5—压差计

图中流化管的底部为流体入口管 1，下部设有多孔的流体分布板 2，在其上堆放固体硅粉，HCl 气体从底部的入口进入流化管 3，并由顶部流体出口 4 流出，流化管上下装有压差计 5，以测量流体经过床层的压力降 Δp，当流体流过床层时，随着流体流速的增加，可分为三个基本阶段。

第一阶段为固定床阶段：当流通速度很小时，则空管速度（W＝流体流量/空管截面积）为零。固体颗粒静止不动，流体从颗粒间的缝隙穿过，当流速逐渐增大时，则固体颗粒位置略有调整，即趋于移动的倾向，此时固体颗粒仍保持相互接触，床层高度没有多大变化，而流体的实际速度和压力降 Δp 则随空管速度的增加逐渐上升。

第二阶段为流化床阶段：继续增大流体的空管速度，床层开始膨胀变松，床层的高度开始不断增加，每一颗粒将为流体所浮起而离开原来位置做一定程度的移动，这时便进入流化床阶段。继续增加流体速度，使流化床体积继续增大，固体颗粒的运动加剧，固体颗粒上下翻动（如同流体在沸点时的沸腾现象，这就是"沸腾床"名称的由来），因此压力降 Δp 保持不变，此阶段为流化床阶段。

第三阶段为气体输送阶段：流通空管速度继续增加，当它达到某一极限速度（又称为带出速度）以后，流化床就转入悬浮状态，固体颗粒就不能再留在床层内，而与流体一起从流化管中吹送出来，于是固体颗粒被输送在设备之外，会严重堵塞系统和管道，影响生产的正常进行。

② 沸腾床的传热　沸腾层内的传热及传质直接影响设备的生产能力，而且是该设备进行设计时的重要依据之一。由于沸腾层内气、固相之间有很好的接触，搅动剧烈，不论传热和传质都比固定床优越得多，从动力学的角度来看，对强化反应十分有利，使设备的生产能力增加。其热交换情况分为三种。

- 物料颗粒（硅粉）与流化介质（HCl 和 $SiHCl_3$ 混合气体）之间的热交换。
- 整个沸腾层与内部热交换器之间的传热。
- 沸腾层内部的传热。

在工业生产的情况下，对整个沸腾层来说，可视为内部各部分物料及气体皆保持恒定的温度，不随时间而改变，即可视为稳定热态。

合成 $SiHCl_3$ 的反应是放热反应，为保持炉内合适的反应温度，必须在炉内配以适当的冷却装置，以及时移走反应产生的大量热量，保证合成时 $SiHCl_3$ 的产率。

（3）合成炉的结构及技术要求

合成炉由炉筒、扩大部分、循环水套、花板与风帽、锥底构成（图 2-14）。目前我国大多数工厂采用合成 $SiHCl_3$

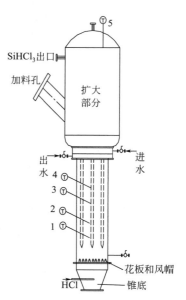

图 2-14　三氯氢硅合成炉
1~5—温度传感器

设备，合成炉规格不同，技术性能也不同。

① 炉体和扩大部分　炉体是由钢板焊接的圆筒体，炉壳外有保温层，炉体内是沸腾层反应空间。炉体上部接一扩大部分并接有水套。

扩大部分的作用如下。

● 保证从沸腾层喷出来的气流及被带出的物料颗粒趋向平稳和"澄清"，使可能被气体带出的细硅粉部分在此沉降下来。

● 保证悬浮在气流中的细小硅在炉内有足够的停留时间，以保证硅粉和 HCl 充分地接触，有足够的时间进行化学反应。

● 在生产过程中有足够的热惯量，以保证加料时温度波动较小，不需要重新加热。

● 保证具有足够的部分热交换的表面积。

一般要求沸腾炉筒和扩大部分的高度比为 5:1，直径比为 3:5。

② 气体分布板　气体分布板的作用是使气体进入床层以前得到均匀分布，保证流态化过程均匀而稳定地进行。种类有泡罩式、平板多孔、磁球。试验使用结果见表 2-3。

表 2-3　不同型式分布板的试验使用结果

分布板型式	SiHCl$_3$ 含量/%	产率/(L/h)	Si 消耗/(kg/kg 产品)	HCl 消耗/(kg/kg 产品)	温差/℃
泡罩式	85	10	0.261	0.95～1.26	偶尔温差 5～10
平板多孔	67.7	10	—	0.86	经常温差 20～30
磁球	79.8	9.9	0.246	0.84	经常温差 15～25

泡罩式分布板优点：床层内温度均匀，床层压差波动微小，能适应不同的料层高度，SiHCl$_3$ 含量较高。

对泡罩式分布板的要求如下。

● 使气体按整个炉底截面均匀上升，并使气体以一定的线速度吹入料层，保证化学反应需要的气量和稳定沸腾的流体线速度，保证过程的连续性。

● 被处理的物料不应通过分布板而漏下。

● 构造简单，容易制造，便于拆洗。

● 耐高温、耐腐蚀，并有一定的机械强度。

③ 散热装置　为了保证沸腾层的反应温度在指定的范围内可以提高 SiHCl$_3$ 在合成冷凝器中的含量，必须及时均匀地移走合成反应产生的大量热量，故需要安装炉外热交换器，即循环水套。

对水套有以下要求。

● 热交换器表面温度（即水套内温水的温度）和沸腾层之间的平均温度差较小，以免造成沸腾层局部过冷（低于合成反应温度），影响反应速率，降低合成液中的 SiHCl$_3$ 含量。

水套内的冷却剂可以采用常温下的水和 80～100℃ 温水（或低压蒸汽）。常温下的水与沸腾层的温度相差较大，故易产生局部过冷现象，采用 80～100℃ 温水或低压蒸汽，其温度与沸腾炉反应温度差值小，热稳定性良好。由此看来采用后者效果更好些。

● 热交换器在合成炉中的合理布置（均匀分布和垂直高度的确定）。

④ 加热装置　开炉时为了使炉内温度升高，以便合成反应顺利进行，必须配置加热装置进行加温。一般采用电感升温，也有采用热 N$_2$ 加热。当反应正常，合成炉内硅粉温度达到要求后，可切断电源，停止加热，此时感应圈又可起冷却作用。

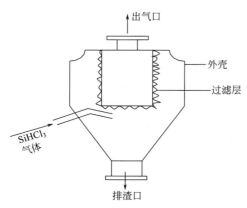

出气口

外壳

过滤层

SiHCl₃ 气体

排渣口

图 2-15　布袋式过滤器

2.3.5.2　布袋式过滤器

布袋式过滤器是基于过滤原理的过滤式除尘设备，利用有机纤维或无机纤维过滤布将气体中的粉尘过滤出来。它由外壳和过滤层组成，结构如图 2-15 所示。

过滤层的作用是使 $SiHCl_3$ 中不含硅粉，且使 $SiHCl_3$ 气体流速减慢，有充分的冷凝时间。

外壳有夹层，内充有蒸汽，保证除尘器的温度在一定范围之间，防止高沸点氯硅烷在此冷凝结块，堵塞过滤网，使系统压力增大。

2.3.5.3　氢气阻火器

氢气阻火器是用来阻止氢气火焰向外蔓延的安全装置。它由一种能够通过气体的、具有许多细小通道或缝隙的固体材料（阻火元件）所组成。阻火元件的缝隙或通道尽量小，因而当火焰进入阻火器后，被阻火元件分成许多细小的火焰流，由于传热作用（气体被冷却）和器壁效应，火焰流猝灭。

（1）传热作用

阻火器能够阻止火焰继续传播并迫使火焰熄灭的因素之一是传热作用。阻火器由许多细小通道或孔隙组成，当火焰进入这些细小通道后就形成许多细小的火焰流。由于通道或孔隙的传热面积很大，火焰通过通道壁进行热交换后，温度下降，到一定程度时火焰即被熄灭。试验表明，当把阻火器材料的导热性提高 460 倍时，其灭火直径仅改变 2.6%，这说明材质问题是次要的。即传热作用是熄灭火焰的一种原因，但不是主要原因。因此，对于作为阻爆用的阻火器来说，其材质的选择不是很重要。但是在选用材质时应考虑其机械强度和耐腐蚀等性能。

（2）器壁效应

根据燃烧与爆炸连锁反应理论，认为燃烧爆炸现象不是分子间直接作用的结果，而是在外来能源（热能、辐射能、电能、化学反应能等）的激发下，使分子分裂为十分活泼而寿命短促的自由基，化学反应靠这些自由基进行。自由基与另一分子作用，作用的结果除了生成物之外还能产生新的自由基。这样自由基又消耗又生成新的，如此不断进行下去。可知易燃混合气体自行燃烧（在开始燃烧后，没有外界能源的作用）的条件是：新产生的自由基数等于或大于消失的自由基数。自行燃烧与反应系统的条件有关，如温度、压力、气体浓度、容器的大小和材质等。随着阻火器通道尺寸的减小，自由基与反应分子之间碰撞概率随之减小，而自由基与通道壁的碰撞概率反而增加，这样就促使自由基反应减低。当通道尺寸减小到某一数值时，这种器壁效应就造成了火焰不能继续进行的条件，火焰即被阻止。由此可见，器壁效应是阻火器阻止火焰的主要机理。

2.3.5.4　空气冷却器

空气冷却器（Air Cooled Heat Exchanger）是用空气冷却热流体的换热器，管内的热流体通过管壁和翅片与管外空气进行换热，所用的空气通常由通风机供给，冷却效果受气候变化影响较大。空气冷却器可用于冷却或冷凝，广泛应用于：炼油、石油化工塔顶蒸气的冷凝；回流油、塔底油的冷却；各种反应生成物的冷却；循环气体的冷却和电站汽轮机排气的冷凝。

空气冷却器主要由管束、通风机和构架三部分组成。其结构如图 2-16 所示。

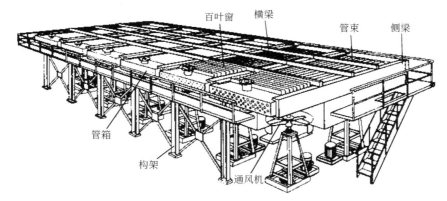

图 2-16 空气冷却器结构示意图

管束包括传热管、管箱、侧梁和横梁等。它可按卧式、立式和斜顶式（人字式）三种基本形式布置。其中，卧式布置传热面积大，空气分布均匀，传热效果好；斜顶布置时，通风机安装在人字中央空间，占地面积小，结构紧凑。为抵消空气侧的给热系数较低的影响，通常采用光管外壁装翅片的管子。翅片管作为传热管，可以扩大传热面积。翅片管分层排列，其两端用焊接或胀接方法连接在管箱上。排管一般为 3～8 排。管束系列尺寸最长达 12m。光管外径常为 25mm 和 38mm，翅片高度一般取 12～15mm，管束宽为 100～3000mm。翅片管是空气冷却器的核心元件，其形式和材料直接影响设备性能。管子可用碳钢、铜、铝和不锈钢等制成；翅片材料根据使用环境和制造工艺来确定，大多用工业纯铝，在防腐蚀要求很高或在制造工艺条件特殊的情况下也采用铜或不锈钢。翅片可按横向或纵向排列。翅片管的基本形式有绕片式、镶片式、轧片式、套片式、焊片式、椭圆管式、紊流式（包括轮辐式、开槽形和波纹形等）。管箱的结构主要有法兰式、管堵式和集合管式。一般前者用于中低压，后两者用于高压。为适应管束的热膨胀，一端管箱不固定，容许沿管长方向位移。

通风机通常采用轴流通风机。通风机有鼓风和引风两种方式。鼓风式：空气先流经通风机后流入管束。引风式：空气先流经管束后流入通风机。前者操作费用较经济，产生的湍流对传热有利，使用较多。后者气流分布均匀，有利于温度精确控制，噪声小，是发展的方向。热流体出口温度主要靠调节通过管束的风量来控制，即调节叶片的倾角、通风机转速和百叶窗的开启程度等。对冬季易凝、易冻的流体，可采用热风循环或蒸汽加热的办法调节流体出口温度。

2.3.5.5 旋风分离器

旋风分离器上部为圆筒形，下部为圆锥形。其结构如图 2-17 所示，是利用离心沉降原理从气流中分离出颗粒或液滴的设备。含尘气体从圆筒上侧的进气管以切线方向进入旋风分离管后，气流受导向叶片的导流作用而获得旋转运动，气流沿筒体呈螺旋形向下进入旋风筒体，密度大的液滴和尘粒在离心力作用下被甩向器壁，并在重力作用下，沿筒壁下落流出旋风管排尘口，自锥形底落入灰斗，旋转的气流在筒体内收缩向中心流动，

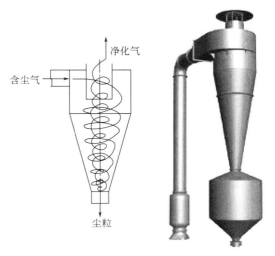

图 2-17 旋风分离器

向上形成二次涡流，经导气管流至圆筒顶的排气筒排出。

2.3.5.6　干法除尘和湿法除尘系统

出合成炉的反应产物主要含有 $SiHCl_3$、$SiCl_4$、SiH_2Cl_2、聚氯硅烷、H_2、HCl 等混合物，同时夹带一定量固体颗粒（主要是小颗粒硅粉，其次是少量的氯化盐）。干法除尘是用串联的三级旋风分离器，可除去 $70\%\sim80\%$ 的固体颗粒。湿法除尘则是用 $SiCl_4$ 洗涤的方法进一步彻底除去混合气体中的聚氯硅烷、固体颗粒和绝大部分氯化盐。

2.3.5.7　鼓泡塔

主要由塔体和气体分布器组成。塔体可安装夹套或其他型式换热器或设扩大段、液滴捕集器等；塔内液体层中可放置填料；塔内可安置水平多孔隔板以提高气体分散程度和减少液体返混。

简单鼓泡塔内液相可近似视为理想混合流型，气相可近似视为理想置换流型。

最佳空塔气速满足两个条件：①保证反应过程的最佳选择性；②保证反应器体积最小。影响传质的因素如下。

① 当气体空塔气速低于 $0.05m/s$ 时，气体分布器的结构决定了气体的分散状况、气泡的大小，进而决定了气含率和液相传质系数的大小。

② 当气体空塔气速大于 $0.1m/s$ 时，气体分布器的结构无关紧要。此时的气泡是靠气流与液体间的冲击和摩擦而形成，气泡大小及其分布状况主要取决于气体空塔气速。

高黏性物系常采用气体升液式鼓泡塔。塔内装有气升管，引起液体形成有规则的循环流动，可以强化反应器传质效果，并有利于固体催化剂的悬浮。在这种鼓泡塔中气流的搅动比简单鼓泡塔激烈得多。简单鼓泡塔中气体空塔速度不超过 $1m/s$，气体升液式鼓泡塔中气升鼓泡管内气体空管速度可高达 $2m/s$，换算至全塔截面的空塔气速可达 $1m/s$，其液体循环速度可达 $1\sim2m/s$。

2.3.6　关键及核心设备操作

2.3.6.1　硅粉的贮存与运输

硅粉易遇水结块，造成活性损失，因此一般采用双层包装，内层为塑料袋，外层为编织袋，包装规格一般为 $1t$/袋。

硅粉应贮存于阴凉、通风的库房，远离火种、热源，工作场所严禁吸烟。与酸类等分开存放，切记混贮，还需配备相应品种和数量的消防器材。为了避免氧化，金属粉末应真空封装保存，使用后剩余粉末应重新真空包装。

合成SIHCl₃的现场
操作要点

硅粉不属危化品，运输可按《非危险品规则》办理。

2.3.6.2　SiHCl₃ 合成开、停车操作

（1）开车前准备工作

① 硅粉的预装　从硅粉库叉运硅粉至三氯氢硅合成现场，向硅粉料斗加入硅粉，然后加入三氯氢硅合成炉；分别向硅粉料斗和消耗料斗中加入硅粉；剩余硅粉加入料斗，完成硅粉预装。

预装硅粉完成以后，用热氮气吹扫料斗中的硅粉，以保持硅粉的温度和干燥。吹扫后的氮气在旋风中沉降出带走的硅尘后，经过滤器排放。

② 系统升温　控制氮气流量，建立硅粉升温路线；启动氮气加热器，并设定好升温参数；将旋风后手动阀关闭至一定开度左右，对系统进行一定憋压，此时系统处于正常升温状

态，当温度升至 300℃ 左右即可准备开车。

③ 冷凝液循环系统的建立　向蒸馏水贮槽内注入一定液位的软水；设定蒸馏水内液位在中控室显示一定值时自动调节；打开贮槽进出水阀门，并开启冷凝水泵前后阀门；打开三氯氢硅合成炉夹套水进出水开关阀；启动冷凝水泵，待泵出口压力达到一定值时，打开泵出口手动阀，此时冷凝水系统建立完成。

④ 换热器投用　向蒸汽冷凝器通入循环水，手动设定循环水调节阀开度，当工艺侧出口温度达到一定值后，投自动；向换热器通入循环水，保持阀门开度，当工艺侧出口温度达到设定值后，投自动。

⑤ 系统蒸汽的开启准备　开启各硅粉料斗的夹套蒸汽；开启干法除尘系统下各收尘料斗的夹套蒸汽；开启 HCl 加热器的夹套蒸汽；开启鼓泡蒸馏釜的夹套蒸汽。

⑥ 干法除尘系统的准备工作　打开干法除尘系统各料斗的蒸汽冷凝液排放管线及蒸汽冷凝液回蒸馏水贮槽的手动阀门，各料斗夹套蒸汽调节阀投自动。

⑦ 湿法除尘系统的准备工作　打开 $SiCl_4$ 进空心塔前后阀门，并设定其自动调节流量；打开 $SiCl_4$ 进鼓泡塔前后阀门，并设定其自动调节流量；打开鼓泡蒸馏釜至 $SiCl_4$ 贮槽前后阀门，并设定在鼓泡蒸馏釜内一定液位时自动调节；打开备用贮槽至 $SiCl_4$ 贮槽前后阀门，并设定在备用贮槽内一定液位时自动调节；打开 $SiCl_4$ 贮槽进液阀门；通知精馏系统打四氯化硅；待 $SiCl_4$ 贮槽内液位达到一定值，打开相关阀门，并设定在 $SiCl_4$ 贮槽内液位在中控室显示一定值时自动调节，开启泵，完成四氯化硅喷淋系统的建立。

⑧ HCl 的预热　向 HCl 加热器供入蒸汽，并打开蒸汽冷凝液排放管线。至此，$SiHCl_3$ 合成准备工作完成。在硅粉预热工作完成后，可以向沸腾炉供入 HCl，开始 $SiHCl_3$ 合成反应。此时 HCl 合成工序应已点火成功并已能稳定提供足量合格 HCl。

（2）开车

确认 HCl 合成系统已运行正常，已能为本系统提供稳定而合格的 HCl；确认全系统各设备都已处于开车准备状态；确认四氯化硅系统已运转正常；确认冷凝水系统已运转正常；确认淋洗塔处于正常运转状态；开启冷却循环水阀门，并设定一定温度时自动调节；打开 HCl 至 $SiHCl_3$ 合成炉沿线阀门、干法除尘中旋风至承接料斗之间阀门、湿法系统至淋洗塔阀门，并设定湿法系统至淋洗塔调节阀开度；关闭加热氮气，同时开启 HCl 进 $SiHCl_3$ 合成炉前手动阀，此时 HCl 顺利进入合成炉，与硅粉进行三氯氢硅合成反应；待系统温度开始升高（即合成炉内各测温点温度开始升高）系统稳定后，将合成气体切换至回收系统，至此三氯氢硅系统开车成功。

（3）正常运行

① 沸腾炉的加料

● 过滤器投用：用 HCl 气体对消耗料斗充压。

● 在沸腾炉稳定运行的状态下，硅粉连续送至沸腾炉。每班一次由硅粉上料斗向计量料斗供入硅粉，然后向计量料斗供入 HCl，以置换带的氮气；废气排入过滤器，以沉降废气中被带走的硅尘。在进行充分的置换后，计量料斗充压到与消耗料斗内压力平衡，开启阀门将硅粉送入消耗料斗。

● 硅粉卸入消耗料斗之后，对计量料斗内残留 HCl 排放到过滤器进行泄压，准备下一次接收硅粉。

● 消耗料斗内的硅粉由供料器计量供入装料管，靠 HCl 气流喷射送入沸腾炉锥形部分。

● 废硅的收集：在生产过程中，各硅尘收集设备收集到的硅尘将逐步积累，在硅尘达到一定位面高度时，用软管排至废硅袋收集，继而送至废渣处理系统处理。在排出废硅尘过程中，应做好防火准备（废硅尘见空气极易自燃），应准备好消防水备用，溢出废硅袋的废硅尘应及时浇湿处理，防止自燃，并冲洗地面防止腐蚀。现场操作人员应佩戴完整的防尘用具。

② 干法除尘系统硅尘的换装　三段沉淀室中沉淀出来的硅尘连续送到沉淀室后的净化料斗中，每班一次将净化料斗中的硅尘用氮气进行吹扫，将硅尘卸入下面料斗，最后将其送至废渣处理系统处理。

③ 湿法除尘系统废 $SiCl_4$ 排放管线的定期冲洗　由于废 $SiCl_4$ 中存在胶状杂质，造成鼓泡蒸馏釜底部出口接管及阀门容易堵塞，从而导致废 $SiCl_4$ 从鼓泡蒸馏釜溢流到容器备用贮槽中。由此需预防性地人工接上鼓泡蒸馏釜底部出口前旁路管线，利用精馏系统来的洁净 $SiCl_4$ 对管线进行冲洗，以免造成堵塞。

（4）$SiHCl_3$ 合成系统运行检查重点

① 注意控制炉子硅粉料层，当合成炉内硅粉料层变低（主要表现为炉内压差降低）时，启动加料机对合成炉进行加料。

② 注意控制炉子反应温度，当合成炉主反应区温度高于控制最高温度 350℃时，打开相应反应段进炉子夹套水的开关阀，通过出水调节阀的大小来控制水位，从而控制炉子温度。

③ 通过控制调节阀开度来控制系统压力及供给回收系统混合气的流量大小。

④ 定期对干法除尘系统下的各料斗进行排渣。

⑤ 随时关注湿法系统的流量、温度及液位。

⑥ 随时关注 HCl 系统供给 HCl 的压力。

⑦ 随时关注硅粉料斗的硅粉贮量情况，要做到及时添加。

⑧ 添加硅粉时注意对料斗进行 HCl 置换。

（5）停车

① 正常停车　加料器停止向合成炉供料，将汽气混合物从回收系统切换至淋洗塔；用来自氮气加热器的热氮气取代 HCl 吹扫系统 1.5～2h，直至废气中不含 HCl；关闭电预热器，系统用冷氮气吹扫至系统温度不超过 50℃，然后停止供入氮气；打开合成炉底部阀门，将废硅送至废渣处理系统进行处理；用热氮气吹扫硅粉加料系统各料斗。

若长时间停车，再逐步停止干法除尘系统、湿法除尘系统、冷凝液回收循环系统的运行。此时，整个系统回到原始状态。

② 事故停车

• HCl 供料联锁停车　HCl 供料联锁出现后，系统将做停止供入硅粉、停止供入 HCl、热氮气吹扫、汽气混合物切换到精馏系统的动作，此时，视 HCl 供料的情况做处理：若 HCl 供料为短故障，则系统用热氮气吹扫、保温，做再开车准备；若 HCl 供料为长故障，则系统做正常停车处理。

• 沸腾炉超压停车　沸腾炉超压导致顶部安全阀起跳后，系统做正常停车处理，然后视设备情况再进行长停车或再开车的操作。

2.3.6.3　三氯氢硅合成工艺参数的设定与调整

三氯氢硅合成反应是气（氯化氢）固（硅粉）相之间的反应，反应条件对最终生成产物有很大影响，主要影响因素有以下几点。

（1）反应温度

由合成工艺可知，硅粉与 HCl 合成 $SiHCl_3$ 的反应对温度的选择性很高，反应温度对生产影响较大。温度过低，则反应缓慢，反应温度过高，则使化

SiHCl₃ 合成工艺
参数的设定与调整

学平衡向生成 $SiCl_4$ 的方向移动，会导致 $SiHCl_3$ 含量低，$SiCl_4$ 增多。因为 $SiCl_4$ 结构具有高度的对称性，硅原子与氯原子以共价键的形式结合，结构很稳定。当 $t = 600℃$ 时，$SiCl_4$ 也不分解，而 $SiHCl_3$ 的分子结构是不对称的，硅原子和氢原子的结合近似离子键，不稳定，$400℃$ 就开始分解，$550℃$ 时分解加剧。因此，为了获得高含量的 $SiHCl_3$ 产品，温度宜控制在 $280\sim320℃$。

反应温度主要靠夹套循环水来调节，当温度偏离正常温度范围时，通过调节对应循环水调节阀来控制循环水液位，进而将反应温度控制在正常范围。

（2）反应压力

炉内需要保持一定的压力，保证气固相反应速度，且炉底和炉顶要保持一定的压力降，才能保证沸腾床的形成和连续工作。系统压力过大，沸腾炉内 HCl 的流速小，进气量小，反应效率低，$SiHCl_3$ 含量低，产量小，且加料容易加塌，易烧坏花板和风帽，不易控制。

$SiHCl_3$ 合成炉内压力一般维持在 $0.30MPa$ 左右。

（3）氧和水分

游离氧和水分对 $SiHCl_3$ 合成反应危害很大，因 Si—O 键比 Si—Cl 键更稳定，进入系统的氧元素都会与硅合成硅胶或硅氧烷类物质，一方面在硅粉表面形成一层致密的氧化膜，阻止硅与 HCl 接触，影响反应的正常进行，使产物中 $SiHCl_3$ 含量降低（图 2-18），此外还形成硅胶类物质堵塞管道，使系统发生故障。

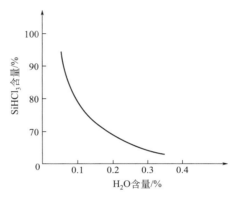

图 2-18　HCl 中含水量对 $SiHCl_3$ 产率的影响图

如果 Si 和 HCl 中的含水量越大，则 $SiHCl_3$ 的含量越低。当 Si 和 HCl 中的含水量为 0.1%，则 $SiHCl_3$ 含量小于 80%，当含水量为 0.05% 时，$SiHCl_3$ 含量可达到 90%，因此对 Si 和 HCl 脱水是十分重要的。硅粉和氯化氢都需要经过干燥才能进入沸腾床反应器。

（4）氯化氢的稀释作用

在沸腾炉物料体系中，存在这样的反应：

$$Si（固）+3HCl（气）\xrightarrow{280\sim320℃} SiHCl_3（气）+H_2（气）+Q \tag{2-1}$$

$$Si（固）+4HCl（气）\xrightarrow{\geqslant350℃} SiCl_4（气）+2H_2（气）+Q \tag{2-2}$$

两个式子的平衡常数分别为：

$$K_{p_1} = \frac{p_{SiHCl_3}\, p_{H_2}}{p_{HCl}^3} \tag{2-3}$$

$$K_{p_2} = \frac{p_{SiCl_4}\, p_{H_2}^2}{p_{HCl}^4} \tag{2-4}$$

式中　p_{SiHCl_3}——三氯氢硅（$SiHCl_3$）在体系中的分压；

p_{H_2}——氢气（H_2）在体系中的分压；

p_{HCl}——氯化氢（HCl）在体系中的分压；

p_{SiCl_4}——四氯化硅（$SiCl_4$）在体系中的分压。

由式（2-3）可得

$$p_{SiHCl_3} = K_{p_1} \frac{p_{HCl}^3}{p_{H_2}} \tag{2-5}$$

由式（2-4）可得

$$p_{SiCl_4} = K_{p_2} \frac{p_{HCl}^4}{p_{H_2}^2} \tag{2-6}$$

式（2-5）和式（2-6）相除得

$$\frac{p_{SiHCl_3}}{p_{SiCl_4}} = \frac{K_{p_1}}{K_{p_2}} \times \frac{p_{H_2}}{p_{HCl}} \tag{2-7}$$

以上两个化学反应处于同一个平衡体系中。由式（2-7）可以看出，在温度不变的情况下，K_{p_1} 和 K_{p_2} 为常数，当加氢气（H_2）对氯化氢进行稀释时，H_2 含量增加，则 p_{SiHCl_3}/p_{SiCl_4} 比值增大，表明 $SiHCl_3/SiCl_4$ 摩尔比增大，则合成液相（$SiHCl_3 + SiCl_4$）中的 $SiHCl_3$ 含量也随之增大。即在体系中加入氢气（H_2）进行稀释，有利于 $SiHCl_3$ 的生成。同时，加入氢气还能够带出反应生成的大量热量，起到冷却剂的作用，对调节炉温有利。

一般稀释加氢的量 H_2/HCl 的摩尔比 1：（3～5）为宜。

(5) 硅粉粒度

硅粉与 HCl 气体的反应属于气固相之间的反应，是在固体表面进行的，硅粉越细，比表面积越大，越有利于反应。但是颗粒在"沸腾"过程中互相碰撞，易摩擦起电，如果颗粒过小，那么它们容易在电场作用下聚集成团，使沸腾床出现"水流"现象，影响反应的正常进行，且易被气流夹带出合成炉，堵塞管道和设备，造成原料的浪费。如果硅粉过粗，与 HCl 气体的接触面积变小，反应效率低，且易沉积在沸腾炉底，烧坏花板及风帽，导致系统压力变大，不易沸腾。

对硅粉粒度的要求是：干燥、流动性好、活性好、粒度合适。经过反复实践证明，采用 80～120 目❶的硅粉粒度对提高转化率且维持正常操作是合适的。

(6) 硅粉料层高度及 HCl 流量

硅粉料层高度及 HCl 流量对 $SiHCl_3$ 的产量和质量有很大的影响。如果料层过高，为了保持"沸腾"状态，则要求较高的 HCl 压力，但是 HCl 压力过高就会造成合成炉中的硅粉被气流带出，从而堵塞后面系统。如果料层过低，HCl 流量过小，"沸腾"的不均匀性增大，甚至达不到"沸腾"的效果，HCl 会沿"短路"通过料层，硅粉和 HCl 的接触不好，反应不充分，$SiHCl_3$ 的产率就会下降。

硅粉料层高度是指硅粉的静止料层高低位差。硅粉料层高度及 HCl 流量一般根据沸腾床面积及高度的大小和投料量来确定。其计算方法如下（以合成炉 $\phi300mm \times 6830mm$ 为例，投料量为 120～140kg）：

$$H = \frac{Q_{硅}}{D_{硅} F}$$

式中　H——硅粉静止层的高度，m；

　　　$D_{硅}$——硅粉堆积密度，kg/m^3；

　　　$Q_{硅}$——硅粉重量，kg；

　　　F——沸腾床合成炉截面积，m^2。

---

❶ 1 目 ≈ 0.165mm。

沸腾床合成炉截面积为：

$$F = \frac{\pi}{4}D^2 = 0.785 \times 0.3^2 = 0.07065\,\mathrm{m}^2$$

式中　　D——沸腾床的直径，m。

80～120 目硅粉的堆积密度 $D_{硅}$ 为 1310kg/m^3，取投料量 $Q_{硅}$ 的平均值 135kg，则可以得到硅粉静止层的高度：

$$H = \frac{135}{1310 \times 0.07065} = 1.459\,\mathrm{m}$$

每千克硅粉的静止层高度为：1.459/135＝0.0108m

也就是说，在这个合成炉中，投料量为 135kg 时，硅粉静止层高度为 1.459m，在这种情况下，HCl 的流量控制在 28～38m^3/h，合成炉的生产能够正常进行。

（7）产品质量要求

SiHCl$_3$ 含量≥80%，不含硅粉。

（8）硅粉的转化率

$$\eta = \frac{\dfrac{28}{135.5} \times 三氯氢硅的密度 \times 三氯氢硅的含量}{硅的单耗} \times 100\%$$

三氯氢硅的密度为 1.32kg/L。

【例 2-1】 据统计 2005 年某厂氯化料的平均含量为 86%，每升消耗工业硅 0.3kg，忽略其他影响因素，求硅的转化率？

解：
$$\eta = \frac{(28/135.5) \times 1.32 \times 86\%}{0.3} = 78.2\%$$

【例 2-2】 某月氯化生产产量为 62500L，消耗硅粉 18t，消耗液氯 75t，求工业硅粉的单耗和液氯的单耗？

解： 硅粉单耗 $= \dfrac{实际消耗的硅粉}{实际生产的\,SiHCl_3} = \dfrac{18000}{62500} = 0.288\,\mathrm{kg/L}$

液氯单耗 $= \dfrac{实际消耗的液氯}{实际生产的\,SiHCl_3} = \dfrac{75000}{62500} = 1.2\,\mathrm{kg/L}$

2.3.7　设备保养与维护

（1）三氯氢硅设备保养

合成工序需要清洗保养的设备、管道分为反应系统、循环水系统和除尘系统。

反应系统包括合成炉、硅粉料斗以及相应的附属管道。其中合成炉在运行一段时间后，内部会附着一层细硅粉，并可能吸附了少量的 SiHCl$_3$、HCl、H$_2$O 气体；由于硅粉和 HCl 中均含有少量水分，硅粉料斗则有硅粉、少量盐酸沉积；原料管道主要会因为极细微的腐蚀造成管道内部锈蚀、不光滑等，从而影响产品质量。

循环水系统要注意检查管道及器壁是否发生腐蚀造成漏点，以防止水进入系统影响生产，造成停车。

除尘系统包括干法除尘系统和湿法除尘系统。干法除尘系统应每班次用氮气进行排渣处理，防止硅尘在干法系统内聚集造成堵塞。湿法除尘系统则因除尘后的 SiCl$_4$ 含有杂质颗粒，应注意防止造成堵塞。

（2）合成工序设备检修

液氯库检查应首先确保相关阀门均已关闭，对汽化器及其相连的液氯管道和各钢瓶组气液相支管进行抽气除氯操作，然后关闭各汽化器排气阀和进气阀及气液相支管上的所有阀门及旁通阀。检修过程中应注意管道内残存未除净的微量氯气，避免检修人员吸入造成中毒。

氯化氢合成系统检修前应确保氢气、氯气输送管道阀门均已关闭，合成炉内氯化氢排入碱液装置进行吸收，然后用氮气吹扫系统并保持微正压。检修过程中如需进行阀门、管道的拆换和清洗，应做好管道的密封工作。

三氯氢硅合成系统检修前，应首先将计量料斗及消耗料斗中的硅粉放出，用氮气吹扫合成炉，保持微正压。检修过程中应注意设备管道内残存的少量气体及硅尘，做好保护措施。

2.3.8　故障处理

为了保护合成工序操作人员的身体健康和生命安全，确保在生产运行过程中一旦发生物料泄漏、着火或爆炸事故时，能够有序而迅速开展救援工作，减少公司的财产损失，根据《中华人民共和国安全生产法》等法律法规的要求，结合三氯氢硅合成工序生产运行过程中可能出现的事故情况，制定合成工序事故救援预案。

（1）机泵、阀门、仪表故障处理

当机泵运行时声音异常、电流异常、泵轴温度异常或泵出口压力异常时，应检查产生上述异常现象的原因，如泵风扇是否与泵壳摩擦、泵出口阀门开度情况等，如果是上述不能在运行情况下处理的问题，应及时切换至备用泵。如果轴温过高是因为轴冷却油液位较低或者油已经漏干，则应及时补给润滑油冷却泵轴。

如果阀门控制失效、不能投自动，应及时通知仪表工程师进行处理。如果是气动阀门压缩空气管道脱落，首先应将该控制阀门调成手动，然后将压缩空气管道阀门关闭，进行紧固，最后打开压缩空气阀门，进行自动控制。

如果流量计、液位计等远传、显示仪表数值不准或现场仪表卡死，可以用橡皮锤轻敲仪表侧面管道，让浮子活动。如果敲击不起作用，而该仪表的控制比较关键，应及时通知仪表工程师处理。

（2）三氯氢硅系统故障处理

① 硅粉加料系统故障。产生故障的原因是加料器在被堵塞或者其他故障情况下而导致不能向沸腾炉正常供入硅粉。

消除故障的方法是利用加料旁路向沸腾炉供入硅粉，维持正常生产，待系统停车后再对加料器进行维修。

② 氯硅烷冷凝液中间贮存故障。消除故障的方法是把废 $SiCl_4$ 排到事故容器。

（3）氢气泄漏着火应急处理

发现氢气泄漏但没有着火时，应关闭该氢气管道的进口阀门，打开管道上保安氮气阀门进行置换，同时封锁现场，禁止一切可能产生火花的作业，合理通风，加速扩散，待置换完毕，进行分析检测合格之后，才允许动火作业。如有可能，将漏出气用排风机送至空旷地方或装设适当喷头烧掉。漏气容器要妥善处理，修复、检验后再用。

如果氢气泄漏同时并着火，对该段管道预留口处接氮气软管，用氮气进行置换，保持管道内正压，同时关闭该段管道的氢气进出口阀门，使管道内剩余的氢气燃烧至最后熄灭。必要时，应急当班人员可以戴自给正压式呼吸器，穿消防防护服，用灭火器灭火。漏气容器要妥善处理，修复、检验后再用。

灭火方法：切断气源。若不能立即切断气源，则不允许熄灭正在燃烧的气体。喷水冷却容器，可能的话将容器从火场移至空旷处。

灭火剂可以是雾状水、泡沫、二氧化碳、干粉。

（4）氯化氢泄漏事故应急处理

当氯化氢发生泄漏时，当班主控制员立即报告值班调度。

当班人员立即戴上防护用品和器具，细心观察和判断泄漏点，泄漏处附近嗅出刺激性气味或有白色烟雾产生，立即关闭泄漏点相关设备、管道阀门，当班主控制员立即组织相关人员进行修复处理。

当班主控制员组织进行现场清扫和冲洗，泄漏量小时，让其自然挥发即可；泄漏量大时，立即用大量的水冲洗吸收至全部水解为止。

处理完毕后，对系统设备或管道、阀门、仪表进行全面检查。确认完好后，按运行操作规程要求，由当班主控制员请示值班调度和主管部门，重新启动停运系统，并做好记录。

（5）氯化氢发生泄漏并且着火燃烧应急处理

当氯化氢发生泄漏并且着火燃烧时，当班主控制员立即报告值班调度，并立即戴上防护用品和器具进行处理。

如果是容器或管道泄漏引起着火，立即设法向着火的容器或管道通入氮气，使容器或管道保持正压，防止事态扩大。关闭相关的进气阀、出气阀和放空阀，切断与着火容器或管道相连的氢气、氯气来往料源（即关闭与着火容器或相连管道上的阀门），控制好氮气的流量。当班主控制员立即组织当班其他人员用消防水和灭火器对着火设备、管道进行灭火和冷却，直至火焰熄灭为止。

处理完毕后，当班主控制员组织进行现场清扫和冲洗，对系统设备或管道、阀门、仪表进行全面检查。确认完好后，按运行操作规程要求，由当班主控制员请示值班调度和主管部门，重新启动停运系统，并做好记录。

（6）氯硅烷泄漏、着火应急处理

发现氯硅烷发生泄漏，但不着火燃烧，泄漏处附近嗅出刺激性气味或有白色烟雾产生，应立即戴上防毒面具，细心观察和判断是从何处泄漏，必须立即关闭泄漏点进出口阀门，并用氮气进行置换、吹扫，让微量的三氯氢硅自然挥发，待维修人员视情况进行处理，必要时做停车处理。当发现泄漏量大时，必须用大量的水冲洗至硅氯化物全部水解为止。

氯硅烷泄漏并且着火燃烧时，应立即戴上防毒面具，细心观察和判断着火点。如果是设备或管道泄漏引起着火，应立即设法向着火的设备或管道通入氮气，使设备内或管道内保持正压，然后关闭与着火点相连的所有进出口阀门，待氮气置换设备、管道内三氯氢硅气体自然熄灭，另一方面，当班人员穿戴好劳动防护用品，用灭火器灭火。待火扑灭之后，要对设备、管道进行严格检查、取样分析，检测合格后方能再次投入使用。

因为三氯氢硅的泄漏，导致下列情况时的处理如下。

皮肤接触：立即脱去被污染的衣着，用大量流动清水冲洗至少15min，就医。

眼睛接触：立即提起眼睑，用大量流动清水或生理盐水彻底冲洗至少15min，就医。

吸入：迅速脱离现场至空气新鲜处，保持呼吸道通畅，如呼吸困难，应输氧或送医院急诊。

（7）停水、停电、停气事故处理

① 液氯汽化系统断电处理。按紧急停车处理，短时停车后，应注意汽化器内压力的变化并做相应处理；长时间停车或停车时环境温度较高，应及时排尽管道、设备内的液氯。

② 氯化氢系统断电处理。按紧急停车处理，关闭氢气、氯气进气阀，关闭氯化氢进三氯氢硅合成塔控制阀，关闭回收氯化氢控制阀，打开吹扫氮气进气阀及至氯化氢吸收装置控制阀。

③ 三氯氢硅系统断电处理。系统将做停止供入硅粉、停止供入氯化氢、热氮气吹扫、

汽气混合物切换至淋洗塔的动作，此时视氯化氢供料的情况做处理：若氯化氢供料为短故障，则系统用热氮气吹扫、保温，做再开车准备；若氯化氢供料为长故障，则系统做正常停车处理。

（8）环保注意事项

① 加强设备维护和保养，防止非预期的 $SiHCl_3$ 泄漏。

② 检修中拆卸的固体废物集中处理。

③ 沸腾炉尾气、旋风除尘器及袋滤器排渣的所有废气（渣），均应经淋洗塔，用大量水吸收稀释再排放，应经常清洗池内和淋洗塔体内的水解物，保证系统畅通。

④ 尾气淋洗产生的 SiO_2 固体废物进入污水处理站进行沉淀处理。

⑤ 尾气淋洗产生的废酸水从酸水管道进入污水处理站进行处理；检修时的污水，也必须进入污水处理站进行处理。

【小结】

三氯氢硅（$SiHCl_3$）的合成，是生产多晶硅的重要环节之一。本工序主要包括液氯汽化、HCl 合成、$SiHCl_3$ 合成等。

液氯的汽化过程是经汇流排使液氯汇聚，进入小缓冲罐后形成较稳定的氯气气流。在液氯的贮存、运输和使用过程中应注意遵守操作规程，防止事故的发生。

在合成炉中，氯气与氢气按反应式 $H_2 + Cl_2 \Longrightarrow 2HCl + 183.47kJ$ 进行反应，生成 HCl 气体。

合成氯化氢的主要设备有合成炉、缓冲罐、冷却器、HCl 缓冲罐、除雾器、氢气阻火器和真空泵。

HCl 合成主要控制：合成的 HCl 纯度；氯化氢含水量；氢气纯度（99.99%）；液氯成分、含水量、含 H_2 量；纯氮含量、露点、含 O_2 量等。

硅粉和氯化氢按下列反应生成 $SiHCl_3$：

$$Si(s) + 3HCl(g) \xrightarrow{280\sim320℃} SiHCl_3(g) + H_2(g) + Q$$

反应为放热反应。

三氯氢硅合成主要设备有破碎机、球磨机、电感加热干燥炉、沸腾炉、旋风除尘器和布袋过滤器、水冷却器、淋洗塔。

三氯氢硅合成控制因素如下。①反应温度：280～320℃；②反应压力一般不超过0.05MPa；③硅粉粒度：80～120 目；④催化剂用量：$Si:CuCl_2 = 100:(0.4\sim1)$；⑤氧和水分；⑥硅粉料层高度及 HCl 流量；⑦产品质量要求：$SiHCl_3$ 含量≥80%，不含硅粉。

生产现场操作要点包括：①合成炉开炉前的准备工作；②合成炉开车步骤；③停炉操作步骤；④可能发生危险情况及预防、处理措施；⑤环保注意事项。

【习题】

一、单项选择题

1. 从钢瓶引入汽化器的液氯发生汽化时，大部分三氯化氮会沉积下来，是因为其蒸汽压_____液氯蒸汽压。

A. 等于　　　　　　B. 大于　　　　　　C. 小于　　　　　　D. 以上都不对

2. 三氯氢硅合成反应温度低于_____℃时，反应趋于停止。

A. 260　　　　　　B. 280　　　　　　C. 320　　　　　　D. 350

3.氯化氢合成炉点火时的正确操作是_____。

    A.先通入氯气,再点燃氢气   B.先点燃氢气,再通入氯气

    C.氢气、氯气同时通入   D.以上都不对

4.连续反应器多属于定态操作,此时反应器内物系的温度、浓度等参数_____。

    A.随时间改变,不随位置改变   B.随位置改变,不随时间改变

    C.随时间和位置均改变   D.随时间和位置均不变

5.根据气瓶颜色标志 GB 7144—1999,充装氯化氢的气瓶颜色为_____。

    A.银灰色   B.淡蓝色   C.深绿色   D.棕色

二、判断题

1.如果氢气泄漏并着火,可对管道预留口处接氮气软管,用氮气进行置换,保证管道内负压。(   )

2.三氯氢硅系统断电后,若氯化氢供料为长故障,系统应做正常停车处理。(   )

3.改善摩擦副的摩擦状态以降低摩擦阻力、减缓磨损,一般通过润滑剂来达到润滑的目的。(   )

4.PFD 图表明的是化工生产装置物料的来源和去向、主要的设备位号以及物料在设备和管道中的流向,所有物料的来源必须明确来自、去向哪个厂房。(   )

5.为了节约成本,变质的润滑油仍可继续使用。(   )

三氯氢硅精馏提纯

项目描述

　　本项目介绍三氯氢硅精馏提纯原理、工艺流程、核心设备的结构原理及操作，设备、管道的维护与保养，精馏提纯岗位常见故障判断与处理，三氯氢硅中杂质含量的分析等。

能力目标

　　① 掌握三氯氢硅精馏提纯原理，精馏塔及配套设备的结构、工作原理。
　　② 能按操作要求进行精馏提纯系统的开车、停车，稳定控制各项参数。
　　③ 能按要求进行工艺巡检。
　　④ 能判断原料三氯氢硅、精制三氯氢硅和四氯化硅的质量是否符合要求。
　　⑤ 能对精馏塔、泵进行维护保养。
　　⑥ 能发现和判断精馏提纯系统的常见故障，并进行相应处理。

　　多晶硅质量的好坏，往往取决于原料三氯氢硅的纯度，在产品质量要求特别高的时候，全部生产过程的效果在极大程度上由原料三氯氢硅的纯度而定。

任务一　精馏提纯原理及相关计算

【任务描述】

　　本任务学习精馏提纯相关理论知识：三氯氢硅和四氯化硅提纯方法，气液相平衡理论，精馏提纯重要概念、原理，连续精馏计算。

【任务目标】

　　① 掌握精馏提纯原理。

② 了解精馏提纯的几个重要概念。

③ 理解气液相平衡。

④ 会精馏塔相关计算。

3.1.1　SiHCl$_3$ 和 SiCl$_4$ 提纯方法简介

目前提纯 SiHCl$_3$ 的方法很多，有精馏法、络合法、固体吸附法、部分水解法和萃取法。

① 萃取法　在一定温度下，某物质在相同化学组成的混合物中分配在两个互不混溶的有机溶剂中，充分振荡后，使某些物质进入有机溶剂中，而另一些物质仍留在溶液中，从而达到分离的效果。

② 络合法　在混合溶液中加入对某物质能起作用的络合剂，与这种物质生成一种稳定的络合物，即使加热也不会分解和挥发，从而在高沸物中除去。

③ 固体吸附法　是用固体吸附剂来进行吸附的，要求吸附剂的纯度要高。此种方法对分离极性杂质磷和金属氯化物特别有效，但被吸附的物质往往容易使吸附剂中毒。

④ 部分水解法　是利用水与 BCl$_3$、PCl$_3$ 反应生成易络合物质 BOCl 和 POCl，使硼、磷杂质以较高沸点的化合物形式存在，易于分离出去。在硼、磷杂质的氯化物发生反应的同时，大部分水分仍将与氯硅烷反应生成细小的氧化硅颗粒，氧化硅颗粒是比表面积很大的多孔物质，具有很强的吸附性，能吸附大量的硼、磷等杂质，使硼、磷等难分离的化合物随颗粒物沉淀，以残液的形式除去。

⑤ 精馏法　是一种最重要的提纯方法，此法具有设备简单、便于制造、处理量大、操作方便、板效率高、避免引进任何试剂、分离精度可达 ppb 级等众多优点。精馏塔对非极性重金属氧化物有很高的分离效率，但是对硼、磷和强极性氯化物等杂质的分离受到一定限制，单纯的精馏难于满足高纯硅生产的要求。

为了提高精馏提纯的除硼效果，现在的多晶硅厂在精馏法的基础上增加了部分水解法。

3.1.2　精馏提纯中的几个基本概念

（1）汽化、液化

汽化：物质从液态变为气态的过程。

液化：与汽化相反，即物质由气态变为液态的过程。

汽化有蒸发和沸腾两种形式。

① 蒸发。液态物质表面发生汽化的现象叫蒸发。

液态物质在任何温度下，液体的蒸发都在不停地进行。因为组成液体的分子在不断地做无规则的运动，液体的温度是液体内部分子运动平均动能的标志。在同一温度下，不是所有的分子运动都是相同的，总是有一些分子运动的动能比平均动能大或小。当分子动能足够大的这部分分子接近液面时，就能克服液体表面层对它的引力和外部的压强，变成这种液体的蒸气而逸出液面，因此液面上蒸气的温度并不比液体内部的温度高，这就是液体在任何温度下能进行蒸发的道理。

由于蒸发的不断进行，液体内部比它的平均动能大的分子逐渐逸出液面，剩下的分子的平均动能会渐渐减小，从而使液体的温度降低，因此蒸发可以降低温度（在压力一定、液体很少的情况下）。

由上面的分析可知，液体分子要脱离液体成为气相分子必须具备两个条件：足够的能量以及处于液体表面，因此影响蒸发速度的因素有以下几个。

• 液体的温度　液体温度越高，蒸发得越快。因为温度越高，液体内部分子运动的平均动能越大，液体表面层对分子的作用也越小，在单位时间内能克服液体表面层的作用而进到空间的分子数目越多，所以蒸发得越快。

● 液体表面积　液体表面积越大，单位时间内就有更多具有足够能量的分子同时逸出，蒸发进行得越快。

● 液体表面的压强　液体表面的压强越小，分子需要克服的外界阻力越小，即平均动能更小的分子也能达到逸出能量要求，使具有逸出能量级的分子数增加，从而提高蒸发速度。

② 沸腾和沸点。沸腾是在液体表面和内部同时进行的剧烈汽化过程。

通常，液体内部和器壁上总有许多小气泡，其中的蒸气处于饱和状态。随着温度上升，小气泡中的饱和蒸气压相应增加，气泡不断胀大。当饱和蒸气压增加到与外界压力相同时，气泡骤然胀大，在浮力作用下迅速上升到液面并放出蒸气。这种剧烈的汽化就是沸腾。

当纯液体物质的饱和蒸气压等于外压时，液体就会沸腾，此时的温度叫液体在指定压力下的沸点。物质的沸点随外界压强的变化而变化：当外界压力增大时，沸点升高，外界压力降低时，沸点降低。通常说的"某物质的沸点"就是指外压等于 101.325kPa（760mmHg）时的纯物质沸点，又称为标准沸点。

沸腾与蒸发在相变上并无根本区别。沸腾时由于吸收大量汽化热而保持液体温度不变。沸点随外界压力的增大而升高。

（2）蒸气压

前面讲述的蒸发情况是液体在自由空间（例如在大气中）才成立。如果是在一密闭容器内，由于液面上有一定的空间限制，最初一部分动能大的分子逸出液面进入气相中，但分子只能在这一空间内做无规则热运动，必然有一部分由于碰撞等原因重新进入液相。不过这一期间逸出分子数大于进入液体的分子数。经过一定时间后，随着液面上蒸气分子数量的增加，分子密度不断加大，返回液面内部的分子数也逐渐增多，当单位时间内逸出分子数等于返回分子数时，便称为气液相达到平衡状态，这是一个动态平衡，这时的蒸气叫做饱和蒸气。如果液面没有其他物质的分子存在，这时的气相压强就叫这种液体的饱和蒸气压，简称蒸气压。

当温度或者外界压力发生变化时，平衡就会被打破，气体继续液化或者液体继续汽化，直到达到新的平衡。因此，饱和蒸气压与温度和外界压力有关。当温度一定、外界压力一定时，气相压力最终稳定在一定数值上，此时的气相压力称为某物质在该温度下的饱和蒸气压。

几种不同物质在不同温度下的饱和蒸气压如表 3-1 所示。

表 3-1　几种物质在不同温度下的饱和蒸气压表　　　　mmHg

温度/℃ \ 名称	水	苯	乙醚	汞
−20	0.77	6	68.9	—
0	4.35	26.57	184.4	0.0002
20	17.53	74.70	437	0.0013
40	55.32	182.7	907	0.0064
60	149.4	391.7	1725	0.0265
80	355.1	757.6	0203	0.092
100	760	—		0.2793

由表 3-1 可以得出饱和蒸气压具有以下特点：

① 同一温度下不同物质的饱和蒸气压不同；

② 同一液体的饱和蒸气压是随温度升高而增大的，随温度下降而减小；

③ 温度不变时，饱和蒸气压的大小与它的体积无关。

（3）易挥发组分、难挥发组分

从表 3-1 可以看出在同一温度下，有的液体饱和蒸气压高，而有的液体饱和蒸气压低，说明有的容易挥发，有的不易挥发，将它们分为易挥发组分和难挥发组分。

易挥发组分：混合物中某组分，在一定温度时的蒸气压比任何其他组分蒸气压值都大，该组分称为易挥发组分。

难挥发组分：混合物中某组分，在一定的温度时的蒸气压比任何其他组分蒸气压值都小，该组分称为难挥发组分。

易挥发组分和难挥发组分是一个相对概念。纯物质的挥发性能一般都用饱和蒸气压的大小来描述。对处在同一温度的不同物质，饱和蒸气压大的称易挥发组分，反之则称为难挥发组分。由于饱和蒸气压等于外压时的温度就是该物质在该压力下的沸点，因此习惯上，也用沸点来说明物质的挥发性能，沸点越低的物质越易挥发。

（4）挥发度、相对挥发度

挥发度通常用来表示某种纯物质（液体或固体）在一定温度下蒸气压的大小。混合溶液中一个组分的蒸气压因受另一组分存在的影响，所以比纯态时低，因此，其挥发度用它在气相中的分压 p 与其平衡的液相中的摩尔分数 x 之比来表示。即

$$v_A = p_A / x_A$$

式中　v_A——组分 A 的挥发度。

对于理想溶液，因服从拉乌尔定律，故

$$v_A = p_A / x_A = (p_A^\ominus x_A) / x_A = p_A^\ominus$$

即理想溶液中各组分的挥发度等于其饱和蒸气压。

相对挥发度：溶液中两组分挥发度之比，称为相对挥发度，一般用 $\alpha_{A\text{-}B}$ 表示。通常以易挥发组分的挥发度为分子：

$$\alpha = v_A / v_B = (p_A / x_A) / (p_B / x_B)$$

当压力不太高时，蒸气服从道尔顿分压定律，上式可写成：

$$\alpha = (p y_A / x_A) / (p y_B / x_B) = (y_A / x_A) / (y_B / x_B)$$

或　　　　　　　　　　　$$y_A / y_B = \alpha(x_A / x_B)$$

式中　y_A，y_B——气液平衡时组分 A 和组分 B 在气相中的摩尔分数。

即气相中两组分组成是液相中两组分组成之比的 α 倍。

对于理想的双组分溶液有：　　　$$\alpha = p_A^\ominus / p_B^\ominus$$

$$y_A = \alpha x_A / [1 + (\alpha - 1) x_A]$$

当 α 值已知，按上式可以由 x（或 y）计算平衡时的 y（或 x），即用相对挥发度表示了气液平衡关系，上式略去下标就称为相平衡方程式，即

$$y = \alpha x / [1 + (\alpha - 1) x]$$

从 α 值的大小，可以预计混合溶液分离的可能性。当 $\alpha > 1$，则表示组分 A 比组分 B 容易挥发，α 值越大，y 比 x 大得越多，则组分 A 和 B 越易分离；当 $\alpha < 1$，则表示组分 B 比组分 A 容易挥发；当 $\alpha = 1$，则组分 A 和组分 B 挥发度相同，$y_A = x_A$，气相组成与液相组成相同，两者不能用普通蒸馏方法分离。

对于非理想溶液，相对挥发度可用修正的拉乌尔定律或由实验确定。

相对挥发度用 $\alpha_{实}$ 表示

$$\alpha_{实} = \frac{p_A}{p_B} \times \frac{r_A}{r_B} \qquad (3-1)$$

式中　r_A——组分 A 的活度系数；

　　　r_B——组分 B 的活度系数。

一般说来，被提纯元素中，杂质含量很少，因此 r_A 可看作 1，此时

$$\alpha_{实} = \frac{p_A}{p_B} \times \frac{r_A}{r_B} = \alpha \times \frac{1}{r_B} \qquad (3-2)$$

由于混合液的沸点变化不大，故 p_A/p_B 可视为常数，因此实际挥发度仅取决于杂质的活度系数 r_B。

在制备高纯元素时，杂质的含量是很少的，在此情况下，杂质分子间的作用可以忽略不计，因此可考虑杂质单独存在的情况下的挥发度，这就可以简化挥发度的计算了。

制备超纯液体的精馏提纯时，由于超纯液体即杂质浓度极稀的溶液，例如在 $SiHCl_3$ 液体的精馏中所遇到的 PCl_3、BCl_3、$FeCl_3$ 等杂质的混合液，其中杂质的浓度大多在百万分之一摩尔分数以下。这时在液相中，一个 $SiHCl_3$ 分子周围大量地存在着 $SiHCl_3$ 分子，其所受的分子引力，可以认为完全是周围 $SiHCl_3$ 对杂质分子的引力，而其余含极微的杂质分子对它的引力可以忽略不计。

为此可以得出下列结论：在一定温度下（例如在被精馏液体的常压下之沸点温度），超纯液体中杂质组分与其本组分的相对挥发度不随杂质组分浓度的变化而变化。

$SiHCl_3$ 和 $SiCl_4$ 的混合液可近似作为理想溶液考虑。

（5）沸点、露点、泡点、高沸物、低沸物

当在一定压力下，纯物质液体开始沸腾时的流度，就叫做该物质在该压力下的沸点。一般所指的沸点，是在 1atm（760mmHg）的沸点。对于混合物而言，情况比较复杂，混合液有的有恒定沸点（有恒定沸点的混合液称为共沸混合物），有的没有恒定沸点。$SiHCl_3$ 的混合液没有沸点，其液相温度随组分含量的变化而变化。

一定压力下纯物质的蒸气被冷却，到一定温度时开始液化，我们把出现第一滴微小液滴时的温度叫做该物质在该压力下的露点。混合气体在压力不变的条件下降温冷却，当冷却到某一温度时产生第一滴液滴，此温度叫做该混合物在指定压力下的露点。不同组成的气体混合物的露点不同，处于露点温度的气体称饱和气体。相反，液体混合物在一定压力下加热到某一温度时，液体中出现第一个气泡，即刚开始沸腾，则此温度叫该液体在指定压力下的泡点。处于泡点温度的液体称饱和液体。

在精馏中，一般把从塔顶得到的组分称作低沸物，而从塔釜得到的组分称为高沸物。有多种组分存在时，从生产角度出发，把希望得到的组分叫关键组分，沸点高于它的叫高沸物，反之叫低沸物。高、低沸物是相对概念。

（6）绝对压力、表压、真空度

流体垂直作用于单位面积上的力，称为流体的压强，习惯上称为流体的压力。压强的国际单位是 N/m^2，称为帕斯卡，以 Pa 表示。工程上习惯用 kgf/cm^2 即公斤力/平方厘米表示压力单位。

$$1atm = 101325Pa = 760mmHg$$

$$1MPa \approx 10kgf/cm^2$$

以绝对真空为基准测得的压力称为绝对压力，是流体的真实压力。

以外界大气压为基准测得的压力，称为表压。工程上用压力表测得的流体压力，就是流体的表压，它是流体的绝对压力与外界大气压力的差值：

$$表压＝绝对压力－大气压力$$

表压为正值时，称为正压；为负值时，则称为负压。通常把其负值改为正值，称为真空度。真空度与绝对压力的关系为

$$真空度＝大气压力－绝对压力$$

测量负压的压力表，又称为真空表。

（7）传质、传热

传质过程：也就是质量传递过程，是因为物质在流体内部存在浓度差，物质从浓度高处向浓度低处传递的过程。

传热过程：也就是热量传递过程，是流体内部因温度不同，有热量从温度高处向温度低处传递的过程。

（8）理论塔板数、实际塔板数、塔板效率

当塔板上液体与蒸气组成符合该物质的平衡曲线（即气液相平衡图，表示在一定外压下，气相组成 y 和与之平衡的液相组成 x 之间关系的曲线图）时，提纯该物质到一定效果所需的塔板数，称为理论板数。这是理想情况，实际生产中由于气液接触时间有限、气液传质不均不充分等因素影响，其实际气相组成要低于平衡曲线的计算值，要达到规定的分离效果就需要比理论板数更多的塔板数，即实际塔板数。为了评价这种偏差的大小，引进了板效率，下式表示全塔平均板效率：

$$\eta＝N_T/N$$

式中　η——塔板效率；

　　N_T——理论塔板数；

　　N——实际塔板数。

若表示某一塔板的效率：

$$\eta＝(y_n－y_{n+1})/(y_n^*－y_{n+1})$$

式中　y_n——离开该塔板的蒸气组成；

　　y_{n+1}——上升至该塔板的蒸气组成；

　　y_n^*——与离开该塔板的液体组成平衡的蒸气组成。

（9）全回流、回流比

在精馏操作中，停止向塔内加料的同时，既不引出塔顶产品，也不排出塔底残液，将塔顶蒸气冷凝后全部回流至塔内的状态称为全回流。

回流比（R）：塔顶冷凝液中回流入塔中的流量与塔顶馏出液流量之比。

全回流时，回流量（L）等于蒸发量（V）。正常操作时，蒸发量等于回流量和塔顶馏出量（D）之和：

$$V＝L+D$$
$$R＝L/D$$

全回流操作多用在精馏的开车初期或生产不正常时精馏塔的自身循环操作。

3.1.3　双组分溶液的气液相平衡

（1）理想气体、理想溶液

理想气体：不考虑分子本身的体积，不考虑分子之间作用力的气体。它在任何温度和压

力下，均服从理想气体状态方程式：

$$pV=nRT$$

式中　p——气体压力，kPa；

　　　V——气体体积，m^3；

　　　n——气体的物质的量，kmol；

　　　T——气体热力学温度，K；

　　　R——摩尔气体常数，$8.314kJ/(kmol \cdot K)$。

低压下的实际气体可看作理想气体。在多组分气体混合物中组分间：

摩尔比＝分压力比＝分体积比

不考虑溶液中分子间相互作用力，形成的混合溶液无容积效应，也无热效应，这种溶液称为理想溶液。反之，则称为非理想溶液。

理想溶液一般符合以下条件：

① 各组分在量上无论按什么比例均能彼此互溶；

② 形成溶液时无热反应；

③ 溶液的容积是各组分容积之和；

④ 在任何组成下，各组分的蒸气压与液相中组成的关系都符合拉乌尔定律。

实际上只有少数具有相似化学成分及物理性质的物质形成的溶液（如苯和甲苯）接近理想溶液，真正的理想溶液并不存在。但当真实溶液浓度无限稀释时，其性质接近理想溶液。另外，精度要求不高时，许多溶液也可作为理想溶液来考虑，从而简化计算。$SiHCl_3$ 和 $SiCl_4$ 性质接近，其他的物质含量微少，因此，要研究的 $SiHCl_3$ 提纯可以作为理想溶液处理。

（2）拉乌尔定律、道尔顿定律

① 拉乌尔定律　在一定温度下，气相中任一组分的分压等于此纯组分在该温度下的蒸气压乘以它在溶液中的摩尔分数。

理想溶液的气液相平衡均服从拉乌尔定律，由此对含有 A、B 组分的理想溶液可以得出：

$$p_A=p_A^{\ominus}x_A$$
$$p_B=p_B^{\ominus}x_B=p_B^{\ominus}(1-x_A)$$

式中　p_A，p_B——混合液上组分 A 和组分 B 的蒸气压，kPa；

　　　$p_A^{\ominus}$，$p_B^{\ominus}$——纯组分 A 和组分 B 的蒸气压，kPa；

② 道尔顿定律　理想气体混合物的总压，等于各个组分气体分压之和。

$$p_{总}=p_1+p_2+\cdots$$

压力不太高时，液体上方的蒸气混合物的总压力：

$$p_{总}=\sum p_i$$

式中　p_i——气体 i 产生的压力，kPa。

由拉乌尔定律有：　　　　　　　$p_i=p_i^{\ominus}x_i$

由道尔顿定律有：　　　　　　　$p_i=p_{总}y_i$

两者联立得：　　　　　　　$y_i=(p_i^{\ominus}x_i)/p_{总}$

式中，x_i、y_i 分别为 i 组分在液相、气相中的摩尔分数。

（3）双组分理想物系的液相组成-温度（泡点）关系式

① 理想物系的含义

• 液相为理想溶液，服从拉乌尔（Raoult）定律。

• 气相为理想气体，服从理想气体定律或道尔顿分压定律。

② 相平衡关系表达方式。对于已知组成的混合溶液，在确定自由度的条件下，其蒸气相与液体相之间的平衡关系可以用实验测定。实验测定的数据可通过编列平衡数据表、绘制各种相图或列出数学函数关系式等方式进行表达。

• 平衡数据表　各种化学或化工数据手册所载平衡数据表中的数据有不同的表达方式。在讨论双组分精馏过程时，最常用的平衡数据表达方式有以下两种：

在一定总压下，温度与液体相（蒸气相）平衡组成关系，即 $t\text{-}x(y)$ 关系；

在一定总压下，蒸气相与液体相的平衡组成关系，即 $y\text{-}x$ 关系。

• 气液组成关系式　液相组成关系式：

$$p_A = p_A^\ominus x_A$$
$$p_B = p_B^\ominus x_B$$
$$p = p_A + p_B$$
$$x_A = \frac{p - p_B^\ominus}{p_A^\ominus - p_B^\ominus}$$

式中　p_A，p_B——平衡时，组分 A 和组分 B 在气相中的蒸气分压，Pa；

$p_A^\ominus$，$p_B^\ominus$——纯组分 A 和纯组分 B 在某温度下的饱和蒸气压，Pa。

由于纯组分的饱和蒸气压与温度存在一定的函数关系，所以又可以表示为

$$x_A = \frac{p - f_B(t)}{f_A(t) - f_B(t)} \tag{3-3}$$

纯组分的饱和蒸气压与温度的关系通常是非线性函数，可以根据实验测定得到，也可以用以下经验式来计算：

$$\lg p^\ominus = A - \frac{B}{T - C} \tag{3-4}$$

式中　$p^\ominus$——任一纯组分的饱和蒸气压，Pa；

T——温度，K；

A，B，C——安托因常数。

式(3-4) 称为安托因（Antoine）公式。

当使用这类经验公式时，一定要注意手册中所列常数的数值及与之相对应的温度和压强的单位。

气相组成关系式：

$$y_A = \frac{p_A^\ominus}{p} x_A \tag{3-5}$$

式中　y_A——组分 A 在蒸气相中的摩尔分数；

x_A——组分 A 在液体相中的摩尔分数；

$p_A^\ominus$——纯组分 A 在该温度下的饱和蒸气压；

p——蒸气相的总压。

气液相平衡关系式：

$$y_A = \frac{\alpha x_A}{1 + (\alpha - 1) x_A}$$

• 平衡相图

温度-组成图　图 3-1 所示为常压下双组分理想混合液（苯-甲苯）的温度-组成图，即 $t\text{-}x(y)$ 图，其中 y 与 x 都是以易挥发组分（苯）的摩尔分数来表示。

图中横坐标为组成，纵坐标为温度。蒸气相曲线位于液相曲线的上方，表明在同一温度

下，平衡时的蒸气相中含易挥发组分量大于液相。液相曲线上各点温度，即为溶液开始沸腾时的温度，即为泡点（以区别于纯组分的沸点），因此，液相曲线表示平衡时的液相组成与泡点的关系。蒸气相曲线上各点温度为蒸气开始冷凝时的温度，称为露点。因此，蒸气相曲线表示平衡时的蒸气相组成与露点的关系。两条曲线构成三个区域：液相曲线以下为溶液尚未沸腾的液相区；蒸气相曲线以上为溶液全部汽化为过热蒸气的过热蒸气区；两条曲线之间为气液共存区。

　　相平衡组成图　讨论精馏问题时，经常采用在平衡状态下，由液相组成 x 与蒸气相组成 y 标绘而成的相图，即相平衡组成图或称 y-x 图。y-x 图可利用 t-$x(y)$ 图采集数据标绘而成，如图 3-2 所示。对应于某一温度（泡点与露点之间），在 t-$x(y)$ 图上可读取一对互成平衡的蒸气相组成和液相组成。将此互成平衡的两相组成标绘在 y-x 图上得一点。同理，在 t-$x(y)$ 图上取若干组数据标在 y-x 图上，则可将这些点连成一条曲线，即为 y-x 平衡曲线。显然，曲线上各点表示不同温度下的蒸气与液体两相平衡组成。在 y-x 图上另有一条 45°对角线作为辅助线，对角线上的各点所表示的两相组成完全相同，即 $y=x$。

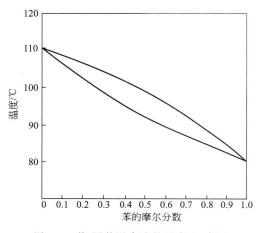

图 3-1　苯-甲苯混合液的温度-组成图

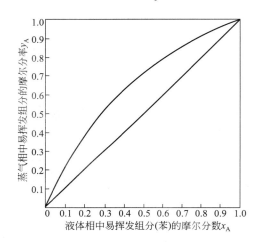

图 3-2　苯-甲苯混合液的相平衡组成图

　　根据 y-x 图的形状，可以很方便地判断采用蒸馏方法分离该物系的难易程度，若物系的平衡曲线离对角线越近，即蒸气与液体两相的组成越相近，则分离也就越难；反之，则分离越容易。

3.1.4　精馏原理

　　利用液体混合物中不同组分具有不同的挥发度，部分汽化（加热过程）和部分冷凝（冷凝过程），使混合液分离，获得定量的液体和蒸气，两者的浓度有较大差异（易挥发组分在气相中的含量比液相高）。若将其蒸气和液体分开，蒸气进行多次的部分冷凝，最后所得蒸气含易挥发组分极高。液体进行多次的部分汽化，最后所得到的液体几乎不含易挥发组分。这种采用多次部分汽化、部分冷凝的方法使高、低沸点进行分离，从而得到要求浓度的产品的过程，称为精馏。

　　塔板的作用：在精馏塔上，每次部分汽化和部分冷凝都在塔板上进行，多块塔板就成了精馏塔的多级部分汽化-冷凝组件。理论上，要在塔顶得到纯度较高的低沸物，塔底得到纯度较高的高沸物，就需要较多的塔板。

　　最简单的塔板结构是在圆板上开有许多小孔作为蒸气的通道，液体在重力作用下由上层塔板沿降液管流下，横向流过本层塔板，再由降液管流至下层塔板。蒸气在压差作用下由小孔穿过板上液层。若以任意第 n 层塔板为例（图 3-3），其上为 $n-1$ 板，其下为 $n+1$ 板，在第 n 板上由来自第 $n-1$ 板组成为 x_{n-1} 的液体与来自第 $n+1$ 板组成的 y_{n+1} 的蒸气接触，由于 x_{n-1} 和 y_{n+1} 不平衡，而且蒸气的温度 t_{n+1} 比液体的温度 t_{n-1} 高，因而，y_{n+1} 的蒸气在第 n 板上部分冷凝使 x_{n-1} 的液体部分汽化，在第 n 板上发生热量交换。如果这两股流体密切而又充分地接触，离开塔板的气-液两相达到平衡，其气液平衡组成

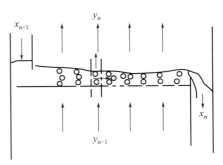

图 3-3　筛板塔的操作情况

分别为 y_n 和 x_n，气相组成 $y_n > y_{n+1}$，液相组成 $x_n < x_{n-1}$。即每一块塔板所产生的气相中易挥发组分的浓度较下一板增加，所产生的液相中易挥发组分的浓度较上一板减少，换言之，在任一塔板上易挥发组分由液相向气相转移，而难挥发组分由气相向液相转移。所以，精馏塔就是通过逐板进行能量交换和传质过程，实现对混合液的分离，达到提纯产品的目的。而塔板就是质量交换和能量交换的场所。

精馏塔的分离过程：板式精馏塔是一个在内部设置多块塔板的装置。全塔各板自塔底向上气相中易挥发组分浓度逐板增加；自塔顶向下液相中易挥发组分浓度逐板降低。温度自下而上逐板降低。在板数足够多时，蒸气经过自下而上的多次提浓，由塔顶引出的蒸气几乎为纯净的易挥发组分，经冷凝后部分作为塔顶产品（或称为馏出液），部分引回到顶部的塔板上进行回流。液体经过自上而下的多次变稀，经精馏塔最下面的汽化器（常称为塔釜或再沸器）后所剩液体几乎为纯净的难挥发组分，作为塔底产品（或称为釜液），部分汽化所得蒸气引入最下层塔板。

当某块塔板上的浓度与原料的浓度相近或相等时，料液就由此板引入。该板称为加料板，其上的部分称为精馏段。加料板及其以下部分称为提馏段。精馏段起着使原料中易挥发组分增浓的作用。提馏段则起着回收原料中易挥发组分的作用。

精馏是组分在气相和液相间的传质过程，对任一块塔板若缺少气相或液相，过程将无法进行。对塔顶第一层板，有其下第二层板上升的蒸气，缺少下降液体，回流正是为第一层板提供下降液体。由第二层上升的蒸气浓度已相当高了，依相平衡原理，与其相接触的液相浓度也应很高才行。显然，用塔顶冷凝液的一部分作为回流液是最为简便的办法。塔底最下一块塔板虽有其上一块塔板下流的液体，为保证操作进行还要有上升蒸气，根据相平衡原理要求与塔板上液体接触的蒸气浓度也应很低，因此将再沸器部分汽化的蒸气引入最下一层塔板，正是为它提供浓度甚低的上升蒸气。塔顶回流、塔底上升蒸气是保证精馏过程连续、稳定操作的充分必要条件。

总之，精馏原理可简单概括为：根据液体混合物中各组分挥发性的差异，进行多次部分汽化、部分冷凝，通过在气液两相间不断地传质传热过程，最终在气相中得到较纯的易挥发组分，在液相中得到较纯的难挥发组分，使混合物达到分离的目的。

3.1.5　双组分连续精馏塔的计算

$SiHCl_3$ 或 $SiCl_4$ 的提纯，在多数情况下都可作为双组分考虑，因此了解双组分连续精馏的计算有很好的指导意义。该计算过程就是为了确定提纯产品到规定浓度需要的塔板数和进料位置。

根据精馏原理可知，只有精馏塔还不能完成精馏操作，还必须同时有塔顶冷凝器和塔底再沸器。有时还配有原料液加热器、回流液泵等附属设备。再沸器的作用是提供一定流量的

上升蒸气流；冷凝器的作用是提供塔顶液相产品及保证有适当的液相回流；精馏塔塔板的作用是提供气-液接触进行传质、传热的场所。典型的连续精馏流程如图 3-4 所示。原料液经预热到指定温度后，送入精馏塔内。操作时，连续地从再沸器取出部分液体作为塔底产品（釜残液），部分液体汽化，产生上升蒸气，依次通过各层塔板。塔顶蒸气进入冷凝器中被全部冷凝，并将部分冷凝液借重力作用（也可用泵输送）送回塔顶作为回流液体，其余部分经冷却器（图中未画出）冷却后被送出作为塔顶馏出液。

通常，将原料液进入的那层板称为加料板，加料板以上的塔段称为精馏段，加料板以下的塔段（包括加料板）称为提馏段。

精馏过程也可间歇操作，此时原料液一次性加入塔釜中，而不是连续地加入精馏塔中。因此间歇精馏只有精馏段而没有提馏段。同时，因间歇精馏釜液浓度不断地变化，故一般产品组成也逐渐降低。当釜中液体组成降到规定值后，间歇精馏操作即被停止。

理论上看，当精馏塔中进行的部分汽化和部分冷凝次数足够多时，可以在塔底得到几乎纯态的难挥发组分，在塔顶可以得到几乎纯态的易挥发组分。

要达到上述要求，需要有足够的塔板数或者填料层高度，这就需要精馏塔有足够的高度。在精馏塔的设计过程中，塔高的计算是最重要的一项。计算塔高首先必须知道塔板数或者填料层高度。实际塔板数是以理论塔板数为基础进行计算的，理论塔板数的计算是从物料衡算开始，通过建立操作线方程，进而实现计算目标。

3.1.5.1　全塔物料衡算

通过对精馏塔的全塔物料衡算，可以求出精馏产品的流量、组成以及进料流量、组成之间的关系。

对图 3-5 所示的连续精馏装置作物料衡算，并以单位时间为基准，则

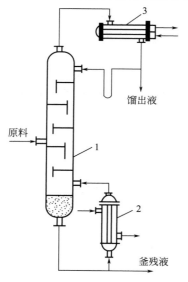

图 3-4　连续精馏装置

1—精馏塔；2—再沸器；3—冷凝器

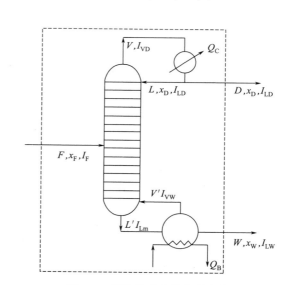

图 3-5　精馏塔的全塔物料衡算

总物料
$$F = D + W \tag{3-6}$$

易挥发组分
$$Fx_F = Dx_D + Wx_W \tag{3-7}$$

式中　F——原料液流量，kmol/s；

D——塔顶产品（馏出液）流量，kmol/s；

W——塔底产品（釜液）流量，kmol/s；

x_F——原料液中易挥发组分的摩尔分数；

x_D——馏出液中易挥发组分的摩尔分数；

x_W——釜液中易挥发组分的摩尔分数。

由上两式可以导出

$$\frac{D}{F} = \frac{x_F - x_W}{x_D - x_W} \tag{3-8}$$

$$D/F = 1 - W/F \tag{3-9}$$

式中，D/F、W/F 分别为馏出液和釜液的采出率。

在生产中，原料液的组成 x_F 通常是给定的。根据式(3-8)、式(3-9) 可知：

① 当塔顶、塔底产品组成 x_D、x_W 即产品质量已规定，产品的采出率 D/F 和 W/F 亦随之确定而不能再自由选择；

② 当规定塔顶产品的产率和质量，则塔底产品的组成、产品的质量及产率亦随之确定而不能自由选择（当然也可以规定塔底产品产率和质量）。

塔顶产品的产率可以用馏出液中易挥发组分的回收率来表示。馏出液中易挥发组分回收率定义为馏出液中易挥发组分的量与起始原料液中的量之比，即

$$\eta = \frac{D x_D}{F x_F} \tag{3-10}$$

3.1.5.2 塔板传质过程的简化——理论板和恒摩尔流假设

与气体吸收过程一样，为对塔板上所发生的两相传递过程进行完整的数学描述，除必须进行物料衡算和热量衡算外，还必须写出表征过程特征的传质速率方程式与传热速率方程式。但是，塔板上所发生的传递过程是十分复杂的，它涉及进入塔板的气、液两相的流量、组成，两相接触面积及混合情况等许多因素。也就是说，塔板上的传质和传热速率不仅取决于物系的性质、塔板上的操作条件，而且与塔板的结构有关，很难用简单的方程加以表示。

为避免这一困难，引入了理论板的概念。

（1）理论板

所谓理论板是一个气、液两相皆充分混合而且传质与传热过程的阻力皆为零的理论化塔板。因此，不论进入理论塔板的气、液两相组成如何，在塔板上充分混合并进行传质与传热的最终结果总是使离开塔板的气、液两相在传质与传热两方面都达到平衡状态：两相温度相同，组成互成平衡。

实际上，由于板上气液两相接触面积和接触时间是有限的，因此在任何形式的塔板上气-液两相都难以达到平衡状态，即理论板是不存在的。理论板仅用作衡量实际板分离效率的依据和标准。通常在精馏计算中，先求得理论板数，然后利用塔板效率予以修正，即可求得实际板数。引入理论板的概念，对精馏过程的分析和计算非常有用。

（2）恒摩尔流假设

为简化精馏计算，通常引入塔内恒摩尔流动的假定。

恒摩尔气流是指在精馏塔内，在没有中间加料（或出料）条件下，各层板的上升蒸气摩尔流量相等，即

$$\text{精馏段 } V_1 = V_2 = V_3 = \cdots = V = 常数$$

$$\text{提馏段 } V_1' = V_2' = V_3' = \cdots = V' = 常数$$

但两段的上升蒸气摩尔流量不一定相等。

恒摩尔液流是指在精馏塔内，在没有中间加料（或出料）条件下，各层板的下降液体摩尔流量相等，即

$$精馏段\ L_1=L_2=L_3=\cdots=L=常数$$

$$提馏段\ L_1'=L_2'=L_3'=\cdots=L'=常数$$

但两段的下降液体摩尔流量不一定相等。

在精馏塔的塔板上气液两相接触时，若有 $n(\text{kmol/h})$ 的蒸气冷凝，相应有 $n(\text{kmol/h})$ 的液体汽化，这样恒摩尔流动的假定才能成立。为此必须符合以下条件：①混合物中各组分的摩尔汽化潜热相等；②各板上液体显热的差异可忽略（即两组分的沸点差较小）；③塔设备保温良好，热损失可忽略。

由此可见，对基本上符合以上条件的某些系统，在塔内可视为恒摩尔流动。以后介绍的精馏计算是以恒摩尔流为前提的。

若已知某物系的气-液平衡关系，即离开任意理论板（n 层）的气液两相组成 y_n 与 x_n 之间的关系已被确定。若还能知道由任意板（n 层）下降的液相组成 x_n 与由下一层板（$n+1$ 层）上升的气相组成 y_{n+1} 之间的关系，则精馏塔内各板的气液相组成将可逐板予以确定，因此即可求得在指定分离要求下的理论板数。而上述的 y_{n+1} 和 x_n 之间的关系是由精馏条件决定的，这种关系可由塔板间的物料衡算求得，并称之为操作关系。

3.1.5.3 精馏段的物料衡算——操作线方程

按图 3-6 虚线范围（包括精馏段第 $n+1$ 层塔板以上塔段和冷凝器）做物料衡算，以单位时间为基准，即

总物料 $\qquad\qquad\qquad V=L+D$ （3-11）

易挥发组分 $\qquad\qquad Vy_{n+1}=Lx_n+DX_D$ （3-12）

式中　x_n——精馏段中任意第 n 层板下降液体的组成，摩尔分数；

　　　y_{n+1}——精馏段中任意第 $n+1$ 层板上升蒸气的组成，摩尔分数；

　　　V——塔顶物料流量，kmol/s；

　　　D——塔顶馏出液流量，kmol/s；

　　　L——塔顶回流液流量，kmol/s。

将式(3-11) 代入式(3-12)，并整理得

$$y_{n+1}=\frac{L}{L+D}x_n+\frac{D}{L+D}x_D \qquad (3-13)$$

如将上式等号右边的两项的分子和分母同时除以 D，可得

$$y_{n+1}=\frac{L/D}{L/D+1}x_n+\frac{1}{L/D+1}x_D$$

令 $L/D=\text{R}$，代入上式得

$$y_{n+1}=\frac{R}{R+1}x_n+\frac{1}{R+1}x_D \qquad (3-14)$$

式中，R 为回流比（回流比就是回流液量与采出量的质量比），其值一般由设计者选定，R 值的确定和意义将在后面讲述。式(3-13) 和式(3-14) 称为精馏段操作线方程。该方程的物理意义是在一定的操作条件下，精馏段内自任意第 n 层板下降液相组成 x_n 与其相邻的下一层（即第 $n+1$ 层）上升蒸气组成 y_{n+1} 之间的关系。根据恒摩尔流假设，L 为定值，且在连续定态操作时，R、D、x_D 均为定值，因此该式为直线方程，即在 x-y 图上为一直线，直线的斜率为 $R/(R+1)$，截距为 $x_D/(R+1)$，由式(3-14) 可知：

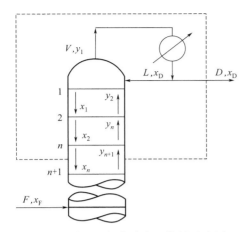

图 3-6 精馏段操作线方程推导示意图

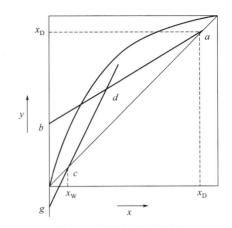

图 3-7 精馏塔的操作线

当 $x = x_D$ 时，$y_n = x_D$，即该点位于 x-y 图的对角线上，如图 3-7 中的 a 点；

当 $x_n = 0$ 时，$y_{n+1} = x_D/(R+1)$，即该点位于 y 轴上，如图 3-7 中的 b 点，则直线 ab 即为精馏段操作线。

3.1.5.4 提馏段的物料衡算——操作线方程

按图 3-8 虚线范围（即自提馏段任意相邻两板 m 和 $m+1$ 间至塔底釜残液出口）做物料衡算：

总物料
$$L' = V' + W \tag{3-15}$$

易挥发组分
$$L'x'_m = V'y'_{m+1} + Wx_W \tag{3-16}$$

式中　x'_m——提馏段中任意第 m 板下降液体的组成，摩尔分数；

　　　y'_{m+1}——提馏段中任意第 $m+1$ 板上升蒸气的组成，摩尔分数；

　　　V'——从提馏段进入精馏段物料流量，kmol/s；

　　　W——塔底产品流量，kmol/s；

　　　L'——从提馏段进入精馏段物料流量，kmol/s。

联解式(3-15)和式(3-16)，可得

$$y_{m+1}' = \frac{L'}{L'-W}x_m' - \frac{W}{L'-W}x_W \tag{3-17}$$

式(3-17)称为提馏段操作线方程。该式的物理意义是在一定操作条件下，提馏段内任意第 m 板下降的液相组成与相邻的下一层（即 $m+1$ 板）上升的蒸气组成之间的关系。

根据恒摩尔流假设，L' 为定值，且在连续定态操作中，W 和 x_W 也是定值，故式(3-17)为直线方程，在 x-y 图上为一条直线。该直线的斜率为 $L'/(L'-W)$，截距为 $-Wx_W/(L'-W)$。由式(3-17)可知：

当 $x'_m = x_W$ 时，$y'_{m+1} = x_W$，即该点位于 x-y 图的对角线上，如图 3-7 中的 c 点；

当 $x'_m = 0$ 时，$y'_{m+1} = -Wx_W/(L'-W)$，该点位于 y 轴上，如图 3-7 中的 g 点。

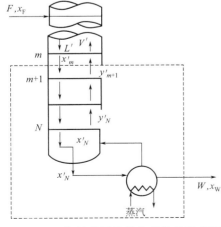

图 3-8 提馏段操作线方程推导示意图

直线 cg 即为提馏段操作线。由图 3-7 可见，精馏段操作线和提馏段操作线相交于 d 点。

需要注意的是，提馏段内液体摩尔流量 L' 的求取不像精馏段液体摩尔流量 L 那样容易，因为 L' 不仅与 L 的大小有关，而且还与进料量和进料热状况有关。

3.1.5.5 进料热状况对操作线的影响——操作线交点轨迹方程

（1）精馏塔的进料热状态

在精馏操作中，加入精馏塔中的原料可能有以下五种热状态，如图 3-9 所示。

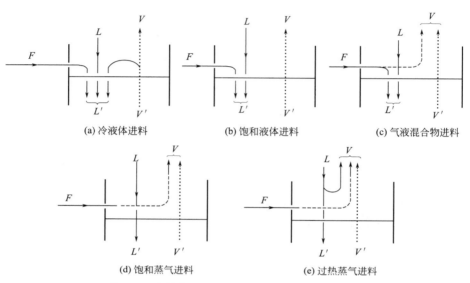

图 3-9 进料状况对进料板上、下各流股的影响

① 冷液体进料 加入精馏塔的原料液温度低于泡点。

提馏段内下降液体流量包括三部分：

- 精馏段内下降的液体流量 L；
- 原料液流量 F；
- 由于将原料液加热到进料板上液体的泡点温度，必然会有一部分自提馏段上升的蒸气被冷凝，即这部分冷凝液也成为 L' 的一部分。

因此精馏段内上升蒸气流量 V 比提馏段上升的蒸气流量 V' 要少，其差值即为被冷凝的蒸气量。由此可见

$$L'>L+F，V'>V$$

② 饱和液体进料 加入精馏塔的原料液温度等于泡点。

由于原料液的温度与进料板上液体的温度相近，因此原料液全部进入提馏段，而两段的上升蒸气流量相等，即

$$L'=L+F，V'=V$$

③ 气液混合物进料 原料温度介于泡点和露点之间。

进料中液体部分成为 L' 的一部分，而其中蒸气部分成为 V 的一部分，即：

$$L<L'<L+F，V'<V$$

④ 饱和蒸气进料 原料为饱和蒸气，其温度为露点。

进料为 V 的一部分，而两段的液体流量相等，即

$$L=L'，V=V'+F$$

⑤ 过热蒸气进料　原料为温度高于露点的过热蒸气。

精馏段上升蒸气流量包括三部分：

- 提馏段上升蒸气流量 V'；
- 原料液流量 F；
- 由于原料温度降至进料板上温度必然会放出一部分热量，使来自精馏段的下降液体被汽化，汽化的蒸气量也成为 V 的一部分，而提馏段下降的液体流量 L' 也就比精馏段的下降液体量 L 要少，差值即为被汽化的部分液体量。

由此可知：

$$L'<L，V>V'+F$$

由以上分析可知，精馏塔中两段的气、液摩尔流量间的关系受进料量和进料热状况的影响，通用的定量关系可通过进料板上的物料衡算和热量衡算求得。

（2）进料板上的物料衡算和热量衡算

对图 3-9 分别做进料板的物料衡算和热量衡算，以单位时间为基准，即

总物料衡算　　　　　　　　$$F+V'+L=V+L' \tag{3-18}$$

热量衡算　　　　　　　$$FI_F+V'I_{V'}+LI_L=VI_V+L'I_{L'} \tag{3-19}$$

式中　I_F——原料液的焓，kJ/mol；

I_V，$I_{V'}$——进料板上、下处饱和蒸气的焓，kJ/mol；

I_L，$I_{L'}$——进料板上、下处饱和液体的焓，kJ/mol；

V'——从提馏段进入精馏段物料流量，kmol/s；

L'——从提馏段进入精馏段物料流量，kmol/s；

F——塔顶物料流量，kmol/s；

L——塔顶回流液流量，kmol/s；

V——塔顶物料流量，kmol/s。

由于与进料板相邻的上、下板的温度及气、液相组成各自都很接近，即

$$I_V \approx I_{V'} \quad 和 \quad I_{L'} \approx I_L$$

将上述关系代入式（3-19），联解式（3-18）和式（3-19）

$$\frac{L'-L}{F}=\frac{I_V-I_F}{I_V-I_L} \tag{3-20}$$

令　　　$$q=\frac{I_V-I_F}{I_V-I_L}=\frac{1kmol 原料变为饱和蒸气所需热量}{原料液的千摩尔汽化潜热} \tag{3-21}$$

q 称为进料热状况参数。对各种进料热状态，可以用式（3-21）计算 q 值。

由式（3-20）和式（3-21）可得

$$L'=L+qF \tag{3-22}$$

将式（3-22）代入式（3-18），可得

$$V=V'+(1-q)F \tag{3-23}$$

式（3-22）和式（3-23）表示在精馏塔内精馏段和提馏段的气液相流量与进料量及进料热状态参数之间的关系。

根据 q 的定义可以进行以下讨论：

冷液体进料　　　　　　　　$q>1$

饱和液体进料　　　　　　　$q=1$

气液混合物进料　　　　　　$q=0\sim1$

饱和蒸气进料　　　　　　　$q=0$

过热蒸气进料 $\qquad\qquad q<0$

如将式(3-22)代入式(3-17),则提馏段的操作线方程可以改写为

$$y_{m+1}' = \frac{L+qF}{L+qF-W} x_m' - \frac{W}{L+qF-W} x_W \qquad (3-24)$$

3.1.5.6 q 线方程(进料方程)

由于提馏段操作线的截距很小,因此提馏段操作线 cg 不易准确做出,而且这种作图方法不能直接反映进料热状况的影响。因此不采用截距法作图,通常是先找出提馏段操作线与精馏段操作线的交点 d,再连接 cd 即可得提馏段操作线。两操作线的交点可以通过联立两操作线方程而得到,略去式(3-12)和式(3-16)中变量的下标,即得

$$Vy = Lx + Dx_D$$
$$V'y = L'x - Wx_W$$

以上两式相减可得

$$(V'-V)y = (L'-L)x - (Dx_D + Wx_W) \qquad (3-25)$$

由式(3-7)、式(3-22)、式(3-23)可知

$$Fx_F = Dx_D + Wx_W$$
$$L'-L = qF$$
$$V'-V = (q-1)F$$

将上述三式代入式(3-24),整理后可得

$$y = \frac{q}{q-1}x - \frac{1}{q-1}x_F \qquad (3-26)$$

式(3-26)称为 q 线方程或进料方程,即为两条操作线交点的轨迹方程。在连续定态操作中,当进料热状况一定时,进料方程也是一条直线方程,标绘在 x-y 图上的直线称为 q 线,该线的斜率为 $q/(q-1)$,截距为 $-x_F/(q-1)$。q 线必与两操作线相交于一点。见图 3-10。

3.1.5.7 操作线在 x-y 图上的做法

(1)精馏段操作线做法

精馏段操作线方程为 $y_{n+1} = \frac{R}{R+1}x_n + \frac{1}{R+1}x_D$,表示在一定的操作条件下,精馏段内任意第 n 层板下降液相组成 x_n 与其相邻的下一层(即第 $n+1$ 层)上升蒸气组成 y_{n+1} 之间的关系。略去下标则方程为 $y = \frac{R}{R+1}x + \frac{1}{R+1}x_D$。根据恒摩尔流假定,$L$ 为定值,且在连续定态操作时,R、D、x_D 均为定值,因此该式为直线方程式,在 x-y 图上为一直线。直线的斜率为 $R/(R+1)$,截距为 $x_D/(R+1)$,在 y 轴上的交点为 b,同时该直线与对角线的交点为 $a(x_D,\ x_D)$,连接 a 点和 b 点,则直线 ab 即为精馏段操作线。

(2)提馏段操作线做法

若将 q 线方程与对角线方程 $y=x$ 联立,解得交点坐标为 $x=x_F$,$y=x_F$,如图 3-10 中点 e。再过 e 点作斜率为 $q/(q-1)$ 的直线,如图中直线 ef,即为 q 线。q 线与精馏段操作线 ab 相交于点 d,该点即为两操作线交点。连接点 $c(x_W,\ x_W)$ 和点 d,直线 cd 即为提馏段操作线。

(3)进料热状况对 q 线及操作线的影响

进料热状况不同,q 线的位置也就不同,故 q 线和精馏段操作线的交点随之改变,从而提馏段操作线的位置也会发生相应变化。不同进料热状况对 q 线的影响列于表 3-2 中。

表 3-2 进料热状况对 q 线的影响

进料热状况	进料的焓 I_F	q 值	q 线斜率 $\frac{q}{q-1}$	q 线在 x-y 图上的位置
冷液体	$I_F<I_L$	>1	$+$	ef_1（↗）
饱和液体	$I_F=I_L$	1	∞	ef_2（↑）
气液混合物	$I_L<I_F<I_V$	$0<q<1$	$-$	ef_3（↖）
饱和蒸气	$I_F=I_V$	0	0	ef_4（←）
过热蒸气	$I_F<I_V$	<0	$+$	ef_5（↙）

当进料组成 x_F、回流比 R 及分离要求（x_D 及 x_W）一定时，五种不同进料热状况对 q 线及操作线的影响如图 3-11 所示。

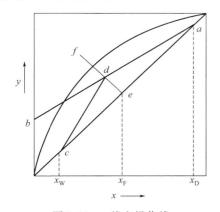

图 3-10 q 线和操作线

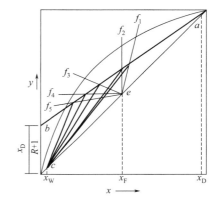

图 3-11 进料热状况对操作线的影响

3.1.5.8 板式精馏塔理论塔板数的计算

理论塔板数的计算方法有很多种，比较常用的有逐板计算法和图解法。

(1) 逐板计算法

① 逐板计算法通用步骤　逐板计算法的依据是气液平衡关系式和操作线方程。该方法是从塔顶开始，交替利用平衡关系式和操作线方程，逐级推算气相和液相的组成，来确定理论塔板数。

若生产任务规定将相对挥发度为 α 及组成为 x_F 的原料液，分离成组成为 x_D 的塔顶产品和组成为 x_W 的塔底产品，并选定操作回流比为 R，则逐板计算理论塔板数的步骤如下。

• 若塔顶冷凝器为全凝器，则 $y_1=x_D$。按照气液相平衡关系式，由 y_1 计算出第一层理论塔板上液相组成 x_1。

• 由第一层理论塔板下降的回流液组成 x_1，按精馏段操作线方程，计算出第二层理论板上升的蒸气组成 y_2。再利用气液相平衡关系式，由 y_2 计算出第二层理论板上的液相组成 x_2。

• 按操作线方程，由 x_2 计算出 y_3。再利用气-液相平衡关系式，由 y_3 求出 x_3。

依次类推，一直算到 $x_n \leqslant x_F$ 为止。每利用一次平衡关系式，即表示需要一块理论塔板。

提馏段理论塔板数也可按上述相同步骤逐板计算，只是操作方程改用提馏段操作方程，并一直算到 $x'_m \leqslant x_W$ 为止。

逐板计算法较为准确，不仅应用于双组分精馏计算，也可用于多组分精馏计算。但若用手工计算就比较烦琐，随着计算机的广泛应用，这种原来十分烦琐的方法变成了一种简捷可靠的方法。

全回流（在精馏操作中，把停止塔进料、塔釜出料和塔顶出料，将塔顶冷凝液全部作为回流液的操作，称为全回流）时，精馏塔所需的理论塔板数，可用逐板计算法导出一个简单的计算式。

在任何一块理论塔板上，气液达到平衡。对于双组分物系，气液两相组成之间的关系为

$$\frac{y_i}{1-y_i}=\alpha\frac{x_i}{1-x_i}$$

全回流操作情况下，操作线方程为

$$y_{i+1}=x_i \tag{3-27}$$

式中　x_i——在第 i 块理论塔板上，液相组成（以易挥发组分摩尔分数表示）；

y_i——第 i 块理论塔板上，蒸气相组成（以易挥发组分摩尔分数表示）；

y_{i+1}——由 $i+1$ 块塔板上升的蒸气组成（以易挥发组分摩尔分数表示）。

② 全回流操作情况下，全塔最少理论塔板数 N_{min} 的求法　设在全回流操作情况下，全塔共有理论塔板数 $N_{min}=n$，则 $i=1,2,3,\cdots,n$。

现在从塔顶开始，逐板进行推算。

塔顶

已知塔顶回流液组成为 x_D，当塔顶蒸气在冷凝器中全部冷凝时

$$y_1=x_D$$

第一层理论塔板

根据气液平衡关系式

$$\frac{y_1}{1-y_1}=\alpha\frac{x_1}{1-x_1}$$

将 $y_1=x_D$ 关系代入上式，得

$$\frac{x_D}{1-x_D}=\alpha_1\frac{x_1}{1-x_1}$$

根据操作线方程　　　　　$x_1=y_2$
可得

$$\frac{x_D}{1-x_D}=\alpha_1\frac{y_2}{1-y_2} \tag{3-28}$$

第二层理论塔板

根据气液平衡关系式

$$\frac{y_2}{1-y_2}=\alpha_2\frac{x_2}{1-x_2}$$

将此式代入式(3-28)，可得

$$\frac{x_D}{1-x_D}=\alpha_1\alpha_2\frac{x_2}{1-x_2}$$

根据操作线方程　　　　　$x_2=y_3$
可得

$$\frac{x_D}{1-x_D}=\alpha_1\alpha_2\frac{y_3}{1-y_3} \tag{3-29}$$

依此类推，**第 n 层理论塔板**

根据气液平衡关系

$$\frac{y_n}{1-y_n}=\alpha_n\frac{x_n}{1-x_n}$$

同理可得

$$\frac{x_D}{1-x_D}=\alpha_1\alpha_2\alpha_3\cdots\alpha_n \frac{x_n}{1-x_n} \tag{3-30}$$

根据操作线方程

$$x_n = y_{n+1}$$

可得

$$\frac{x_D}{1-x_D}=\alpha_1\alpha_2\alpha_3\cdots\alpha_n \frac{y_{n+1}}{1-y_{n+1}} \tag{3-31}$$

塔釜

根据气液平衡关系式

$$\frac{y_{n+1}}{1-y_{n+1}}=\alpha_W \frac{x_W}{1-x_W} \tag{3-32}$$

可得

$$\frac{x_D}{1-x_D}=\alpha_1\alpha_2\alpha_3\cdots\alpha_n\alpha_W \frac{x_W}{1-x_W} \tag{3-33}$$

若以平均相对挥发度 α 代替各层塔板上的相对挥发度，则

$$\alpha_1\alpha_2\alpha_3\cdots\alpha_n\alpha_W = \alpha^{n+1} \tag{3-34}$$

代入式(3-33) 可得

$$\frac{x_D}{1-x_D}=\alpha^{n+1} \frac{x_W}{1-x_W} \tag{3-35}$$

将上式两边取对数并加以整理，可得

$$n=\frac{\ln\left[\left(\frac{x_D}{1-x_D}\right)\left(\frac{1-x_W}{x_W}\right)\right]}{\ln\alpha}-1 \tag{3-36}$$

由此可得在全回流条件下的理论塔板数计算式

$$N_{min}=\frac{\ln\left[\left(\frac{x_D}{1-x_D}\right)\left(\frac{1-x_W}{x_W}\right)\right]}{\ln\alpha}-1 \tag{3-37}$$

该式通常称为芬斯克公式。用此式计算的全回流条件下理论塔板数 N_{min} 中，已扣除了相当于一块理论塔板的塔釜。式中平均相对挥发度 α 一般取塔顶和塔底的相对挥发度的几何平均值，即

$$\alpha=\sqrt{\alpha_D\alpha_W} \tag{3-38}$$

（2）图解法

图解法求理论板数的基本原理与逐板计算法完全相同，即用平衡线和操作线代替平衡方程和操作线方程，将逐板法的计算过程在 x-y 图上图解进行。该法虽然结果准确性较差，但是计算过程简便、清晰，因此目前在双组分连续精馏计算中仍广为采用。

如图 3-12 所示，图解法求理论板数的步骤如下。

① 在 x-y 图上画出平衡曲线和对角线。

② 依照上节介绍的方法做精馏段操作线 ab，q 线 ef，提馏段操作线 cd。

③ 由塔顶即图中点 a（$x=x_D$，$y=x_D$）开始，在平衡线和精馏段操作线之间作直角梯级，即首先从

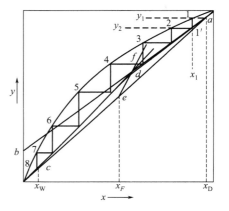

图 3-12 图解法求塔板数图解过程

点 a 作水平线与平衡线交于点 1，点 1 表示离开第 1 层理论板的液、气相组成（x_1，y_2），即由交点 $1'$ 可定出 y_2。再由此点作水平线与平衡线交于点 2，可定出 x_2。这样，在平衡线和精馏段操作线之间作由水平线和垂直线构成的梯级，当梯级跨过两操作线交点 d 时，则改在平衡线和提馏段操作线之间绘梯级，直到梯级的垂线达到或越过点 $c(x_W，x_W)$ 为止。图中平衡线上每一个梯级的顶点表示一层理论板。其中过 d 点的梯级为进料板，最后一个梯级为再沸器。

在图中，图解结果为：梯级总数为 7，第 4 级跨过两操作线交点 d，即第 4 级为进料板，故精馏段理论板数为 3。因再沸器相当于一层理论板，故提馏段理论板数为 3。该分离过程需 6 层理论板（不包括再沸器）。

图解时也可从塔底点 c 开始绘梯级，所得结果基本相同。

（3）适宜进料位置

最适宜的进料板位置就是指在相同的理论板数和同样的操作条件下，具有最大分离能力的进料板位置或在同一操作条件下所需理论板数最少的进料板位置。在进料组成 x_F 一定时，进料位置应当随进料热状态的不同而改变。适宜的进料位置一般应在塔内液相或气相组成与进料组成相同或相近的塔板上，这样可达到较好的分离效果，或者对一定的分离要求所需的理论塔板数较少。当用图解法求理论塔板数时，进料位置应由精馏段操作线与提馏段操作线的交点确定，即适宜的进料位置应该在跨过两操作线交点的梯级上，这是因为对一定的分离任务而言，如此作图得出所需理论板数最少。

在精馏塔的设计计算中，进料位置确定不当，将使理论塔板数增多；在实际操作中，进料位置不合适，一般将使馏出液和釜残液不能同时达到要求。进料位置过高，使馏出液中难挥发组分含量增高；反之，进料位置过低，使釜残液中易挥发组分含量增高。

3.1.5.9 填料精馏塔塔高的计算

精馏塔除了采用分级接触式塔设备外，还可采用连续接触的填料塔。若采用理论级的方法计算填料层高度，就需要借助于填料等板高度（或称量高度）的概念。

所谓等板高度（HETP），是指分离效果相当于一块理论板的填料层高度。显然等板高度数值的大小，标志着填料层分离效率的高低。等板高度数值越小，表明填料的分离效率越高；反之表明其分离效率越差。作为评价填料性能的尺度，有时也采用另一种方式，即 1m 高的填料层相当的理论塔板数，其倒数即为等板高度。

根据计算得到的理论塔板数 N_T 和所选用填料的等板高度（HETP）数据，就可以计算填料层的实际高度 H 为

$$H = N_T(\text{HETP})\tag{3-39}$$

3.1.5.10 回流比的影响及其选择

前已指出，回流是保证精馏塔连续定态操作的基本条件，因此回流比是精馏过程的重要参数，它的大小影响精馏的投资费用和操作费用，也影响精馏塔的分离能力。在精馏塔的设计中，对于一定的分离任务（α，F，x_F，q，x_D 及 x_W 一定），设计者应选定适宜的回流比。

回流比有两个极限值，上限为全回流（即回流比为无穷大），下限为最小回流比，适宜回流比介于两极限值之间的某一值。

（1）全回流和最小理论板数

精馏塔塔顶上升蒸气经全凝器冷凝后，冷凝液全部回流至塔内，这种回流方式称为全回流。在全回流操作下，塔顶产品流量 D 为零，通常进料量 F 和塔底产品流量 W 均为零，既不向塔内进料，也不从塔内取出产品。此时生产能力为零，因此对正常生产无实际意义。但在精

馏操作的开工阶段或在实验研究中，多采用全回流操作，这样便于过程的稳定控制和比较。

全回流时回流比为

$$R = \frac{L}{D} = \frac{L}{0} = \infty$$

因此精馏段操作线的截距为

$$\frac{x_D}{R+1} = 0$$

精馏段操作线的斜率为

$$\frac{R}{R+1} = 1$$

可见，在 x-y 图上，精馏段操作线及提馏段操作线与对角线重合，全塔无精馏段和提馏段之分，全回流时操作线方程可写为

$$y_{n+1} = x_n$$

全回流时操作线距平衡线为最远，表示塔内气-液两相间传质推动力最大，因此对于一定的分离任务而言，所需理论板数为最少，以 N_{min} 表示。

N_{min} 可由在 x-y 图上平衡线和对角线之间绘梯级求得；同样也可用平衡方程和对角线方程逐板计算得到，并且可推导得到求算 N_{min} 的解析式，称为芬斯克方程，即式(3-37)。

（2）最小回流比

如图 3-13 所示，对于一定的分离任务，若减小回流比，此时所谓的理论板数逐渐增加，精馏段操作线的斜率变小，两操作线的位置向平衡线靠近，表示气液两相间的传质推动力减小。当回流比减小到某一数值后，使两操作线的交点 d 落在平衡曲线上，图解时不论绘多少梯级都不能跨过点 d，表示所需的理论板数为无穷多，相应的回流比即为最小回流比，以 R_{min} 表示。

在最小回流比下，两操作线和平衡线的交点 d 称为夹点，而在点 d 前后各板之间（通常在进料板附近）区域气、液两相组成基本上没有变化，即无增浓作用，故此区域称恒浓区（又称夹紧区）。

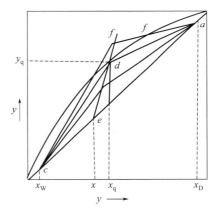

图 3-13 最小回流比的确定

应该注意，最小回流比是对于一定料液、为达到一定分离程度所需回流比的最小值。实际操作回流比应大于最小回流比，否则不论有多少层理论板都不能达到规定的分离程度。当然在精馏操作中，因塔板数已固定，不同回流比下将达到不同的分离程度，因此 R_{min} 也就无意义了。

最小回流比的求法依据平衡曲线的形状分两种情况。

① 正常平衡曲线（无拐点） 如图 3-13 所示，夹点出现在两操作线与平衡线的交点，此时精馏段操作线的斜率为

$$\frac{R_{min}}{R_{min}+1} = \frac{x_D - y_q}{x_D - x_q} \tag{3-40}$$

整理可得

$$R_{min} = \frac{x_D - y_q}{y_q - x_q} \tag{3-41}$$

式中　x_q，y_q——q 线与平衡线的交点坐标，可由图中读得。

② 不正常平衡曲线（有拐点，即平衡线有下凹部分）如图 3-14 所示，此种情况下夹点可能在两操作线与平衡线交点前出现。图 3-14（a）的夹点 g 先出现在精馏段操作线与平衡线相切的位置，所以应根据此时的精馏段操作线斜率求 R_{min}。图 3-14（b）先出现在提馏段操作线与平衡线相切的位置，同样，应根据此时的精馏段操作线斜率求得 R_{min}。

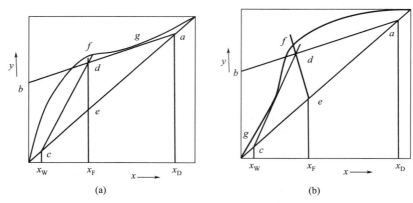

图 3-14　不正常平衡曲线的 R_{min} 的确定

（3）适宜回流比

对固定分离要求的过程来说，当减小回流比时，运转费用（主要表现在塔釜加热量和塔顶冷量）将减少，所需塔板数将增加，塔的投资费用增大；反之，当增加回流比时，可减少塔板数，却增加了运转费用。因此，在设计时应选择一个最适宜的回流比，以使投资费用和经常运转的操作费用之和在特定的经济条件下最小，此时的回流比称之为最适宜回流比。适宜回流比应通过经济核算确定。

精馏过程的操作费用，主要包括再沸器加热介质消耗量、冷凝器冷却介质消耗量及动力消耗等费用，而这些量取决于塔内上升蒸气量，即

$$V=(R+1)D$$

和
$$V'=V+(q-1)F$$

故当 F、q 和 D 一定时，V 和 V' 均随 R 而变。当回流比 R 增加时，加热及冷却介质用量随之增加，精馏操作费用增加。操作费用和回流比的大致关系如图 3-15 中曲线 2 所示。

精馏过程的设备主要包括精馏塔、再沸器和冷凝器，设备的类型和材料一经选定，则此项费用主要取决于设备的尺寸。当回流比为最小回流比时，需无穷多理论板数，故设备费用为无穷大。当 R 稍大于 R_{min} 时，所需理论板数即变为有限数，故设备费急剧减小。随着

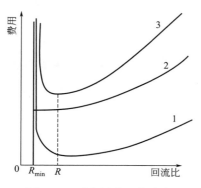

图 3-15　适宜回流比的确定

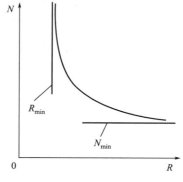

图 3-16　N 和 R 的关系

R 的进一步增加，所需理论板数减小的趋势变缓，塔板数 N 和 R 的关系如图 3-16 所示。但同时因 R 的增大，即 V 和 V' 的增加，需要塔径、塔板尺寸及再沸器和冷凝器的尺寸均相应增大，所以在 R 增大至某值后，设备费用反而增加。设备费用和 R 的大致关系如图 3-15 曲线 1 所示。

总费用为设备费用和操作费用之和，它与 R 的大致关系如图 3-15 中曲线 3 所示。曲线 3 最低点对应的回流比为适宜回流比（即最佳回流比）。

在精馏设计计算中，一般不进行经济衡算，操作回流比可取经验值。根据生产经验数据统计，适宜回流比的范围可取为

$$R = (1.1 \sim 2) R_{min} \qquad (3\text{-}42)$$

3.1.5.11 简捷法计算理论塔板数

精馏塔理论板数除了用逐板法和图解法计算外，还可以采用简捷法计算。下面介绍一种采用经验关联图的捷算法，此方法应用比较广泛，特别适用于初步设计计算。

（1）吉利兰图

如前所述，精馏塔是在全回流和最小回流比两个极限之间进行操作的。选择最小回流比，则所需的理论板数为无限多；全回流时，所需的理论板数为最少。实际生产中需要达到一定的分离要求，所以需要选择合适的回流比，需要一定的理论板数量。

人们对 R_{min}、R、N_{min} 及 N 四个变量之间的关系进行了广泛的研究，得到了反映上述四个变量的关联图，该图称为吉利兰图。如图 3-17 所示。

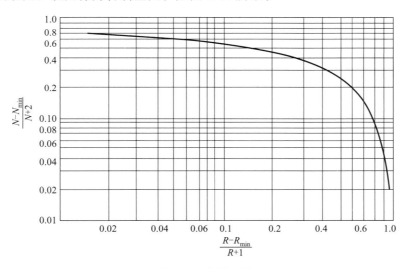

图 3-17 吉利兰图

吉利兰图为双对数坐标图，横坐标表示 $(R - R_{min})/(R + 1)$，纵坐标表示 $(N - N_{min})/(N + 2)$。其中 N、N_{min} 为不包括再沸器的理论板数即最少理论板数。由图可见，曲线的两端代表两种极限情况，右端代表全回流的操作情况，即 $R = \infty$，$(R - R_{min})/(R + 1) = 1$，故 $(N - N_{min})/(N + 2) = 0$ 或 $N = N_{min}$，说明全回流时理论板数为最少。曲线左端延长后表示最小回流比的操作情况，此时 $(R - R_{min})/(R + 1) = 0$，故 $(N - N_{min})/(N + 2) = 1$ 或 $N = \infty$，说明最小回流比操作情况下理论板数为无限多。

吉利兰图是用八个物系在下面的精馏条件下，由逐板计算得出的结果绘制而成的。这些条件是：组分数目为 2～11；进料热状况包括冷料至过热蒸气等五种情况；R_{min} 为 0.53～7.0；组分间相对挥发度为 1.26～4.05；理论板数范围为 2.4～43.1。

（2）用吉利兰图求理论板数的步骤

通常，简捷法求理论板数的步骤如下：

① 应用式（3-41）计算出 R_{min}，并选择 R；

② 应用式（3-37）计算出 N_{min}；

③ 计算 $(R-R_{min})/(R+1)$ 的值，在吉利兰图横坐标上找到相应点，由此点向上作垂线与曲线相交，由交点的纵坐标 $(N-N_{min})/(N+2)$ 的值，算出理论板数 N（不包括再沸器）；

④ 确定进料板位置。

3.1.5.12 连续精馏的热量衡算

精馏装置主要包括精馏塔、再沸器和冷凝器。根据要求可对精馏装置的不同范围进行热量衡算，以求得再沸器和冷凝器的热负荷、加热及冷却介质的消耗量等。

（1）再沸器的热量衡算

对前面图 3-5 所示的再沸器做热量衡算，可得

$$Q_B = V'I_{VW} + WI_{LW} - L'I_{Lm} + Q_L \tag{3-43}$$

式中　Q_B——再沸器的热负荷，kJ/h；

　　　Q_L——再沸器的热损失，kJ/h；

　　　I_{VW}——再沸器中上升蒸气的焓，kJ/kmol；

　　　I_{LW}——釜残液的焓，kJ/kmol；

　　　I_{Lm}——提馏段底部流出液体的焓，kJ/kmol；

　　　V'——从提馏段进入精馏段物料流量，kmol/s；

　　　L'——从提馏段进入精馏段物料流量，kmol/s；

　　　W——塔底产品流量，kmol/s。

若近似认为 $I_{LW}=I_{Lm}$，且 $V'=L'-W$，则

$$Q_B = V'(I_{VW}-I_{LW}) + Q_L \tag{3-44}$$

加热介质消耗量可以用下式计算：

$$W_h = \frac{Q_B}{I_{B1}-I_{B2}} \tag{3-45}$$

式中　W_h——加热介质消耗量，kg/h；

　I_{B1}，I_{B2}——进、出再沸器的加热介质的焓，kJ/kg。

若用饱和蒸汽加热，且冷凝液在饱和温度下排出，则加热蒸汽消耗量可按下式计算

$$W_h = \frac{Q_B}{r} \tag{3-46}$$

式中　r——加热蒸汽的冷凝潜热，kJ/kg。

（2）冷凝器的热量衡算

对前面图 3-5 所示的冷凝器做热量衡算，若忽略热损失，则可得

$$Q_C = VI_{VD} - (LI_{LD} + DI_{LD})$$

因 $V=L+D=(R+1)D$，代入上式可得

$$Q_C = (R+1)D(I_{VD}-I_{LD}) \tag{3-47}$$

式中　Q_C——冷凝器的热负荷，kg/h；

　　　I_{VD}——塔顶上升蒸气的焓，kJ/kmol；

　　　I_{LD}——馏出液的焓，kJ/kmol；

　　　V——塔顶物料流量，kmol/s；

D——塔顶馏出液流量，kmol/s；

L——塔顶回流液流量，kmol/s。

冷却介质消耗量可按下式计算：

$$W_C = \frac{Q_C}{c_{pc}(t_2 - t_1)} \tag{3-48}$$

式中 W_C——冷却介质消耗量，kg/h；

c_{pc}——冷却介质的平均比热容，kJ/(kg·℃)；

t_1, t_2——冷却介质在冷凝器的进、出口温度，℃。

3.1.6 SiHCl₃ 和 SiCl₄ 的提纯

用于还原生产的原料是 $SiHCl_3$，但同时还需要纯度较高的 $SiCl_4$ 作为中间原料，因此，精馏的关键组分就是 $SiHCl_3$ 或 $SiCl_4$。$SiHCl_3$ 的来源有合成料、氢化回收料和还原回收料，其中合成料是硅粉与 HCl 反应生成，杂质含量高，提纯难度很大；而氢化和还原回收料是系统封闭运行，杂质少、纯度高，容易提纯。

合成料提纯：合成料中的组分大致有 $SiHCl_3$、$SiCl_4$、SiH_2Cl_2、Si_xCl_y 和 B、P、C、Fe、Ca、Cu、Ni、Cr、Al、As 等物质的化合物。其中 $SiHCl_3$ 是产品，$SiCl_4$ 是副产品，其余组分则必须分离出去。金属杂质含量少（ppm 级），分离系数高，在精馏时较易分离，在精馏计算时一般不予考虑。我们主要考虑相对含量高的组分（$SiCl_4$、SiH_2Cl_2、Si_xCl_y）和挥发度比较接近的组分（B、P、C）。由于组分多，需要多步分离后质量指标才能达到要求。

还原和氢化回收料的提纯：其成分主要有 $SiHCl_3$、$SiCl_4$、SiH_2Cl_2。SiH_2Cl_2 的含量少，则对系统的影响也较小，产品 $SiHCl_3$ 中对其含量要求也不高。因此，主要考虑 $SiHCl_3$ 和 $SiCl_4$ 的分离。

$SiHCl_3$ 中含有 Fe、Cu、Ni、Cr、Al、As、Sb 等元素的氯化物。这些氯化物的蒸气压比 $SiHCl_3$ 的蒸气压小得多，精馏时较易分离，因而在计算时不可忽略不计。与 $SiHCl_3$ 蒸气压比较接近的是 BCl_3、$SiCl_4$、PCl_3 等化合物。

应该指出，迄今为止，尚未完全查明硼和磷在 $SiHCl_3$ 中的化合物结构形式，一般认为，不外乎是 BCl_3、$BHCl_2$、PCl_5、$POCl_3$ 等化合物，这些化合物的物理性能如表 3-3 所示。

表 3-3 $SiHCl_3$、BCl_3、PCl_3、$SiCl_4$、$POCl_3$ 等的物理性能

化合物	沸点/℃	温度/℃	饱和蒸气压/mmHg
$SiHCl_3$	31.5	0	218
		15.3	412
		20.2	501
BCl_3	12.1	0	477
		5	579
		10	695
PCl_3	76	2.8	40
		21.0	100
		37.6	200
		56.9	400
$SiCl_4$	57.6	0	77
		20	191
		30	287
$POCl_3$	105.8		

在精馏提纯 $SiHCl_3$ 中，由于 $SiHCl_3$ 与杂质氯化物在相同温度下蒸气压的差异，即相对挥发度的差异而使之分离，从 $SiHCl_3$、BCl_3、PCl_5 等的蒸气压与温度关系图可知，蒸气压大的物质即沸点低的物质，在气相中的组分大于液相组成，精馏法提纯正是利用这个基本原理来实现的。

为了把 $SiHCl_3$ 中的杂质除尽，首先必须了解杂质在 $SiHCl_3$ 中的行为以及在精馏塔中的分布情况。对于重金属元素来讲，这些金属氯化物的蒸气压力都很小，即沸点皆很高，相对挥发度 α 理论值都很大，一般来讲，这些金属氯化物应该是属于高沸点组分而留在塔釜中，但是由于气相中少量的盐酸蒸气腐蚀不锈钢材质的缘故，致使塔顶出来的产品蒸气中仍含有微量的重金属。

至于 $SiHCl_3$ 中的主要杂质元素硼和磷，据资料介绍是以 BCl_3、$BHCl_2$、PCl_3、PCl_5、$POCl_3$ 等形式存在于 $SiHCl_3$ 中，PCl_3 在 $SiHCl_3$ 中的相对挥发度 α 为 7.4，PCl_5 在 $SiHCl_3$ 中的相对挥发度 α 为 5，BCl_3 在 $SiHCl_3$ 中的相对挥发度 α 为 1.9。按照芬斯克公式计算或者从电子计算机的逐板结果来看，有十多块理论板已经能够使 $SiHCl_3$ 与 BCl_3、PCl_3 分离到我们所需要的纯度。但实际情况却不是这样，在精馏过程中，发现低沸点成分、中间馏分以及高沸点中部分含有磷，只是高沸点组分中磷的含量略高一些而已（当采用加压精馏后，磷量之差别就是明显增大）。另外，发现低沸点组分中硼的含量并不高，而在高沸点组分中却有一定的含量，据初步分析硼和磷的化合物在 $SiHCl_3$ 中的形式不单是一般文献中所介绍的那样是 BCl_3、PCl_3、PCl_5 等这些化合物，可能还有一些与 $SiHCl_3$ 有关的化合物。如 CH_3BCl_2、BCl_3、$BHCl_2$ 等化合物的沸点比 $SiHCl_3$ 低，一般在低沸点组分中有这一类硼的化合物，而 BCl_3 与金属、金属硼化物以及其他还原剂作用生成 B_2Cl_4（沸点比 $SiHCl_3$ 高）；作为低沸点组分的代表性化合物 BCl_3 又容易和 PCl_3、$AlCl_3$、BCl_3、FH_3、BH_2Cl 等作用生成高沸点络合物（表 3-4），因此除了在低沸点组分中外还能在高沸点组分中发现硼。同样地从磷的化合物形成又可说明下述问题，即为什么采用多于理论塔板数（10 多块理论板）好多倍的筛板（如采用近 80 块实际塔板），而得到的 $SiHCl_3$ 精料中存在磷的化合物和络合物，它们的相对挥发度将比 PCl_3 大得多，这将显著地增加除磷效果。采用加压精馏后取得了较明显的除磷效果。这一事实说明上述磷的化合物形式转变的可能性和现实意义。当然采用操作弹性大、效率高的精馏塔来操作也是很重要的条件。

表 3-4　$SiHCl_3$ 有关的一些杂质卤化物和络合物的性能

化合物	沸点/℃	化合物	沸点/℃	化合物	沸点/℃
SiH_3Cl	−10.0	B_5H_9	48	CrO_2Cl_2	116.3
SiH_2Cl_2	8.2	$CHCl:CHCl$	48.4	$PSCl_3$	125
CH_3BCl_2	11.2	$C_3H_7PH_2$	50～53	$POCl_3$	105.8
SiH_2Cl_2	12.0	P_2H_4	56	$TiCl_4$	135.8
BCl_3	12.1	$(CH_3)_3SiCl$	57	PCl_5	160(升华)
$PFCl_2$	13.9	$SiCl_4$	57.6	$SbCl_5$	172
B_2H_6	18	$CHCl_3$	61.2	$PH_3 \cdot BCl_3$	180
PO_2F_6Cl	21～23	B_2Cl_4	65.5	$AlCl_3$	180(升华)
$(CH_3)_2PH$	21.5～25	CH_3SiCl_3	66.4	$SbCl_3$	216
$SiHCl_3$	31.5	PCl_3	76	$FeCl_3$	315
$CH_3CCl_2CH_3$	37	CCl_4	76.8	$ZnCl_2$	732.4
$(CH_3)_3P$	37.8	CH_3PCl_2	77～79	$CuCl_2$	1359
CH_3SiHCl_2	41.0			$MgCl_2$	

精馏法对提纯 $SiHCl_3$ 和 $SiCl_4$ 具有一定的局限性，它对彻底分离硼、磷、铁、镁、铜等强极性杂质有一定限度。

近年来研究表明：这种局限性产生的根源，可能是受相互作用改变了原来的化学形式，致使相对挥发度接近于 1。如 $SiCl_4$ 中非极性和弱极性杂质（如 PCl_3）以及强极性杂质（如 $FeCl_3$、$CuCl_2$、$AlCl_3$、$MgCl_2$ 等）当浓度降低时，PCl_3 的相对挥发度几乎不变，而 $FeCl_3$ 的挥发度降低得接近于 1，因此精馏法对除去这些极性杂质氯化物还存在一定的困难。

为了克服精馏法的种种限制，首先对精馏塔和精馏技术进行技术革命和革新，国内已试验了几种高效精馏塔。

<h1 style="text-align:center">任务二 精馏提纯设备</h1>

【任务描述】

本任务学习精馏提纯岗位关键及核心设备结构、工作原理：精馏塔、屏蔽泵、再沸器、冷凝器、安全阀等。

【任务目标】

掌握精馏提纯关键及核心设备结构、工作原理。

精馏提纯设备

精馏提纯装置包括精馏塔、再沸器和冷凝器等设备。精馏塔是核心设备，其基本功能是为气液两相提供充分接触的机会，使传热和传质过程迅速而有效地进行，并且使接触后的气液两相及时分开，互不夹带。对于塔设备的选择或评价，主要考虑以下几个基本性能：

① 生产能力大，即单位时间单位塔截面上的处理量要大；
② 分离效率高，即塔的分离程度大；
③ 操作弹性大，即最大气速负荷与最小气速负荷之比大；
④ 塔压力降小，即气体通过塔的阻力小，易于控制；
⑤ 塔结构简单，易于加工制造，维修方便，材料来源广泛，制造成本低；
⑥ 具有耐腐蚀性的能力，不易堵塞。

3.2.1 精馏塔的分类

在硅材料生产中，常用许多不同结构的精馏塔，根据不同塔型结构的优劣选用自己所需的塔型。塔的设备一般分为板式塔和填料塔两大类。

3.2.1.1 板式塔

板式塔是由一个圆筒形壳体及其中按一定间距设置的若干层塔板构成。相邻塔板间有一定距离，称为塔间距。塔内液体依靠重力作用自上而下流经各层塔板后自塔底排出，并在各层塔板上保持一定高度的流动液层。气相则在压力差的推动下，自塔底穿过各层塔板上的开孔，由下而上穿过塔板上的液层，最后由塔顶排出。呈错流流动的气相和液相在塔板上进行传质过程。显然，塔板的功能就是使气液两相保持充分的接触，为传质传热过程提供足够大且不断更新的相际接触面积，减少传质阻力。

认识塔板的结构和工作情况

根据塔板结构特点，可以分为泡罩塔、浮阀塔、柱孔塔、筛板塔、穿流多孔筛板塔。目前国内外主要使用的塔型是泡罩塔、浮板塔和筛板塔三种。

根据塔板开孔的类型，可以分为舌形塔、浮动舌形塔和浮动喷射塔等。板式塔结构如图 3-18 所示。

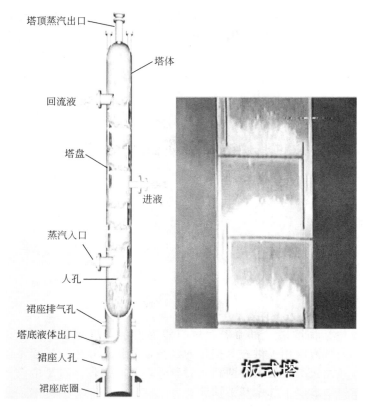

图 3-18　板式塔基本结构

3.2.1.2　填料塔

在塔内装一定高度的填料层，液体从塔顶填料表面呈薄膜状向下流动，气体则连续由下向上与液膜接触，发生传质过程，气体和液体的组成沿塔高连续变化。

填料塔根据填料的结构，可分为拉西环、鲍尔环、矩鞍形填料、波纹填料等实体填料塔和高效网填料塔。

3.2.2　精馏提纯设备

$SiHCl_3$ 精馏提纯的主要设备是筛板塔，由塔柱、冷凝器、再沸器组成。为了实现其稳定、连续操作，还需配备一定数量的塔顶馏出液和釜液收集罐，以及料液输送泵等。

3.2.2.1　塔柱

塔柱是实现 $SiHCl_3$ 或 $SiCl_4$ 气液相间传质和传热的关键设备，由筛板和筒体组成。

（1）筛板

目前广泛采用不锈钢筛板和氟塑料筛板，其筛板厚度不一，不锈钢塔筛板的厚度为 2～3mm，塑料筛板的厚度为 6～8mm。为了使筛板在工作状况下保持水平不变形，一般塔柱在 150～250mm，筛板厚度采用 8mm 左右。

筛板的水平要求高，表面不平度只允许误差 1/1000，因为筛板表面不平，会引起塔板效率降低，减小塔的分离能力。

筛板筛孔直径一般为 2～3mm，为了使蒸气鼓泡和气液质量传递在每个塔板面上能均匀地进行，所以要求筛孔在塔板上分布均匀和筛孔大小均匀。筛孔在筛板的分布，一般采用正三角形排列或同心排列。

筛板的开孔率也是影响塔生产能力的重要因素，开孔率过大，会使塔的稳定性和板效率降低，太小又会降低塔的生产能力。开孔率的计算：

$$F_s = (\text{筛孔总面积}/\text{筛板面积}) \times 100\%$$

开孔率由孔径和孔数决定。决定孔径的大小需考虑孔速度 u、气体通过塔板的压力损失、塔板的可开孔面积等。理论上是在保证开孔率的前提下，有更多的筛孔会更有利于气液接触。在生产中，筛板的孔径一般为 $3 \sim 8mm$，特殊情况也有 $25 \sim 35mm$，这要视不同的物料性质、工作压力、温度等因素来决定。穿流式筛板塔的开孔率一般为 $15\% \sim 25\%$。筛板塔基本构造如图 3-19 所示。

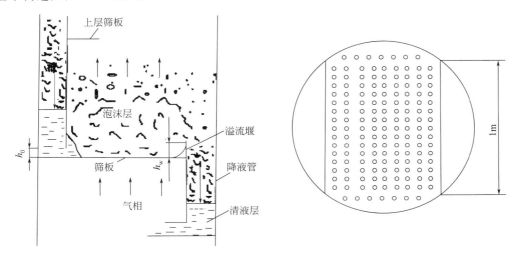

图 3-19 筛板塔基本构造

筛板的作用是使气液两相保持充分而密切的接触，为传质提供足够大且不断更新的相际接触表面。为了实现这样的功能，它设计有筛孔（气相通道）、溢流堰、降液管。即上一块板上已经完成传质和换热的液体流过溢流堰从降液管流到下一块板，而从下一块板上升的蒸气通过筛孔进入上一块板与表面流过的液体进行传质和传热。

塔板的流体力学状况：传质、传热的效果不只受塔板结果的影响，操作状态的影响尤为重要。气相经过筛孔时的速度（简称孔速）不同，可使气液两相在塔板上的接触状态不同。一般把塔板上的气液接触状态分为鼓泡、泡沫和喷射三种，后两种状态下气相为分散相，气液有更好的接触，传质效果比较理想，是普遍采用的控制状态。但喷射状态操作时，必须注意防止大量液沫夹带和液泛现象的发生。

漏液：气相通过筛孔的气速较小时，板上部分液体就会从孔口直接落下，这种现象称为漏液。上层板上的液体未与气相进行传质就落到浓度较低的下层板上，降低了传质效果。严重的漏液将使塔板上不能积液而无法操作。故正常操作时漏液量一般不允许超过某一规定值。

液沫夹带：气相经过板上液层时，无论是喷射还是泡沫型操作，都会产生数量甚多、大小不一的液滴，这些液滴的一部分被上升气流夹带至上层塔板，这种现象称为液沫夹带。它会使塔板的提浓作用变差，对传质不利。

液泛：气液流量增加都会使降液管内液面升高，严重时可将泡沫层升举到降液管的顶部，使板上液体无法顺利流下，导致液流阻塞，造成液泛。它是气液两相做逆向流动时的操作极限，因此，在操作中应避免液泛的发生。

返混：液体在塔板的主流方向是自入口端横向流至出口端，因气相搅动，液体在塔板上会发生反向流动，这种与主流方向相反的流动称为返混。返混也会降低塔板效率。

（2）板间距

前面提到液沫夹带会使塔板的提浓作用变差，降低传质效果。因此，在最大操作流速下，为了使夹带量不超过 $0.1kg/kg$ 干气体，就要使上下板间有一定距离，这个距离就叫板间距。

板间距由下式求得：

$$H = h_f + S$$

式中　h_f——泡沫层高度，mm；

　　　S——分离空间，一般取 $S = 80 \sim 100mm$。

液层高度一般控制在 $50 \sim 100mm$，也有更高的。塔径较大和孔速设计较高时，分离空间也较高。在实际生产中，板间距大都是经验值，一般选取整数，如 200mm、250mm、300mm、350mm、400mm、500mm 等。在半导体硅生产中，筛板塔的板间距一般为 $150 \sim 220mm$。

（3）窥视孔

窥视孔是塔柱的附件，用于观察塔内气液接触状态，并及时调整操作条件，使生产在最佳条件下运行，或修正设计时的误差。

3.2.2.2　冷凝器

冷凝器按作用划分有全凝器和分凝器，按结构划分有浮头式和列管式。对于分凝器，气相状态的物料在冷凝器中冷却、液化，而一些不需要的低沸点物质则仍为气相，并随塔顶的压力调节连续（或间歇）排出精馏塔。全凝器则用于塔顶馏出液都为低沸物产品的情况。

液化后的物料必须保持在一定温度，从而确保塔顶温度恒定在规定值（泡点），这就要求冷媒的温度和流量需控制在一定范围内。液相物料收集在塔顶集液器中，通过控制物料的采出量来调节回流量，即按一定的回流比操作。

另外，冷凝器还包括壳体温度控制、冷媒温度控制、冷凝器壳体内压力调节、回流液温度控制、回流比控制等附属设备。

3.2.2.3　再沸器

再沸器是供给精馏塔热能的设备，一般采用管壳式换热器，大多为立式布置，管内走塔釜液，便于流体循环，也便于污垢的清理；管间走热介质。

精馏提纯工序使用了两种再沸器。

（1）立式热虹吸再沸器

它利用塔底单相釜液与换热器传热管内气、液混合物的密度差形成循环推动力，构成工艺物料在精馏塔底与再沸器间的流动循环。立式热虹吸再沸器具有传热系数高、结构紧凑、安装方便、釜液在加热段的停留时间短、不易结垢、调节方便、占地面积小、设备及运行费用低等特点。但由于结构上的原因，壳程不能采用机械清洗，因此不适用于高黏度或较脏的加热介质，同时由于是立式安装，因而增加了塔的裙座高度。还有本身没有气、液分离空间和缓冲区，这些均由塔釜提供。

（2）釜式再沸器

釜式再沸器由一个带有气、液分离空间的容器与一个可抽出的管束组成，管束末端有溢流堰，以保证管束能有效地浸没在液体中，溢流堰外侧空间作为出料液体的缓冲区。再沸器内液体的装填系数，对于不易起泡的物系为 80%，对于易起泡的物系则不超过 65%。釜式再沸器的特点是对流体力学参数不敏感，可靠性高，可在高真空下操作，维护和清理方便。

缺点是传热系数小，壳体容积大，占地面积小，造价高，釜液在加热段的停留时间长，易结垢。

再沸器有两个主要作用：一是为精馏塔提供足量的上升蒸汽，保证精馏塔的正常运转；二是确保釜温，保证排出的高沸物纯度。保证蒸发量是该设备的主要作用，通过控制热媒（蒸汽）的流量和釜温来完成。供热稳定，再沸器内的介质成分也相对稳定，才能使蒸发量保持不变。

3.2.2.4　辅助设备

（1）原料罐

在精馏过程中，原料罐的作用同产品贮存罐一样，用来盛放被蒸馏物质。其形状一般是圆柱形的，可以立放，也可以平放。一般原料罐上设有进料口、出料口、惰性气体出口、放空管线、液位计、人孔，有的原料罐还设有溢流口、加热或者冷却装置等。原料罐实质上就是一个压力容器，只不过根据生产任务的不同，可大可小。

（2）屏蔽泵

普通离心泵的驱动是通过联轴器将泵的叶轮轴与电动轴相连接，使叶轮与电动机一起旋转而工作，而屏蔽泵是一种无密封泵，泵和驱动电机都被密封在一个被泵送介质充满的压力容器内，此压力容器只有静密封，并由一个电线组来提供旋转磁场并驱动转子。这种结构取消了传统离心泵具有的旋转密封装置，故能做到完全无泄漏。

屏蔽泵

屏蔽泵把泵和电机连在一起，电动机的转子和泵的叶轮固定在同一根轴上，利用屏蔽套将电机的转子和定子隔开，转子在被输送的介质中运转，其动力通过定子磁场传给转子。其结构如图3-20所示。

结构形式及特点：

① 电动机定子内侧和转子外侧具有屏蔽套，屏蔽套内侧和泵内连通；

② 电动机取消了冷却风扇，通过定子与转子之间循环介质对电动机进行冷却，同时采用电动机机座表面冷却，也可以采用夹套冷却水冷却；

③ 电机与泵一体化结构，全部采用静密封，使电泵完全无泄漏；

④ 全封闭、无泄漏结构，可输送有毒有害液体物质；

⑤ 采用屏蔽式水冷电机和取消了冷却风扇，使该泵可低噪声静音运行，适用于对环境噪声要求高的场合；

⑥ 采用输送介质润滑的石墨滑动轴承，使运行噪声更低且无需人工加油，降低了维护成本；

⑦ 可以配合减震器或减震垫安装运行，使电泵在运行时噪声更低。

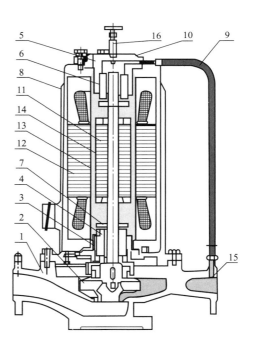

图 3-20　屏蔽泵结构图

1—泵体；2—叶轮；3—平衡端盖；4—下轴承座；5—石墨轴承；6—轴套；7—推力盘；8—基座；9—循环管；10—上轴承座；11—转子组件；12—定子组件；13—定子屏蔽套；14—转子屏蔽套；15—过滤网；16—排出水阀

（3）隔膜式计量泵

隔膜式计量泵利用特殊设计加工的柔性隔膜取代活塞，在驱动机构作用下实现往复运动，完成吸入-排出过程。由于隔膜的隔离作用，在结构上真正实现了被计量流体与驱动润滑机构之间的隔离。高科技的结构设计和新型材料的选用已经大大提高了隔膜的使用寿命，加上复合材料优异的耐腐蚀特性，隔膜式计量泵目前已经成为流体计量应用中的主力泵型。

在隔膜式计量泵家族成员里，液力驱动式隔膜泵由于采用了液压油均匀地驱动隔膜，克服了机械直接驱动方式下泵隔膜受力过分集中的缺点，提升了隔膜寿命和工作压力上限。为了克服单隔膜式计量泵可能出现的因隔膜破损而造成的工作故障，有的计量泵配备了隔膜破损传感器，实现隔膜破裂时自动联锁保护；具有双隔膜结构泵头的计量进一步提高了其安全性，适合对安全保护特别敏感的应用场合。

作为隔膜式计量泵的一种，电磁驱动式计量泵以电磁铁产生脉动驱动力，省却了电机和变速机构，使得系统小巧、紧凑，是小量程低压计量泵的重要分支。

现在，精密计量泵技术已经非常成熟，其流体计量输送能力最大可达 $0 \sim 100000 L/h$，工作压力最高达 4000bar，工作范围覆盖了工业生产所有领域的要求。

隔膜计量泵的特点：

① 流量控制精准，可控范围广，电机装置能调频效率高并省电；

② 全封闭、无泄漏结构，可输送有毒有害液体物质；

③ 贮罐流体输送的压力要求低，不易发生汽蚀，调节范围广。

综上所述，隔膜计量泵的这些特性也适合于输送氯硅烷这类有毒有害介质、低沸点物料。其结构如图 3-21 所示。

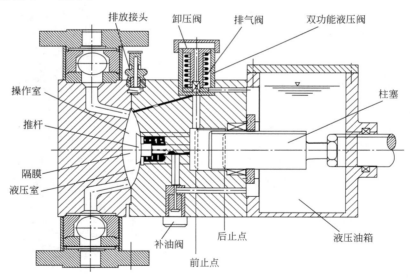

图 3-21　隔膜泵示意图

（4）进料预热器

预热器就是一台典型的换热器，用热流体或蒸汽都可以作热源。被蒸馏的物质在进入蒸馏塔前有时还要进行预热，以防止进塔物质对塔内温度产生太大的影响。进塔物质的温度太高或太低都会对塔内的温度分布产生影响，只有它的温度与进料处的温度比较接近，其影响才会较小。预热器的作用就是对被蒸馏的物质进行预先加热，使其温度尽可能地接近塔内进料处的温度，将进料对塔内温度分布的影响降到最小。

精馏提纯工序的进料预热器也都属于双管板式换热器，物料走的管程，加热蒸汽或热冷凝水走壳程。

（5）回流中间罐

回流中间罐的作用是保证回流液的足量供应。因为回流是精馏的必需条件之一，所以回流中间罐的容积是根据工艺要求的停留时间、装料系数等来决定的。另外还要考虑所处理的物料性质、操作温度、压力等条件来确定回流中间罐的结构形式。

（6）塔顶产品罐和塔釜产品罐

它的作用是贮存塔顶采出料和塔釜采出料，保证整个精馏提纯系统运行稳定。产品罐的容积是根据工艺要求的停留时间、装料系数等来决定的。另外还要考虑所处理的物料性质、操作温度、压力等条件来确定产品罐的结构形式。

（7）安全附件

安全附件是压力容器的重要组成部分。精馏塔在加压操作时是一台压力容器，在使用管理中，安全附件不可轻视与忽略。安全附件包括安全阀、爆破片、压力表、液面计及切断阀等。

① 压力表

• 压力表的选用　装在压力容器上的压力表，其最大量程（表盘的刻度极限）一般为容器工作压力的 1.5～3 倍，最好为 2 倍，且应具有足够的精度。压力表精度是以它的允许误差与刻度极限值的百分数来表示的。如 1.5 级的压力表，其允许误差为表盘刻度极限值的 1.5%。

低压容器的压力表，其精度一般不应低于 2.5 级；中、高压力容器所用的压力表，其精度一般不应低于 1.5 级。下述情况的压力表不得使用：无铅封；逾期未校核；压力表在无压力时指针回不到零；表面玻璃已破碎或表盘刻度模糊不清；表内漏气或指针跳动；有其他影响压力表精度的缺陷。为了使操作工能准确地看清压力值，压力表的表盘直径不应过小。一般情况下，压力表直径不应小于 100mm。若压力表的位置较高、较远，则表盘直径还应增大。

• 压力表的安装　压力表的连接管应直接与压力容器本体相连接。压力表应便于观察和检查，应有足够的照明，不受高温辐射或振动的影响。为了便于进行更换和校核，压力表和容器之间应装阀门。用于高温蒸汽的压力表，其接管应装有弯管，避免高温蒸汽直接冲击压力表。如果被测介质有腐蚀性，比如与三氯氢硅接触的压力表，必须采用膜片式抗腐蚀压力表。

• 压力表的维护　压力表的表盘玻璃应保持清洁、明亮，使指针指示的压力值清晰可见。压力表的连接管要定期吹洗，以免堵塞。压力表应定期校验，一般每年至少校验一次，校验后应有合格证。

② 安全阀

• 安全阀的选用　安全阀形式的选择原则是：压力较低、温度较高的压力容器采用杠杆式安全阀；高压容器大多采用弹簧式安全阀；为了减少压力容器的开孔面积，以避免容器强度过于削弱，对气量大、压力高的容器，应采用全开式安全阀。安全阀上应附有铭牌，注明型号、阀座直径、阀芯提升高度、工作压力和排气能力等。选用安全阀时，应注意其工作压力范围。不应把工作压力较低的安全阀强行加装在压力较高的容器上；反之，也不应把工作压力较高的安全阀强行加装在压力很低的容器上。选用安全阀时，最重要的是要求它必须具有足够的排气能力。选用的安全阀排气能力应大于压力容器的安全泄放量。

• 安全阀的安装　安全阀最好直接装在压力容器的本体上。如果用短管将安全阀与压力容器连接，则此短管的直径应不小于安全阀的进口直径，短管上不得装有阀门。特殊情况可装截止阀，正常运行时，截止阀必须全开，并加铅封。

由于某种原因，安全阀确实难以装在压力容器本体上时，则可装在输气管路上。在这种情况下，安全阀装置处与压力容器之间的输气管路应避免突然拐弯、截面局部收缩等增大阻力的结构，并且不允许装置阀门。若安装引出管时，这一段输气管的截面积必须大于安全阀的进口截面积。装有排气管的安全阀，尽可能采用短而垂直的排出管，并使其阻力减至最小。如果几个安全阀共同使用一根排气总管，则总管的通道面积应大于所有安全阀进口截面积的总和。

• 安全阀的维护与检修　安全阀安装前，其阀体应经过水压强度试验，试验压力为安全阀工作压力的 1.5 倍，保压时间不得少于 5min。检修后的安全阀要经过气密性试验，试验压力为安全阀工作压力的 1.05～1.1 倍。气密性试验合格的安全阀，经校正调整至指定开启压力后，应加铅封。安全阀必须定期校核，每年至少一次。

安全阀在使用中要保持清洁，防止安全阀的排气管和阀体弹簧等被油垢等脏物堵塞；要经常检查安全阀的铅封是否完好，检查杠杆或重锤是否松动或被移动；安全阀泄漏，应及时进行更换或检修，禁止用增加载荷的方法（如过分拧紧安全阀的弹簧或调整螺钉，或在安全阀的杠杆上加控重物等）来消除泄漏。为了防止安全阀的阀芯和阀座被气体中的油垢等脏物粘住，致使安全阀不能按规定开启压力排气，安全阀应定期人工手提排气。

任务三　精馏提纯工艺

【任务描述】

本任务识读精馏提纯工艺流程图。

【任务目标】

掌握识读工艺流程图方法，能熟练识读精馏提纯工艺流程图，为工艺巡检打下基础。

根据工艺所能够达到的分离程度，可以分为粗馏工艺和精馏工艺。

3.3.1　粗馏工艺

如图 3-22 所示。

3.3.2　精馏工艺（连续精馏和间歇精馏）

根据精馏提纯时不同的操作状态分为连续精馏和间歇精馏两种。

(1) 连续精馏

图 3-23 所示为 $SiHCl_3$ 连续精馏提纯工艺流程图。在三氯氢硅合成工序生成的合成气，经合成气干法分离工序分离出来的氯硅烷液体送入氯硅烷贮存工序的原料氯硅烷贮槽；在三氯氢硅还原工序生成的还原尾气，经还原尾气干法分离工序分离出来的氯硅烷液体送入氯硅烷贮存工序的还原氯硅烷贮槽；在四氯化硅氢化工序生成的氢化气，经氢化气干法分离工序分离出来的氯硅烷液体送入氯硅烷贮存工序的氢化氯硅烷贮槽。原料氯硅烷液体、还原氯硅烷液体和氢化氯硅烷液体分别用泵抽出，送入氯硅烷精馏提纯工序的精馏塔中。

在氯硅烷精馏提纯工序中，氯硅烷经过进料预热器，进入脱四氯化硅塔，进行脱重处

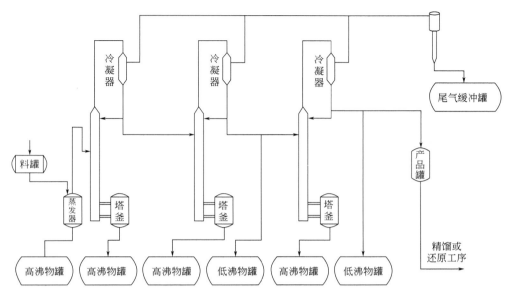

图 3-22 粗馏工艺流程示意图

理。在脱四氯化硅塔的精馏作用下，塔釜物料为重组分四氯化硅，塔顶的三氯氢硅、二氯二氢硅等轻组分经过冷凝后，由泵一部分回流入脱四氯化硅塔，一部分打入三氯氢硅精制塔进行脱轻处理。在三氯氢硅精制塔中，塔釜出料为重组分三氯氢硅，塔顶出料为二氯二氢硅等轻组分。这样就达到分离提纯三氯氢硅的目的。

（2）间歇精馏

在塔釜中一次加足 $SiHCl_3$ 原料后，要先经过升温、全回流、出低沸物组分，全回流一定时间后出产品，降温后由塔釜中排出高沸物。这样的操作方法有一些缺点。

① 每一次投料都要经过压料、升温、全回流、降温排掉重组分等过程，操作周期较长。

② 由于塔釜中的组分不断在起变化，越到精馏后期，塔釜中 $SiHCl_3$ 的浓度越低，$SiCl_4$、PCl_3 等其他重金属杂质的浓度越高，每层塔板间的组分也不断地起变化，所以相对板效率不如连续精馏稳定。

③ 为了防止空气倒吸，每次降温对塔中要充以氮气或氩气，这样很可能在塔中引进一些水分，导致 $SiHCl_3$ 的水解，水解后产生的盐酸对不锈钢起腐蚀作用，引进杂质的迁移，影响了 $SiHCl_3$ 的质量。

鉴于上述情况，一般来说对于较大产量的硅材料生产工艺，则采用连续精馏。而对于产品需要较小而生产又为间断性的，则采用石英塔间歇精馏，是完全可满足要求的。

从精馏装置来看，间歇精馏与连续精馏大致相同。作间歇精馏时，料液成批投入精馏釜，逐步加热汽化，待釜液组成降至规定值后将其一次排出。由此不难理解，间歇精馏过程具有如下特点。

① 间歇精馏为非定态过程。在精馏过程中，釜液组成不断降低。若在操作时保持回流比不变，则馏出液组成将随之下降；反之，为使馏出液组成保持不变，则在精馏过程中应不断加大回流比。为达到预定的分离要求，实际操作可以灵活多样。例如，在操作初期可逐步加大回流比以维持馏出液组成大致恒定；但回流比过大，在经济上并不合理。故在操作后期可保持回流比不变，若所得的馏出液不符合要求，可将此部分产物并入下一批原料再次精馏。

② 间歇精馏时全塔均为精馏段，没有提馏段。因此，获得同样的塔顶、塔底组成的产品，间歇精馏的能耗必大于连续精馏。

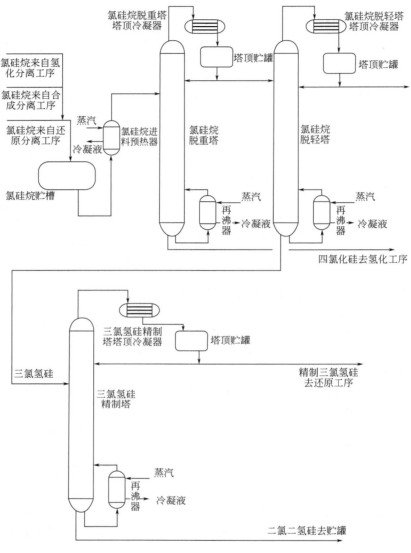

图 3-23　SiHCl₃ 连续精馏提纯工艺流程图

任务四　精馏提纯操作

【任务描述】

本任务学习精馏提纯岗位工作前需做的准备工作及对精馏提纯岗位关键及核心设备的操作。

【任务目标】

① 熟悉精馏提纯岗位工作前需做的准备工作：劳保用品准备及穿戴、设备及管路气密性检查、机电设备及仪表检查。

② 能在精馏提纯岗位熟练操作。

3.4.1 工作前的准备

3.4.1.1 劳保用品准备及穿戴

（1）工作服、工作鞋、工作帽、口罩、护目镜

① 工作服 用于保护职工免受劳动环境中的物理、化学因素的伤害。防护服分为特殊防护服和一般作业服两类。多晶硅生产的工作服为纯棉制品，一方面能防静电，另一方面不能与化工厂有毒有害气体发生反应而伤害皮肤。

劳保用品的准备
及穿戴

② 工作鞋 由耐酸、耐碱、耐磨材质制成。为了防静电，工作鞋必须是无钉的，能很好地保护足部免受化工厂酸碱液的侵害。

③ 工作帽 用于保护头部，防撞击、挤压伤害等。常见的安全帽由耐冲击的高强度塑料制成。

④ 口罩 口罩的主要目的是对吸入肺部的空气起到过滤作用，特别是在有粉尘污染的环境中作业时，口罩能有效地阻止粉尘吸入肺内而引发肺部病变。口罩的种类较多，按其结构原理分为空气过滤式和供气式口罩，且口罩的过滤料、过滤效率也不相同。

⑤ 护目镜 保护眼睛免受酸碱液、辐射等伤害。在有可能因为管道法兰处、仪表接口处等可能泄漏 $SiHCl_3$、$SiCl_4$ 等地操作时，应戴好护目镜。

（2）手套、雨靴雨衣

① 手套 劳保用品中的手套有如下三个功能：防止手部受油污污染或者保护手部不被烫伤，如开启、关闭大型阀门，接触蒸汽管道、热水管道等，一般是棉质或石棉制品；避免手部接触有毒有害物质，如酸碱液等，即所谓的耐酸碱手套，一般是橡胶手套；洁净手套，则是防止手部污染所接触的物品，如多晶硅等，一般有羊皮手套、橡胶手套等。

② 雨靴雨衣 一方面避免下雨天露天从业人员受雨水淋湿或脚部溅湿，另一方面则是化工厂有些微量腐蚀性气体在雨天形成弱酸弱碱伤害皮肤，或者地面上有些残存的废液与雨水混合形成小滩积水，从业人员穿雨靴能很好地避免积水溅到脚部而受到伤害。

（3）防毒防尘口罩的用途、使用条件、使用方法及保养

防毒防尘口罩主要用于含低浓度有害气体和蒸气的作业环境，用来减少从业人员吸入有害气体和微小颗粒物，从而减少环境中有害物质对人体呼吸器官造成的伤害。防毒防尘口罩一般由口罩和滤毒盒组成。滤毒盒主要由活性炭颗粒或者活性炭布组成，也可以是由其他针对性的滤毒物质组成。在选择口罩时，应根据实际环境条件选择合适的口罩。

① 防毒防尘口罩使用条件 环境中有毒气体体积浓度不高于 0.1%，空气中氧气体积浓度不低于 18%，环境温度为 −30～45℃；不能用于槽、罐等密闭容器的工作环境，也不适用于其他毒气环境中使用。口罩使用前应先检查口罩各部件是否完好，呼气阀片和呼气阀底是否密封，滤毒盒与主体接合是否密合，滤毒盒内的滤料是否松动；佩戴口罩必须保持端正，包住口鼻，鼻梁两侧不应有空隙，口罩带子要分别系牢，要调整到口罩不松动、不挤压脸鼻、不漏气。口罩在使用中，当滤毒药失去滤毒作用时，口罩内开始嗅到有毒气体的轻微气味，使用者必须立即离开有毒气体区域，更换新的滤毒剂，必要时应重新检查口罩的气

密性。

② 防毒防尘口罩的保养　更换新的滤毒剂，按原滤毒盒安装层次更换。滤毒剂必须装足，防止气体偏流，装好后捻紧盒盖，用手轻摇滤毒盒，以听不到盒内有摩擦声为准。口罩和滤毒剂应存放在清洁干燥和温度适宜的地方，保存期 3 年。

（4）防毒面具的用途、使用条件、使用方法及保养

防毒面具主要是防化学器材，用来保护人员呼吸器官、面部、眼睛等。防毒面具按防护原理，可分为过滤式防毒面具和隔绝式防毒面具。过滤式防毒面具由面罩和滤毒罐（或过滤元件）组成。面罩包括罩体、眼窗、通话器、呼吸活门和头带（或头盔）等部件；滤毒罐用以净化染毒空气，内装滤烟层和吸附剂，也可将这两种材料混合制成过滤板，装配成过滤元件。滤毒罐一般通过导气管与面罩连通。隔绝式防毒面具由面具本身提供氧气，分贮气式、贮氧式和化学生氧式三种。隔绝式面具主要在高浓度污染空气中或在缺氧的高空等特殊场合下使用。

① 防毒面具使用前检查　使用前需检查面具是否有裂痕、破口，确保面具与脸部贴合密封性；检查呼吸阀片有无变形、破裂及裂缝；检查头带是否有弹性；检查滤毒盒是否在使用期内。

② 防毒面具佩戴说明　将面具盖住口鼻，然后将头带框套拉至头顶；用双手将下面的头带拉向颈后，然后扣住；风干的面具要仔细检查连接部位及呼气阀、吸气阀的密合性，并将面具放于洁净的地方以便下次使用；清洗时不要用有机溶液清洗剂，否则会降低使用效果。

③ 防毒面具佩戴密合性测试

● 测试方法一：将手掌盖住呼气阀并缓缓呼气，如面部感到有一定压力，但没感到有空气从面部和面罩之间泄漏，表示佩戴密合性良好；若面部与面罩之间有泄漏，则需重新调节头带与面罩排除漏气现象。

● 测试方法二：用手掌盖住滤毒盒座的连接口，缓缓吸气，若感到呼吸有困难，则表示佩戴面具密封性良好；若感觉能吸入空气，则需重新调整面具位置及调节头带松紧度，消除漏气现象。

④ 滤毒盒更换及装配方法　按照滤毒盒的有效防毒时间更换或感觉有异味更换；将滤毒盒的密封层去掉，并将滤盒螺口对准滤盒座，正时间方向拧紧，压扣滤线盒对准盒座压紧。

防毒面具更换条件：佩戴时如闻到毒气微弱气味，应立即离开有毒区域。有毒区域的氧气体积占该区域气体体积的 18% 以下、有毒气体占总体积 2% 以上的地方，各型滤毒罐都不能起到防护作用。在不使用时应放在安全场所，保持干燥、通风。

（5）空气呼吸器的用途、使用条件、使用方法及保养

空气呼吸器，又名贮气式防毒面具，也称为消防面具，是一种自给开放式空气呼吸器，它以压缩空气为气源。

根据呼吸过程中面罩内的压力与外界环境压力间的高低，可分为正压式和外压式两种。正压式在使用过程中面罩内始终保持正压，更安全，目前已基本取代了后者。通常多晶硅厂配备的空气呼吸器是正压式空气呼吸器。正压式空气呼吸器结构示意图如图 3-24 所示。

由图可见正压式空气呼吸器由气瓶、高压管路及报警器、背托、全面罩、供气阀以及减压阀组成。

全面罩是一种单眼面罩、大视野、透明性好、双层环状密封的正压型面罩，主体由硅橡胶制成，面罩内设有与口鼻相贴的小口鼻罩，口鼻罩内设有呼气阀，将呼出的气体排出鼻罩

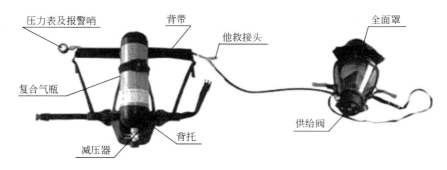

压力表及报警哨 背带 他救接头 全面罩

复合气瓶

供给阀

减压器 背托

图 3-24 正压式空气呼吸器结构示意图

外。全面罩应该在装好供气阀之后才能使用。

供气阀是一种正压式供气阀，供气流量大于 300L/min，由高强度尼龙壳体、开启杠杆、旁通等机构组成。内部设有开启和呼吸控制开关。供气阀外面设有气源手动关闭开关。

中压管路由橡胶管和供气阀组成，中压管与减压阀的连接为插卡式连接。高压管路为耐压橡胶管，承担向高压表和残气报警系统输送高压气源的任务。

高压表和残气报警器组合在一起，既可以显示气瓶内气源压力，又可以在气瓶到达设计允许压力时发出声讯报警信号。压力表的量程为 0～40MPa，气瓶的工作压力为 27～30MPa，当压力下降至 5～6MPa 时，发出报警。

背托的作用是支撑固定气瓶和减压器。

减压阀是将高压气体减压至 0.8MPa 左右的恒定压力给供气阀，减压阀安装在背托上，通过连接螺母手轮与气瓶阀连接。气源输出端分为高压和低压两部分，高压气体经高压管输送给高压表和残气报警器，减压后的低压气源经中压管输向供气阀。低压端设有安全阀。

空气呼吸器的工作时间一般为 30～360min。根据呼吸器型号的不同，防护时间的最高限值有所不同。

空气呼吸器主要用于处理火灾、有害物质泄漏、烟雾、缺氧等恶劣作业现场进行火源侦察、灭火和支援等。另外，也可用于污水处理站、石化工业、化学制品、环境保护等场合。

① 使用方法　使用前检查气源压力、整机和系统气密性、残气报警装置以及全面罩的气密性；然后检查供气阀的供气情况；将空气呼吸器气瓶瓶底向上背在背上；将大拇指插入肩带调节带的扣中向下拉，调节到背负舒适为止；插上塑料快速插扣，腰带系紧程度以舒适和背托不摆动为宜；把下巴放入面罩，由下向上拉上头网罩，将网罩两边的松紧带拉紧，使全面罩密封环紧贴面部；深吸一口气将供气阀打开，呼吸几次，感觉舒适、呼吸正常后即可进入操作区；关闭供气阀手动开关，旋转供气阀上旁通阀旋钮，检查应有连续气流流出，然后关闭。

② 正压式空气呼吸器使用时的注意事项　使用时应该使气瓶阀处于完全打开状态；必须经常查看气源压力表，一旦发现高压表指针快速下降或发现不能排除漏气时，应立即撤离现场；使用中感觉呼吸阻力增大、呼吸困难、出现头晕等不适现象以及其他不明原因时，应立即撤离现场；使用中听到残气报警器哨声后，应尽快撤离。

③ 正压式空气呼吸器的维护保养　使用后要使呼吸器恢复到原有良好备用状态，用软布清除呼吸器装置表面的灰尘、污染物等。全面罩应用中性清洁剂清洗以及中性消毒液消毒，清洗完毕，应该保持干净、干燥。对卸下的背托、气瓶、减压阀等部件，用无绒布擦拭干净；呼吸器构件连接处的 O 形密封圈容易老化，应及时更换；仔细检查气瓶，看是否有

锈蚀、凹陷等；瓶口有无损坏；气体压力是否合适，应及时充气；定期检查，保持呼吸器处于完好备用状态。

3.4.1.2　设备准备及安全检查

（1）设备及管路气密性检查方法与操作标准

提纯系统设备管道安装完毕，经过洁净气吹洗后，必须要对设备和管道进行气密性检验和试验：

① 每个贮罐单独检漏，通入工作压力 1.2 倍的氮气，进行气密性检验，24h 泄漏量小于 1% 为合格；

② 每台换热器单独检漏（管程与壳程），通入工作压力 1.2 倍的氮气，进行气密性检验，24h 泄漏量小于 1% 为合格；

③ 提纯塔柱每台塔单独检漏，通入工作压力 1.2 倍的氮气（以最高值为准），进行气密性检验，24h 泄漏量小于 1% 为合格；

④ 泵类设备，每台泵单独检漏，通入工作压力 1.2 倍的氮气（以最高值为准），进行气密性检验，24h 泄漏量小于 1% 为合格；

⑤ 气体和液体管道分别按系统进行单独检验，通入工作压力 1.2 倍的氮气，进行气密性检验，24h 泄漏量小于 1% 为合格。

（2）设备及管路氮气吹扫置换与清洗

① 设备管路氮气吹扫的原则及要求　在装置、管道及设备的安装过程中，必须进行分段吹扫；但在工程全部竣工后，必须进行全系统的贯通吹扫，其原则及要求如下：用氮气吹扫工艺系统，吹扫气体流动速度不低于 20m/s。当管道直径大于 500mm 时，要采用人工清扫；工艺管道吹扫的压力一般要求为 0.6～0.8MPa，对吹扫质量要求高的可适当提高吹扫压力，但是不要高于操作压力；系统吹扫，应预先制定系统管道吹扫流程图，注明吹扫步骤、断开位置、排放点加盲板位置（包括与装置有关的外管及仪表接管系统的吹扫）。应将吹扫管道上安装的所有仪表元件（如流量计、孔板等）拆除，防止在吹扫时因积存脏物而将仪表元件损坏。吹扫时管道的调节阀应采取必要的措施加以保护，不干净的吹扫介质不允许通过。在进行系统管道吹扫时，所加的临时盲板、垫片之处需挂牌或做明显标记，便于吹扫后复位。吹扫管道与系统设备的连接部位，应将杂物吹到容器里，然后进行人工清扫，对机泵的进口管道加盲板或断开，防止杂物吹到机泵内，使机泵部件损坏。吹扫时，原则上不得使用系统中的调节阀作为吹扫的控制阀。如果要控制系统吹扫的风量，则应选用临时吹扫阀门。吹扫管道连接安全阀的进口时，应将安全阀与管道连接处断开并加盲板或挡板，以免杂物吹扫到阀底，使安全阀底部光滑面磨损。

② 设备用硅氯化物清洗　提纯系统经洁净气吹洗完毕，同时经过气密性检验确认系统不泄漏并确认系统内含湿量达到规定指标时，用硅氯化物进行反复洁净清洗。

（3）机电设备及仪表的检查

① 屏蔽泵和隔膜计量泵的检查　安装前应保证屏蔽泵各接口铅封没破坏，如果没有铅封，应让机修部门把泵拆卸后重新清洗一次。为了保证系统内部的清洁，要用氮气对泵进行吹扫，以便清除遗留在泵体内的铁锈、尘土、水分及其他污物，以免这些物质污染系统物料，影响精馏提纯效果。尤其是要彻底清除水分，因为氯硅烷物料极易与水反应生成强腐蚀性的固体物质，腐蚀、堵塞设备。泵安装后进行气密性检查，通入工作压力 1.2 倍的氮气，进行气密性检验，24h 泄漏量小于 1% 为合格。合格后关闭与泵连接的所有阀门，保持泵内正压。运行前应让物料浸没泵体内所有空间，把不凝气体赶至其他备用贮罐等地方，然后再启

动泵。

② 仪器仪表的检查

• 热电阻检查　安装前检查热电阻温度计电阻部分是否有缝隙，必要时让仪表专业技术人员做耐压检测。

• 压力表检查　下列情形的压力表不能使用：无铅封；逾期未校核；压力表在无压力时指针回不到零；表面玻璃已破碎或表盘刻度模糊不清；表内漏气或指针跳动；有其他影响压力表精度的缺陷。为了使操作工能准确地看清压力值，压力表的表盘直径不应过小。一般情况下，压力表直径不应小于 100mm。若压力表的位置较高、较远，则表盘直径还应增大。压力表在安装前必须用氮气吹扫清洗测量点的杂质和水分。

（4）安全阀等安全附件的检查

安全阀是根据压力系统的工作压力自动启闭，一般安装于封闭系统的设备或管路上保护系统安全。当设备或管道内压力超过安全阀设定压力时，即自动开启泄压，保证设备或管道内介质压力在设定压力之下，保护设备和管道正常工作，防止发生意外，减少损失。

安全阀在使用之前应该逐台调整其开启压力到实际生产中所要求值，在铭牌注明的工作压力范围之内，通过旋转调整螺杆可以改变弹簧压缩量，即可对开启压力进行调节。为保证开启压力值准确，应使调整时的介质条件（如水、气）接近真实运行条件。

安全阀公称压力：表示安全阀在常温状态下的最高许用压力。高温设备用的安全阀不应考虑高温下材料许用压力的降低，安全阀是按公称压力标准进行设计制造的。

安全阀的开启压力：是指安全阀阀瓣在运行条件下开始升起时的进口压力，在该压力下，开始有可测量的开启高度，介质呈视觉或听觉感知的连续排放状态。安全阀的开启压力由人为设定，又称整定压力。

回座压力：指安全阀达到排放状态后，介质压力下跌至一定值，阀瓣重新与阀座接触，亦即开启高度变为零时，阀门进口处的静压力。如某台压力容器正常工作压力 0.3MPa，安全阀的整定压力为 0.32MPa，回座压力为 0.28MPa，那么当此压力容器内部压力≤0.32MPa 时，安全阀不动作；当压力＞0.32MPa 时，安全阀起跳，此时压力会下降，但是降低到 0.3MPa 的正常压力时安全阀不一定回座，继续排放，当压力继续下降到 0.28MPa 时安全阀才回座，停止排气。

启闭压差：安全阀整定压力与回座压力之差，通常用整定压力的百分数来表示。

安全阀的外形如图 3-25 所示。

图 3-25　安全阀

安全阀的实际安装调试过程如下。

① 安全阀开启压力的调整　为保证开启压力值准确，应使调整时的介质条件，如介质种类、温度等尽可能接近实际运行条件。介质种类改变，特别是当介质聚积态不同时（例如从液相变为气相），开启压力常有所变化。工作温度升高时，开启压力一般有所降低。故在常温下调整而用于高温时，常温下的整定压力值应略高于要求的开启压力值。

常规安全阀用于固定附加背压的场合，当在检验后调整开启压力时（此时背压为大气压），其整定值应为要求的开启压力值减去附加背压值。

② 安全阀排放压力和回座压力的调整　调整阀门排放压力和回座压力，必须进行阀门达到全开启高度的动作试验，因此，只有在大容量的试验装置上或者在安全阀安装到被保护

设备上之后才可能进行。

③ 安全阀铅封　安全阀调整完毕，应加以铅封，以防止随便改变已调整好的状况。当对安全阀进行整修时，在拆卸阀门之前应记下调整螺杆和调节圈的位置，以便于修整后的调整工作。重新调整后应再次加以铅封。

安全阀应定期进行检验，包括开启压力、回座压力、密封程度等。同时应该保证安全阀出口处无阻力，避免产生受压现象。具体的要求均与安全阀安装调试时一致。当检验不合格时，应该详细检查各零部件是否有裂纹、伤痕、腐蚀、变形等，并进行修复或更换组件后再进行检查。

安全阀的选用原则：

① 蒸汽锅炉安全阀，一般选用敞开全启式弹簧安全阀 S10 系列；

② 液体介质用安全阀，一般选用微启式弹簧安全阀 S10 系列；

③ 空气或其他气体介质用安全阀，一般选用封闭全启式弹簧安全阀；

④ 若要求对安全阀做定期开启试验时，应选用带提升扳手的安全阀，当介质压力达到开启压力的 75% 以上时，可利用提升扳手将阀瓣从阀座上略为提起，以检查安全阀开启的灵活性；

⑤ 若介质具有腐蚀性时，应选用波纹管安全阀，防止重要零件因受介质腐蚀而失效。

3.4.1.3　原辅材料准备

（1）所用热源的名称与技术质量指标

精馏提纯生产中的主要热源是锅炉房过来的高温饱和水蒸气，通常用蒸汽表示。

水的饱和蒸气压与温度相对应，如在 100℃ 下，水的饱和蒸气压为 101.325kPa，也可以说水在 101.325kPa 下，沸点为 100℃。可以认为锅炉内是液态水和气态水蒸气的相平衡状态，根据相律：

$$F = C + P - 2$$

式中，F 为自由度数，即维持系统原有相数下，可以独立改变的变量，如温度、压力、组成等；C 为系统的组分数即化学物质的数目减去独立的化学平衡反应数；P 为相数。

可知：锅炉内有气液两相，所以 $P=2$，组分数 $C=1$（即 H_2O，没有化学反应），所以自由度 F 为 1，说明锅炉内水蒸气-液态水两相平衡系统中，一旦温度确定，则系统的压力也确定了，反之，系统的压力已知，也能推知系统的温度。因此，常用蒸汽压力来表示蒸汽温度，即若说蒸汽压力为 250kPa，则表示加热蒸汽的温度为 127.2℃。通常实际中往往用表压表示，即蒸汽压力为 1.5kgfG，同样表示蒸汽温度为 127.2℃，其中 G＝Gauge 表示测量仪器仪表。表 3-5 是水的饱和蒸汽压力与温度的关系。

表 3-5　水的饱和蒸气压与温度关系表

蒸汽压力/kPaG	温度/℃	蒸汽压力/kPaG	温度/℃	蒸汽压力/kPaG	温度/℃
150	127.2	300	143.4	500	158.7
200	133.3	350	147.7	600	164.7
250	138.8	400	151.7	700	170.4

蒸汽加热系统，往往利用蒸汽的潜热（即相变热），即 127.2℃ 的蒸汽变成 127.2℃ 的水，压力并不改变而释放的能量，其数值等于该温度下水的汽化热（kJ/kg）。

精馏提纯系统的加热蒸汽压力一般有两种：500kPa 和 150kPa。

（2）所用冷却水的名称与技术质量指标

精馏厂房冷却水有两种，一种是冷冻水，温度是－15～－20℃，另一种是常温外部循环冷却水。冷冻水主要通过动力工段的螺杆式冷冻机产生；而常温外部循环冷却水直接由冷却塔冷却后循环。

（3）所用氮气（N_2）的技术质量指标

氮气（N_2）在精馏生产中必不可少，主要用于置换、吹扫、给塔器等设备补充压力。根据压力的不同，氮气主要分为塔、罐的吹扫氮气和塔顶补充氮气两种。其中：

塔、罐的吹扫氮气　　0.3MPaG

塔顶补充氮气　　　　0.15MPaG

所有氮气的成分中，氧含量不能大于 0.0001％，含碳化合物总数折算成 CH_4 的含量不大于 0.0003％，水蒸气含量不大于 0.0007％，上述含量指体积分数。

（4）所用压缩空气的技术质量指标

经空气压缩机做机械功使本身体积缩小，压力提高后的空气叫压缩空气。主要为气动阀门的自动控制提供动力源，压力为 0.8MPa。

压缩空气主要控制指标为水蒸气含量以及空气中微细颗粒物含量。空气在进入空气压缩机之前需要过滤除尘、干燥除湿。

（5）所用电源的电压等级与技术质量指标

精馏用到的电源主要有 380V、220V。380V 主要用于泵系统；220V 主要用于普通用电，如空调、照明等。

3.4.2　关键及核心设备操作

3.4.2.1　原料、产品充装与输送操作

（1）原料、产品充装与输送方法

① 原料充装方法：通过给原料槽车补充氮气，使其槽车压力高于原料贮罐的压力，利用压力差，把槽车原料输送到原料贮罐。

② 精制 $SiHCl_3$ 产品输送：利用产品罐与目标贮罐的位差，把原料输送到目标贮罐。

③ 粗 $SiCl_4$ 产品外卖输送操作：通过给四氯化硅贮罐补充氮气，使贮罐的压力高于目标槽车的压力，利用压力差，把粗 $SiCl_4$ 产品输送到目标槽车。

（2）原料、产品充装与输送操作注意事项

① 操作之前，务必准备好消防器具及个人防护用品。

② 用于连接 PVC 管与槽车尾气管道的紧固铁丝至少有两圈。

③ 槽车压力不要高于 0.25MPaG。

④ 若原料充装的管道开始有气体，应停止给槽车补充氮气。

⑤ 在拆卸充装与输送装置的管道时，应佩戴防护眼镜、防毒防尘口罩及耐酸碱橡胶手套。

3.4.2.2　精馏塔开停塔操作

（1）精馏塔开塔操作步骤及注意事项

① 氯硅烷原料的准备与加入　合成的氯硅烷工序已正常生产，并在贮罐中有足够开车用的氯硅烷原料，开通 DCS 系统、冷却水系统、供氮系统、供电系统、尾气处理系统。用泵从氯硅烷贮罐中将氯硅烷输送到 1 级塔的再沸器中（此时塔顶冷凝器已通入冷却水）。

② 再沸器加热升温　待氯硅烷在 1 级塔再沸器的液位达到 70％ 时，通入加热蒸汽，并通过 DCS 系统调节蒸汽量，调节塔顶、塔釜的压力，使塔板上的液位达到规定值时，进行全回流。

③ 其他塔逐步开车　2 级塔开车与 1 级塔相同，在全回流时，还要通入一定量的湿氮，进行反应精馏，湿氮的流量与露点按工艺规定加以控制。经湿氮反应精馏后的三氯氢硅产品贮于贮罐中，静置沉淀 8 天后，才能输送到 3 级塔进行精馏提纯。

(2) 精馏塔正常操作要点

① 调节好各塔进出氯硅烷流量，使各塔的槽或罐的液位基本保持稳定。

② 调节好各塔的顶压、釜压及其上部与下部的压差。

③ 调节好蒸汽流量，调节好冷却水流量，使塔板上流层稳定，塔压稳定，塔温稳定，产品质量稳定。

④ 调节好湿氮的流量与露点，使反应精馏稳定。

(3) 精馏塔停塔操作

① 全回流　氯硅烷提纯塔系统在一般情况下，不能随便停车，如果产品贮槽贮液较满或氯硅烷原液供应不上，无法接液或排液时，提纯塔要进行全回流操作。即塔的再沸器仍通入蒸汽，塔顶冷凝器仍通入冷却水，只是塔不进液也不出液。

② 短期停车操作（或者紧急停车）　由于停电、停汽或其他原因需要暂时停车时，则关闭再沸器加热蒸汽，关闭氯硅烷进出塔的各阀门，关闭冷却水阀门。控制塔内压力，及时补充工艺氮气，保持正压（氯硅烷料液仍留在塔内）。

③ 长期停车操作　长期停车，必定是有计划地停车，此时尽可能将前级塔的产品逐级提纯后向产品罐转移（贮存），各塔的产品蒸出后，关闭加热蒸汽，关闭冷却水，关闭各塔进出氯硅烷阀门。待塔板上的氯硅烷流回再沸器后，再将再沸器（或者塔釜，釜液罐）的氯硅烷排入各类贮槽中，并对提纯塔进行较彻底的工艺氮气吹洗。吹净氯硅烷后，通入工艺氮气，保持塔内正压。

3.4.2.3　工艺参数的设定与调整操作

(1) 主要工艺参数的设定与调整操作

① 温度、压力、流量、液位等控制参数设定案例

• 精馏塔操作压力的设定　精馏塔操作压力的确定，既要考虑压力对精馏塔分离效果的影响，又要考虑塔顶使用的冷凝剂所能达到的冷凝温度，以及物料物化性质的限制。在气、液相平衡中，压力、温度和组成之间有确定的关系，也就是操作压力决定产品组成。产品组成是工艺要求所决定的，不可随意改变。操作压力一经确定，就要保持恒定。但是精馏设计一般都留有余地，压力的改变可使平衡温度、塔的气速、分离效果得到调节。提高操作压力，可减少塔顶冷凝器冷却剂的消耗量，可使塔内气速下降，提高生产能力，但会使相对挥发度下降，分离效果变差。精馏塔塔压的控制主要有两种方法，当气相出料量含有大量的不凝气体时，塔压用塔顶冷凝器的冷剂量控制。

• 精馏塔操作温度的设定　影响精馏塔操作温度的因素有许多，如进料参数、再沸器的加热量、塔顶冷凝器的运行情况等。精馏塔各层塔板上的物料温度反映了物料在塔板上的组成。塔顶和塔釜产品在组成一定时，在某一恒定压力条件下，必有其对应的塔顶和塔釜温度。塔顶和塔釜温度通常是用灵敏板温度来控制的。所谓的灵敏板就是整个塔的操作情况变化时（平衡被破坏）这层塔上的温度变化最显著、最大，也就是该板组成变化最大、最灵敏。用灵敏板来控制，可以提前知道产品质量变化趋势，从而预先调节。影响灵敏板温度的

因素主要有进料状况、加热介质、冷剂的流量、压力、温度变化等。调节灵敏板温度，也要根据这些影响因素，做出不同且适当的反应。多数是用改变加热介质用量的方法对灵敏板温度加以控制。当塔顶和塔釜温差小、灵敏板温度并不灵敏时，精馏塔的温度控制可以采用灵敏板组成控制、塔釜液面或热值控制的方法，它们的控制方法与灵敏板温度控制的操作原则一致。

● 回流比的设定　回流是精馏塔操作不可缺少的因素之一，回流量与采出量之比即为回流比。在塔板数和塔板结构已定的情况下，增大回流比，通常可以提高精馏效果。但对以满负荷运行的塔来说，加大回流比，蒸气速度过高，则会造成过量雾沫夹带，使分离效果变差。加大还是减少回流比，主要应考虑两个因素，即塔板数和塔板效率，观察影响产品产量和质量的因素主要是塔板数还是塔板效率。选择合适的回流比，既能满足工艺要求，又能适应塔结构的限制。回流比一经确定，就应保持相对稳定。在一定负荷条件下，回流比一定，回流量即一定。在一定条件下，回流量的变化对塔的整个精馏过程会产生显著影响，如回流量减小，导致精馏段各板温度上升，组成随之发生变化。

● 进料参数的设定　进料量、进料温度和进料组成是精馏塔进料的三个重要参数。进料量的变化会影响塔的物料平衡以及塔的效率；进料温度会影响整个塔的温度分布，从而改变气液平衡组成；进料组成变化会引起全塔物料平衡和工艺条件的改变。显然，进料量、进料温度、进料组成的稳定是精馏塔操作的重要条件。进料量一般通过进料调节阀实现控制，应充分利用进料罐空间的缓冲性，一味追求液面稳定而频繁大幅度改变进料量，会引起塔的波动。进料温度的控制一般是由进料换热器的操作或上游工序的操作温度来决定的。在原料和操作条件及前几个工序工艺条件一定的条件下，进料组成的变化将不会明显。如进料组成发生重要改变时，应采取改变进料口位置、改变回流比等相应措施加以调节（如有的精馏塔设有多个进料口）。

● 再沸器加热量的设定　塔内上升蒸气的速度大小直接影响传质效果，塔内最大的蒸气上升速度不得超过液泛速度。工艺上常选择最大允许速度为液泛速度的80%，速度过低，会使塔板效率明显下降。影响塔内上升蒸气速度的主要因素是塔釜再沸器加热量。在釜温保持不变的情况下，加热量增加，塔内上升蒸气的速度加大；加热量减少，塔内上升蒸气的速度减小。加热量调节过猛，有可能造成液泛或漏液。

● 塔顶冷凝器冷剂量的设定　对所有具有塔顶冷凝器的回流操作的塔，其冷剂量的大小对精馏操作影响显著，也是回流量波动的主要原因。冷剂无相变时，冷凝器的负荷主要由冷剂量来调节，冷剂量减小，将造成塔顶冷凝器的物料温度升高，回流量减少，塔顶温度升高，塔顶产品中重组分的含量增加。当冷剂有相变化时，在冷剂量充分的前提下，调节冷剂蒸发压力后会引起回流量变化，塔顶温度变化更为灵敏。

● 塔顶采出量的设定　精馏塔塔顶采出量的大小和该塔进料量的大小有着对应关系。进料量增加，塔顶采出量应相应增加，否则就会破坏塔内的物料平衡。当进料量不变时，若塔顶采出量增大，则回流比势必要减小，结果各塔板上回流量减少，气液接触不好，传质效率下降，同时操作压力也相应下降，各板上的气液相组成发生变化，结果是重组分被带到塔顶，塔顶产品不合格。当进料量加大而采出量不变时，其结果是回流比增大，塔内物料量增多，上升蒸气速度增加，塔压差增大，严重会引起液泛。

● 塔釜液采出量的设定　精馏塔釜液采出量的变化同样会影响塔的物料平衡。当进料量不变时，釜液采出量增大，会引起塔釜液面降低，甚至会抽空，使釜液再沸器的釜液循环量减少，釜温下降，轻组分不能从釜液中蒸出，塔顶、塔釜产品可能均不合格。若釜液采出量变小，将造成塔釜液面过高，甚至出现淹塔现象，严重时冲坏塔盘，增加了釜液循环阻力，同样会造成传热不好，使产品不合格。特别是对于釜液易聚合的重组分（如脱丙烷塔和脱丁烷塔），塔釜液面过高或过低，都会造成物料在再沸器中的停留时间延长，增加烯烃聚合的可能性。

② 主要工艺控制参数的设计

• 操作压力的设计　塔内操作压力的选择不仅牵涉到分离问题，而且与塔顶和塔底温度的选取有关。根据所处理的物料性质，兼顾技术上的可行性和经济上的合理性来综合考虑，一般有下列原则。

压力增加，可提高塔的处理能力，但会增加塔身的壁厚，导致设备费用增加；压力增加，组分间的相对挥发度降低，回流比或塔高增加，导致操作费用或设备费用增加。因此如果在常压下操作时，塔顶蒸气可以用普通冷却水进行冷却，一般不采用加压操作。操作压力大于 1.6MPa 使用普通冷却水冷却塔顶蒸气时，应对低压、冷冻剂冷却和高压、冷却水冷却的方案进行比较后，确定适宜的操作方式。

考虑利用较高温度的蒸气冷凝热，或可利用较低品味的冷源使蒸气冷凝，且压力提高后不致引起操作上的其他问题和设备费用的增加，可以使用加压操作。

真空操作不仅需要增加真空设备的投资和操作费用，而且由于真空下气体体积增大，需要的塔径增加，因此塔设备费用增加。

综上设定精馏塔塔顶压力。

• 进料、塔顶馏出液和塔釜液的设计　流量根据全厂物料衡算得出精馏总体的产量要求，然后逐塔计算所要求的产品产量值。

进料组分由原料的组分来决定。产品组分由精馏提纯系统的总体质量要求逐塔计算出各塔的产品质量要求。

• 操作回流比及压差的设计　实际回流比应在全回流和最小回流比之间，最适宜的回流比应通过经济核算确定。操作费用和设备费用的总和为最小时的回流比称为适宜回流比。操作费用主要包括再沸器的加热剂的消耗量和塔顶冷凝剂的消耗量。这两项都决定于塔内的上升蒸气量。当其他条件不变时，上升蒸气量 V 随 R 增大而增大。在生产实际中，适宜的回流比用经验确定，即

$$R = (1.2 \sim 2.0)R_{min}$$

但在多晶硅实际生产中，由于塔柱塔板已确定，所以实际回流比应由产品的质量要求来确定。回流比确定后，上升蒸气量确定即所需压差也就确定。

• 进料温度及塔板温度的设计　根据精馏段操作线方程，逐板计算各个塔板液层组分。再根据压力梯度来确定各个塔板所处的压力，最后推导出各塔板的温度。根据各塔板的组成、温度、压力和进料的组成来确定进料板的位置和温度。

（2）热源对精馏塔运行的影响

热源即加热剂在再沸器中把热量传递给塔釜的物料使其蒸发，在塔内产生上升的蒸气，从下往上，在每个塔板上进行着传质和传热的过程。在釜温保持不变的情况下，加热量增加，塔内上升蒸气的速度加大；加热量减少，塔内上升蒸气的速度减小。加热量调节过猛，有可能造成液泛或漏液。

（3）冷却水对精馏塔运行的影响

冷却水在塔顶冷凝器中吸收从塔内上升的蒸气的热量，使其冷却后形成的液体在塔内从上往下回流，用以在每块塔板上形成液层来完成传质和传热的过程。冷剂无相变时，冷凝器的负荷主要由冷剂量来调节，冷剂量减小，将造成塔顶冷凝器的物料温度升高，回流量减少，塔顶温度升高，塔顶产品中重组分含量增加。当冷剂有相变化时，在冷剂量充分的前提

下，调节冷剂蒸发压力后会引起回流量变化，塔顶温度变化更为灵敏。

（4）主要工艺参数对精馏塔操作（产品质量）的影响

① 进料状态对精馏操作的影响　当进料状况发生变化（回流比、塔顶馏出物的组成为规定值）时，进料状况参数 q 将发生变化，这直接影响到提馏段回流量的改变，从而使提馏段操作线方程式改变，进料板的位置也随之改变。q 线位置的改变，将引起理论塔板数和精馏段、提馏段塔板数分配的改变。对于固定进料状况的某个塔来说，进料状况的改变，将会影响到产品质量及损失情况的改变。

例如，某塔应为泡点进料，当改为冷液进料时，则精馏段塔板数过多，提馏段塔板数不足，结果是塔顶产品质量可能提高，而釜液中的轻组分的蒸出则不完全。若改为气液混合进料或者饱和蒸气、过饱和蒸气进料，则精馏段的塔板数不足，提馏段的塔板数过多，其结果是塔顶产品中重组分含量超过规定，釜液中轻组分含量比规定值低，同时增加了塔顶冷剂的消耗量，减少了塔釜的热剂消耗。

生产中多用泡点进料，此时，精馏段、提馏段上升蒸气的流量相等，故塔径也一样，设计计算也比较方便。

② 进料量的大小对精馏操作的影响　进料量的大小对精馏操作的影响可分为下述两种情况来讨论。

● 进料量变动范围不超过塔顶冷凝器和加热釜的负荷范围时，只要调节及时得当，对顶温和釜温不会有显著的影响，而只影响塔内上升蒸气速度的变化。进料量增加，蒸气上升的速度增加，一般对传质是有利的，在蒸气上升速度接近液泛速度时，传质效果为最好。若进料量再增加，蒸气上升速度超过液泛速度时，则严重的雾沫夹带会破坏塔的正常操作。进料量减少，蒸气上升速度降低，对传质是不利的，蒸气速度降低容易造成漏液，降低精馏效果。因此，低负荷操作时，可适当地增大回流比，提高塔内上升蒸气的速度，以提高传质效果。应该说明，上述结论是以进料量发生变动时，塔顶冷剂量或釜温热剂量均能做相应的调整为前提的。

● 进料的变动范围超出了塔顶冷凝器或加热釜的负荷范围，此时，不仅塔内上升蒸气的速度改变，而且塔顶温度、塔釜温度也会相应地改变，致使塔板上的气液相平衡组成改变，塔顶和塔釜馏分的组成改变。

例如，液相进料时，若进料量过大，则引起提馏段的回流也很快增加，在热剂不够的前提下，将引起提馏段温度低，釜温中轻组分浓度增大，釜液的流量增大，这同时也会引起上升蒸气中轻组分量增加，致使全塔温度下降，顶部馏出物中的轻组分纯度提高。

当气液两相混合进料时，若进料量突然增加过快，将使精馏段内蒸气量突然增加，同时使提馏段内回流液量也突然增加，在冷剂、热剂不够的前提下，前者是精馏段的温度上升，后者是提馏段的温度下降；前者引起塔顶馏分中重组分浓度增加，使产品质量不合格，后者引起塔釜馏分中轻组分的浓度增加，损失加大。

当全部为气相进料，进料量突然增加过多时，首先应想到是精馏段内上升蒸气的量突然增加，随之而来的是塔顶的气相馏出物量增加，回流比减小，塔顶温度上升，提馏段的温度上升。前者使塔顶产品中重组分含量增加，塔内回流液体中组分含量也增加；后者使塔底产品中重组分的浓度增加。

综上所述，不管进料状况如何，进料量过大地波动，将会破坏塔内正常的物料平衡和工艺条件，造成塔顶、塔釜产品质量不合格或者物料损失增加。因此，应尽量使进料量保持平衡，即使需要调节时，也应该缓慢进行。

③ 进料组成的变化对精馏操作的影响　进料组成的变化，直接影响精馏操作，当进料

中重组分的浓度增加时，精馏段的负荷增加。对于固定了精馏段板数的塔来说，将造成重组分带到塔顶，使塔顶产品质量不合格。

若进料中的轻组分的浓度增加时，提馏段的负荷增加。对于固定了提馏段塔板数的塔来说，将造成提馏段的轻组分蒸出不完全，釜液中轻组分的损失加大。

同时，进料组成的变化还将引起全塔物料平衡和工艺条件的变化。组分变轻，则塔顶馏分增加，釜液排出量减少，全塔温度下降，塔压升高。组分变重，情况相反。

进料组成变化时，可采取如下措施。

- 改进料口。组分变重时，进料口往下改；组分变轻时，进料口往上改。
- 改变回流比。组分变重时，加大回流比；组分变轻时，减少回流比。
- 调节冷剂和热剂量。根据组成变动的情况，相应地调节塔顶冷剂量和塔釜热剂量，维持顶、釜的产品质量不变。

④ 进料温度的变化对精馏操作的影响　进料温度的变化对精馏操作的影响是很大的。总的来讲，进料温度降低，将增加塔底蒸发釜的热负荷，减少塔顶冷凝器的冷负荷。进料温度升高，则增加塔顶冷凝器的冷负荷，减少塔底蒸发釜的热负荷。当进料温度的变化幅度过大时，通常会影响整个塔身的温度，从而改变气液平衡组成。例如：进料温度过低，塔釜加热蒸汽量没有富余的情况下，将会使塔底馏分中轻组分含量增加。进料温度的改变，意味着进料状态的改变，而后者的改变将影响精馏段、提馏段负荷的改变。因此进料温度是影响精馏塔操作的重要因素之一。

⑤ 压力波动对精馏塔操作的影响

- 影响相平衡关系　改变操作压力，将使气液相平衡关系发生变化。压力增加，组分间的相对挥发度降低，平衡线向对角线靠近，分离效率将下降；反之亦然。
- 影响产品的质量和数量　压力升高，液体汽化更困难，气相中难挥发组分减少，同时改变气液的密度比，使气相量降低。其结果是馏出液中易挥发组分浓度增大，但产量却相对减少；残液中易挥发组分含量增加，残液量增多。
- 影响操作温度　温度与气液相的组成有严格的对应关系，生产中常以温度衡量产品质量的标准。当塔压改变时，混合物的泡点和露点发生变化，引起全塔温度的改变和产品质量的改变。
- 改变生产能力　塔压增加，气相的密度增大，气相量减少，可以处理更多的料液而不会造成液泛。

⑥ 回流比的影响　回流比是精馏操作中直接影响产品质量和塔分离效果的重要因素，改变回流量是精馏操作中重要的和有效的手段。回流比增大，所需理论板数减少；回流比减少，所需理论板数增多。对一定塔板数的精馏塔，在进料状态等参数不变的情况下，回流比变化，必将引起产品质量的改变。一般情况下，回流比增大，将提高产品纯度，但也会使塔内气液循环量加大，塔压差增大，冷却剂和加热蒸汽量增加。当回流比太大时，则可能产生淹塔，破坏塔的正常生产。回流比太小，塔内气液两相接触不充分，分离效果差。回流量的增加，塔压差明显增大，塔顶产品纯度会提高；回流量减少，塔压差变小，塔顶产品纯度变差。在实际操作中，常用调节回流比的方法，以使产品质量合格。同时适当地调节塔顶冷却剂量和塔釜加热剂量，会使调节效果更好。

⑦ 塔顶产品采出量的影响　在冷凝器的冷凝负荷不变的情况下，减小塔顶产品采出量，势必会使得回流量增加，塔压差增加，可以提高塔顶产品的纯度，但产品量减小。对一定的进料量，塔底产品量增多，由于操作压力的升高，塔底产品中易挥发组分含量升高，因此易挥发组分收率降低。若塔顶采出量增加，会造成回流量减少，塔压差因此降低，结果是难挥

发组分被带到塔顶，塔顶产品质量不合格。采出量只有随进料量变化时，才能保持回流比不变，维持正常操作。

⑧ 塔底产品采出量的影响　在正常操作时，当进料量、塔顶采出量一定时，塔底采出量应该符合全塔的总物料平衡。若塔底采出量太小，会造成塔釜液位逐渐上升，以致充满整个塔釜空间，使釜内液体由于没有蒸发空间而难于汽化，并使釜内汽化温度升高，甚至使液体充满底层塔板之间，引起产品质量下降。若采出量过大，使釜内液面较低，加热面积不能充分利用，则上升蒸气减少，漏液严重，使塔板上传质条件变差，板效率下降，如果处理不及时，则有可能产生"蒸空"现象。因此塔底采出量应该保持维持塔釜有一定的恒定液面高度。此外，维持一定的塔釜液面高度还有确保安全生产的液封作用。

3.4.2.4　开塔后的运行检查

（1）巡回检查的内容、路线的编制

巡回检查的内容：在装置现场检查各种在用设备的运行情况，以便发现问题，及时解决，确保生产的正常平稳进行。一般规定 1～2h 巡回检查一遍。

路线：从楼顶开始，经过楼面两端的楼梯，以 S 形的路线逐层往下巡检；在罐区位置，环绕罐区巡检。

（2）巡回检查的注意事项与做好记录

注意事项如下。

① 检查控制计量仪表与调节器的工作情况；检查工作介质的压力、温度、流量、液面和成分是否在工艺控制指标范围以内；检查冷却系统的情况。

② 查看各法兰接口有无渗漏；检查各密封点有无泄漏等；检查设备、容器外壳有无局部变形、鼓包和裂纹。

③ 测量设备、容器壁温有无超温（一般容器壁温规定最高温度为 200℃）。

④ 测听设备、容器和管道内介质流速情况，判断是否畅通。

⑤ 检查设备、容器和管道有无振动；检查有关部位的压力、振动和杂音；检查轴承及有关部位的温度与润滑情况；检查传动带、钢丝绳和链条的紧固情况及平稳度。

⑥ 检查螺钉、安全保护罩及栏杆是否良好。

⑦ 检查安全阀、制动器及事故报警装置是否良好。在运行中，当发生以下严重威胁安全生产的情况时，操作人员应立即采取保安措施，并通知有关领导紧急停止运行：设备或容器发生超温、超压、过冷或严重泄漏情况之一，经采取各种措施仍无效果并有恶化趋势时；设备或容器的主要受压元件产生裂纹、鼓包、变形，危及安全运行时；设备或容器近处发生火灾或相邻设备管道发生故障，直接威胁到设备或容器的安全运行时；安全附件失效、接管断裂、紧固件损坏，难以保证安全运行时。

⑧ 紧急停止运行的操作步骤，一般是先切断进料和蒸汽阀门，再打开排空阀，使压力和温度下降。

生产原始记录是生产过程的真实反映，是生产经验的积累。通过生产原始记录，可以分析和发现成功的经验以及失败的原因，对于改进生产有着十分重要的借鉴意义。因此要求当班的操作工一定要以严肃认真的态度填写生产原始记录。生产原始记录一般记载交接班时的生产情况、生产过程的操作控制参数数据，如温度、压力、流量、液位、蒸气压等。要求一定要及时按照规定时间记录，做到客观、真实、可靠。切不可在事后补记和胡编乱造，应付了事，因为这样的生产原始记录不仅毫无价值可言，而且后患无穷，会产生误导作用。

（3）现场异常现象的原因分析及处理办法

① 泵的异常

• 屏蔽泵温度过高　首先检查冷却水是否通畅。再看泵是否有汽蚀、泵内物料是否有结晶或异物。如果有汽蚀，就应该排去泵内气体，增加供料贮罐液位和压力，把回气管切换到压力低的贮罐。

• 隔膜计量泵运行噪声大　一是机械装置或变速箱润滑不好，或油箱有杂质，此时注入润滑油或者有必要可以更换润滑油。二是机械装置或变速箱过度损坏，此时应该彻底修理。

• 隔膜计量泵出口管道振动大　一是出口管道太细，有必要可以更换管道。二是脉冲阻尼器失控或压力太小，修理或重新计算阻尼体积。

② 有刺激性气味产生　在巡检中如果嗅到刺激性气味，在不影响健康的前提下应根据气味逐一寻找气味来源，寻找物料泄漏点，并采取相应的措施。

对于每个塔的波纹管，因为有一层厚厚的保温材料，又是易泄漏点，所以当泄漏量很小时不易察觉，所以有条件的话应主动检查是否有刺激性气味。

③ 再沸器或蒸汽冷凝液管道震动严重，有"水锤"声响。当发生这种情况，很可能是疏水器失效，蒸汽进入冷凝液管道或者再沸器内冷凝水排泄不及时，这些都能使热蒸汽把冷凝水瞬间蒸发，在狭小封闭的空间内，瞬间蒸发的水蒸气击打设备器壁产生"水锤"的声响。应更换疏水器或打开再沸器下到冷凝水管道的阀门，如果还不行，就直接把疏水器后的放空阀开一部分。

④ 设备、管道、法兰等处有水解物产生，有时会产生刺激性酸雾飘散在空中，巡检的时候要注意观察这类现象。发现后应该根据泄漏情况采取相应的措施。

⑤ 蒸汽冷凝液或者塔顶冷凝器的循环回水 pH 值异常，呈酸性。此时说明再沸器或者冷凝器换热列管泄漏，应立即停止运行，排尽相关塔器贮罐的物料，然后用氮气吹扫相关设备，保持正压，准备拆卸检查。

任务五　设备、管道的检修

【任务描述】

本任务介绍精馏提纯岗位设备、管道检修前的安全措施，检修计划的编制，检修时的监护及检修。

【任务目标】

① 掌握精馏提纯岗位设备、管道检修前需准备的安全措施。
② 会编制检修计划。
③ 掌握设备、管道检修时的监护及检修注意事项。

3.5.1　设备、管道检修前的安全措施

设备、管道检修是为了保持和恢复设备规定性能而采取的技术措施，其目标是以经济合理的费用，减少设备故障，消除设备缺陷，维持设备良好性能，确保生产装置安全、稳定、长周期运行。

设备检修遵循的原则是：在安全保障的情况下，保证设备检修质量、科学安排检修时间

和降低检修费用。

具体安全措施如下：装置停车检修前应做好工艺吹扫置换和隔离措施，加强与检修施工人员的联系，严格执行安全检修的各项规章制度；停车检修结束后，要认真做好检修总结工作和检修技术资料的归档工作。

① 设备检修之前要按停车方案规定进行停车，主要内容包括以下各项。

• 系统卸压：由高压至低压进行。

• 降温：按规定的降温速率进行，达到规定要求。

• 排净：排净生产系统（设备、管道）内贮存的气、液和固体物料。如设备内的物料确定不能排净，应详细交代，并做好安全措施。

• 置换：先用氮气，后用空气，分别置换在检修范围内所有设备和管线中的可燃气体和有毒有害气体，直至分析结果符合安全检修的要求。

• 隔绝：按抽加盲板的先后顺序抽、加盲板。抽加盲板的部位要有挂牌标志，盲板必须符合安全要求，并进行编号和登记；清理检修现场、检修通道，切断所有需要检修设备的水、电、汽、气；分析测定在检修环境空气中的有毒和可燃气体的含量，必须符合安全环保要求。

② 检修时使用的备品配件、机具、材料，应按指定地点存放。

③ 每次动火、进设备作业前，都必须对设备内及其周围环境进行气体分析合格，对动火设备的隔离、可燃物的清除以及地沟、地漏、下水井的有效封盖等情况进行检查确认。

④ 在实施危险性较大项目检修的区域，应设置安全警戒，派专人负责监护。

⑤ 如设备内不能达到清洗和置换的要求，必须采取相应的防护措施进行设备内清洗吹扫。如对原料 $SiHCl_3$ 应急贮罐（因为进水而水解物堵塞管道或黏附在管内壁）的罐内清洗。

⑥ 设备外应备有灭火器、水源和空气呼吸器等应急用品。作业人员离开设备内时应将作业工具带出设备外，不准留在设备内。

⑦ 对于转动设备或其他有电源的设备，检修前必须切断一切电源，并在开关处挂上"禁止合闸，有人检修"的警告牌。机泵内的物料应清理干净，并在出入口管道上加上盲板。

⑧ 化工设备、管道检修过程中，动火、进设备、高处作业、起重吊装等作业非常频繁。对这些直接作业环节，应该严格做好安全措施、作业票证审批和安全监护，穿戴实用的防护用品，备足应急和消防器材。

⑨ 检修现场的各种废料、障碍物和地面上突出物以及能引起滑跌的油污、冰雪等一切影响安全检修的隐患，都应及时处理掉；各种检修材料、设备、设施、工器具和拆卸下来的机械设备及其零部件等摆放要整齐；各种临时电线铺设要规范而不杂乱；现场通道和消防道路要保持畅通无阻。

⑩ 监督检查要涉及检修安全的每一个方面，包括安全规章制度、安全作业票证的执行情况；施工安全措施的落实情况；各种检修设备、设施、工器具、车辆的安全状况；各种应急物品、安全防护器材和消防器材的准备情况以及检修人员劳保穿戴情况等。

3.5.2 设备、管道检修计划的编制

设备、管道检修必须严格制定停车、检修、开车方案及其安全措施。

检修方案除了应包括检修时间、检修内容、工期、施工方法等一般性内容外，还要有设备和管线吹扫、置换、干燥、抽加盲板方案及其流程图，以及重大项目清单及其安全施工

方案。

在制定检修方案之前，必须对检修装置进行全面系统的危害辨识和风险评价，然后根据辨识和评价结果，参照以往的经验和安全，制定包括检修安全措施、紧急情况下的应急预案等方面内容的检修方案。为了避免出现差错，方案必须详细具体，对每一步骤都要有明确的要求和注意事项，并指定专人负责。

方案编制后，编制单位必须组织有关技术人员反复讨论，不断修订和完善，确认无误后送生产、技术、安全等部门逐级审批，进一步补充完善。重大项目或危险性较大项目的检修方案及其安全措施，必须由主管经理或总工程师批准，书面公布，严格执行。

具体而言，设备、管道检修方案的编制分为如下几点。

① 检修前必须编制和办理检修方案或检修任务书，且应该有详细的安全技术措施和应急预案。检修方案主要包括检修项目名称、参加检修工种和人数、检修方法、步骤和安全防护措施等。

② 检修方案应由工程师或经理审批，审批负责人应对检修过程负责，安全技术部门负责监督检查安全措施落实情况和相关安全作业票审批发放。

③ 制定停车方案、安全措施，并组织学习和落实各项安全措施，做好初步的安全应急演习。

④ 检修需要的设备、零件、管道、阀门、仪表等的详细记录，并定点放置。

⑤ 根据检修期间不同时段不同工作量应该严格做好安排，做到科学合理利用检修时间。

⑥ 编排系统检修组织机构，并明确分工，做好安全检查、施工小组、质量检查、后勤保障的安排。

⑦ 检修方案必须做到项目齐全、内容详细、任务具体、责任明确、方法科学，做到方案落实、人员落实、材料落实、工机具落实。

3.5.3　设备、管道检修时的监护

设备、管道的检修，由于有些时候具备一定的危险性，则必须专门指派人员进行监护，具体监护情形有如下几点。

① 高空作业，当有检修、作业人员在高空作业时，根据规定，必须佩戴安全带、安全帽，设置绳网和脚手架等，并有专门人员监护。

② 操作高压变、配电装置，必须有两人进行，一人操作，一人监护。

③ 在实施危险性较大项目检修的区域，应设置安全警戒，派专人负责监护。

④ 设备内作业必须有专人监护。监护人员必须坚守岗位，危险重大时，应增设监护人员；进入设备内前，监护人应会同作业人员检查安全措施，统一联系信号；设备内事故抢救时，监护人员必须做好自身防护方能进入设备内实施抢救。

⑤ 在动火工作区域，必须有人监护，并将灭火器材放在动火区域，供应急使用。

3.5.4　精馏工序设备、管道的检修

精馏提纯工序运行着大量的氯硅烷料，设备大型而复杂，管线繁多。即便停产检修，精馏厂房依然贮存着大量的硅烷料。检修动火作业前一定要做好规划预案和安全防范措施。

设备、管道在运行过程中，由于受环境、自身内部介质的影响，设备、管道在运行一段时间之后，或多或少会出现故障，也需要进行定期检修。精馏工序主要检修的设备、管道有塔器的波纹管膨胀节、换热器、泵、仪器仪表等。

（1）精馏塔波纹管膨胀节检修时应该注意的事项

① 确定检修某塔的波纹管，必须事先抽空、置换多次，待塔柱壳程氯硅烷气体完全排尽。

② 如果有动火作业，应在所有与塔器设备连接处加盲板，然后再用氮气吹扫；尽量选择自上往下的吹扫方式，有条件可以通入加热的氮气吹扫。

③ 维修场所的环境必须保持安全、整洁。

④ 要装卸、挪动换热器时，需要专业人员操作起吊设备。

⑤ 检修完毕，需要对换热器认真进行检漏。

⑥ 使用前，应该严格分析设备内露点、氧含量等，直至吹扫合格之后方能再次投入使用。

（2）管道检修时应该注意的事项

① 管道内是易燃、有毒、腐蚀性介质时，在确定检修前务必将管道置换、吹扫干净。

② 管道检修主要是检查管道是否锈蚀、泄漏等。

③ 检修完毕，应该刷防锈漆或者包裹保温层。

④ 检修完毕，需要对管道认真进行检漏。

⑤ 如果是有氯硅烷、H_2 管道，使用前，必须检测管道内氧含量、露点，直至合格后方能投入使用。

（3）仪器仪表检修时应该注意的事项

① 不要带电插拔各种控制板和插头。因为在加电情况下，插拔控制板会产生较强的感应电动势，这时瞬间反击电压很高，很容易损坏相应的控制板和插头。

② 检修时不要盲目乱敲乱碰，以免扩大故障，越修越坏。

③ 拆卸、调整仪表时，应记录原来的位置，以便复原。

④ 修理精密仪器仪表时，如不慎将小零件弹飞，应首先判断可能飞落的地方，切勿东找一下，西翻一下，可采取磁铁扫描和视线扫描方法进行寻找。

总之，在仪器仪表维修工作中，首先应弄懂仪器仪表的基本原理，并掌握有关电子方面的知识和技能，而且应准备仪器仪表的说明书等资料。

任务六 故障处理

【任务描述】

本任务介绍精馏提纯岗位一般运行故障判断及处理：精馏塔超温超压、精馏塔液泛、雾沫夹带、漏液等的处理；设备或管道泄漏、爆炸着火应急处理等。

【任务目标】

① 能发现和判断本工序的常见故障，并进行相应处理。

② 能判断设备运行状况是否正常。

③ 能组织、协调处理本岗位危化品泄漏、着火等突发事故。

3.6.1 一般运行故障处理

（1）精馏塔超温、超压的处理

加热过猛、冷剂中断、压力表失灵、调节阀堵塞、调节阀开度漂移、排气管堵塞等都是塔压力超高的原因。找出原因，及时调整，可有效控制住塔压力。不管什么原因，首先加大排出气量，同时减少加热剂量，把压力控制住，随后查看记录或运行数据来判断是上述哪种原因造成塔超压，采取相应的措施。如果是仪表失灵或故障，应通知仪表检修部门来处理。

超温一般是由塔釜温度引起的，再沸器加热蒸量提量过快，回流量小，回流温度高，造成上升蒸汽过大。也有可能是进料温度过高，塔负荷增大。处理方法是：降低加热蒸汽，适当减少进料量。

（2）精馏塔液泛的处理

在精馏操作中，下层塔板上的液体涌至上层塔板，破坏了塔的正常操作，这种现象叫做液泛。液泛形成的主要原因是塔内上升蒸汽速度过大，超过了最大允许速度所造成的。另外在精馏操作过程中，也常常遇到液体负荷过大，使溢流管内液面上升，以致上下塔板的液体连在了一起，破坏了塔的正常操作现象，这也是液泛的一种形式。

现象：塔的压差增加；塔的温差减小；塔顶、塔底产品采出量过小；塔顶温度上升；塔顶、塔底产品均不合格。

出现液泛现象后，常规处理方法是停止或者减少进料量，稍减蒸汽，降低塔釜温度，停止塔顶产品采出，进行全回流操作，使涌到塔顶或上层的难挥发组分慢慢流回到塔釜或塔下的正常位置。当生产不允许停止进料时，可将塔压差降到正常值后，再将操作条件全面恢复正常。

以下是可能出现的原因及处理方法如下。

① 塔的负荷太高，加热蒸汽很大；此时应降低蒸汽、减少负荷。

② 液体下降不畅，降液管局部被污物堵塞；应拆卸塔板清除污物。

③ 加热过猛，釜温突然升高；应调节进料量，减少加热蒸汽量，降低釜温。

④ 回流量很大，回流比也很大，导致塔板液层较高；应降低加热蒸汽量，减少冷凝器冷剂量，降低回流比，也可以提高塔顶产品采出量。

（3）雾沫夹带的处理

雾沫夹带是指板式塔在精馏操作中，上升蒸汽从某一层塔板夹带雾状液滴到上一块塔板的现象。雾沫夹带会使低挥发度的液体进入挥发度较高的液体内，降低塔板的分离效率。一般规定雾沫夹带量为小于 10%（0.1kg 液滴/kg 蒸汽），以此来确定蒸汽负荷的上限，并确定所需塔径。影响雾沫夹带的因素有蒸汽垂直方向的速度、塔板形式、板间距和液体的表面张力等。

产生原因及处理方法：

① 上升蒸汽气速过大，应适当减少加热蒸汽量来调节上升气量；

② 塔板间距过小，有条件的话可以调整塔板间距；

③ 液体在降液管内停留时间过长，应增加塔顶冷凝器负荷，提高回流比，保持回流液通畅；

④ 破沫区太小，可能是塔板筛孔有堵塞，使筛孔直径变小，解决方法是拆卸塔板清理。

（4）漏液的处理

当升气孔内的气速较小时，致使气体通过阀孔时的动压不足，不能阻止液体经筛孔流下时，使一部分液体从升孔内流入下一块塔板。通常把不产生漏液时的允许最低开孔气速称为漏液点，在操作中如果气速低于漏液点，就会产生漏液现象。一般以漏液点作为蒸汽负荷或开孔气速的下限。

产生原因及处理方法：

① 上升蒸汽气速过小，应适当提高加热蒸汽量来调节上升气量；

② 上升气流不均匀分布，查看塔内设计是否有缺陷或有污物阻挡；

③ 塔板液面落差太大，可能是塔板上有污物，增大了液体在塔板横向流动时的阻力，应及时清理塔板上的污物。

（5）精馏运行操作中其他常见的操作故障及处理方法（表3-6）

表 3-6　其他操作故障及处理方法

异常现象	原因	处理方法
釜温及压力不稳定	加热蒸汽压力不稳定	通过值班调度通知提示锅炉厂房
	疏水器不畅通	检查更换疏水器
	再沸器泄漏	停车检查
釜温突然降低而提不起温度	疏水器失灵	检查更换疏水器
	再沸器内的冷凝水未排除，蒸汽加不进去	检查疏通排冷凝水的管道
	再沸器内的水不溶物较多	清理再沸器
	再沸器循环管、列管堵塞	疏通循环管、列管
	塔板堵塞，液体回不到塔釜	停车检查情况
塔顶温度不稳定	釜温过高	降低加热蒸汽
	回流液温度不稳定	稳定冷凝器冷剂量
	回流管不通畅	疏通回流管
	操作压力波动	稳定操作压力
	回流比过小	增大回流比
塔釜液面不稳定	塔釜排出量不稳定	稳定釜液排出量
	塔釜温度不稳定	稳定加热蒸汽量
	加料成分有变化	稳定加料成分
塔压差增大	塔负荷升高	降低加热蒸汽减小塔负荷
	回流量较大	降低回流比
	堵塞	拆卸疏通
	液泛	按照液泛情况处理

（6）机泵、仪表故障的处理

屏蔽泵故障处理

① 电流表针摆动无规则；电泵流量、压力不稳；内部声音不正常或电机局部发热。

可能产生的原因及处理方法：

• 进口阀未开或过滤器堵塞，应及时打开阀门或清理过滤器；

• 泵回气逆循环不畅，检查逆循环管路是否通畅，阀门是否为开；

• 供料贮罐液位低，压力不足，而泵回气逆循环管进入的贮罐压力过高，造成泵逆循环不畅，此时应给供料贮罐补氮增压或者切换至压力高的供料罐，而把泵回气逆循环管切换至压力低的贮罐，排除泵内气体后再启屏蔽泵；

• 出口流量不足，泵内有气泡产生，检查屏蔽泵类型是否符合工艺要求。

② 电流表指针指示逐渐增大，指针不摆动或指示不正常。

可能产生的原因及处理方法：电源电压升高或轴承磨损增大；应先检查电压是否正常，再检查轴承磨损情况，如超过要求值，更换石墨轴承。

③ 电流表针指示忽大忽小，或者摆动，且这种现象是暂时的。

可能产生的原因及处理方法：管路混入异物或工作液有结晶或沉淀；应检查工作液及循环管路，排除异物。

④ 电流表针无指示或指示反向。

可能产生的原因及处理方法：检修时模块极性接反、仪表损坏、模块选用错误；应及时通知电工仪表来检查处理，并切换至备用泵。

⑤ 泵启动后电流表针超过红色区并自动跳闸。

可能产生的原因及处理方法：轴承损坏、抱死或轴承处有大量结晶；此时应切换至备用泵，并对故障泵及时拆卸处理。

⑥ 电流表针超过红色区但运行稳定。

可能产生的原因及处理方法：

- 泵负荷过高，检查屏蔽泵类型是否符合工艺要求；
- 泵内混入细小的异物或有少量的结晶等细小颗粒物质，拆泵检查。

⑦ 屏蔽泵温度过高。

可能产生的原因及处理方法：

- 冷却水阀门未开或不畅，应检查冷却水管路；
- 泵内有气泡，压力流量不稳，检查液循环管路是否通畅，阀门是否为开；
- 泵内有结晶或者轴承磨损，应及时拆卸检查或更换。

计量泵故障处理

① 泵出口无流量或流量小。

可能产生的原因及处理方法：

- 进口阀门未开或进料过滤器堵塞，应及时打开阀门或清理过滤器；
- 隔膜或管道内残存气体，应排除气体使物料充满整个隔膜内；
- 减压阀或供油阀有渗漏现象，清洗这些阀门；
- 吸入液面太低，应增加原料罐液位；
- 补油系统的油有杂质，阀垫密封不严，应更换油，必要时检查压阀。

② 电机及零件过热。

可能产生的原因及处理方法：

- 风机停止工作，通知电工检查风机的电路；
- 传动机构油箱的油量过多或不足，油有杂质，应更换新油，使油量适宜；
- 电机过热，检查风机工作是否正常；
- 各机构运动副润滑情况不好，检查清洗各油孔。

③ 运行噪声大。

可能产生的原因及处理方法：

- 机械装置或变速箱润滑不好，或油箱有杂质，此时注入润滑油，或者有必要可以更换润滑油；
- 机械装置或变速箱过度损坏，此时应该彻底修理。

④ 出口管道振动大。

可能产生的原因及处理方法：

- 出口管道太细，有必要可以更换管道；
- 脉冲阻尼器失控或压力太小，修理或重新计算阻尼体积。

⑤ 计量泵油压高报。

可能产生的原因及处理方法：
- 打开油压阀水嘴，出来的是油，说明双隔膜靠近液压油的隔膜破裂，应更换隔膜；
- 打开油压阀水嘴，出来的是氯硅烷，说明双隔膜靠近物料的隔膜破裂，应更换隔膜。

金属转子流量计

流量指示滞后，当关闭阀门时候，流量很难归零。很可能是沾污了金属浮子，影响了流量计准确性。由于污垢有黏性，会使浮子与器壁黏合住，所以流量计指针指示滞后，波动很小，不灵敏。当流量有时瞬间过大时，浮子碰到流量计顶部就会附着在上面，使流量计始终显示打满状态。此时可以用物体敲击流量计转子部分，使浮子的污垢脱落冲走。如果污垢太多，就应该拆卸下来清洗。

3.6.2 设备或管道泄漏、爆炸着火应急处理

（1）设备、管道泄漏的处理方法与操作

① 迅速撤离泄漏作业区人员至上风处，根据现场的检测结果和可能产生的危害，确定隔离区的范围，设置警戒线，严格限制人员出入。如有人员受伤，后勤保障负责立即送往医院或通知医护人员到现场抢救。

② 应急抢险人员正确佩戴好正压式空气呼吸器等防护用品。进入泄漏区域后，立即关闭氯硅烷物料泄漏容器或管道相关的进液阀、出液阀和放空阀，切断泄漏容器或管道来往料源，对泄漏容器进行修补和堵塞处理，控制氯硅烷进一步泄漏。

③ 容器或管道泄漏点处理完毕后，用大量的水对泄漏的氯硅烷物料进行冲洗，至硅氯化物全部水解为止。

④ 当氯硅烷物料泄漏无法控制和处理时，立即组织人员撤离和疏散事故现场，并对事故现场进行有效的保护、隔离和警戒等措施，等待当地政府事故应急救援队伍入场进行处理。

（2）设备、管道爆炸着火的应急处理方案与操作

① 当容器或管道发生氯硅烷物料着火燃烧时，组织撤离泄漏区作业人员。应急抢险人员正确佩戴好正压式空气呼吸器等防护用品，立即隔离火灾危险区域，并设置警戒线；如有人员受伤，后勤保障组负责立即送往医院或通知医护人员到现场抢救。

② 迅速向着火容器或管道通入氮气，保持着火容器或管道微正压，关闭着火容器或管道上下相连接的阀门，切断进入火灾事故点的一切来往物料。

③ 应急抢险人员立即用就近设置的干粉灭火器或雾状消防水枪、消防水炮对着火容器或管道进行冷却，控制着火范围，直至火焰熄灭为止。

④ 应急抢险过程中应密切注意各种危险征兆，当遇有火势熄灭后较长时间未能恢复稳定燃烧或受热辐射的容器安全阀火焰变亮耀眼、尖叫、晃动等爆裂征兆时，立即组织事故现场人员撤离和疏散，并对事故现场进行有效的保护、隔离和警戒等，等待当地政府事故应急救援队伍入场进行处理。

⑤ 人员紧急疏散和撤离疏散。在组织和指挥事故现场人员撤离时，应按照公司事故应急疏散示意图规定的撤离路线，进行人员的疏散和撤离。

（3）停水停电应急处理

① 停水的影响及应急处理方案与操作　突然停循环水时，必须立刻关闭各塔蒸发器或再沸器的蒸汽进口阀门，并密切注意塔顶压力升高情况，如压力上升到 0.3MPaG 时，立刻到塔顶冷凝器处手动打开尾气阀门卸压。循环水恢复正常后，按操作规程逐步开启各塔各阀门，恢复正常生产。

② 停电的影响及应急处理方案与操作

● 突然停电时，精馏提纯系统的循环水增压泵会停止工作，塔顶冷凝器会无冷却水，必须第一时间关闭各塔蒸发器或再沸器的蒸汽进口阀门（如中控室也停电无法操作时，现场必须立即关闭各塔蒸汽手动阀），并密切注意塔顶压力升高情况，如压力上升到 0.3MPaG 时，立刻到塔顶冷凝器处手动打开尾气阀门卸压。同时密切注意塔顶冷凝器冷却水的温升情况。个别塔顶冷凝器冷却水温度可能升高到 90~100℃，此时可能会产生蒸汽，冷凝器冷却水系统内压力可能上升，如压力上升到 0.3MPaG 时，需立刻到塔顶冷凝器处，手动打开循环水排空阀门卸压。

● 突然停电时，精馏提纯系统中计量泵/屏蔽泵会停止工作，立刻关闭各计量泵/屏蔽泵的入口与出口阀门，待来电后按开车操作规程逐步开启各泵，恢复工作。

● 突然停电时，立刻关闭精馏提纯系统各塔的进出料阀门。

● 突然停电时，废气处理系统的石灰乳液循环泵会停止工作，尾气处理塔顶会冒出白烟，甚至会堵塞出气口。要密切注意淋洗塔内压力升高情况，如压力上升到 0.2MPaG 时，立刻到尾气处理塔汇流排处，手动打开放空阀门卸压（或卸开压力表卸压）。

【企业案例】

【精馏提纯车间】

● 突然停电时，精馏提纯系统、罐区系统和废气处理系统无照明，必须平时准备 5~6 个（确保人手 1 个）手电筒或应急电源照明，以便在现场关闭相关阀门，避免误操作或发生串料串气事故。

【拓展阅读】 三氯氢硅中杂质含量的分析

在三氯氢硅的合成过程中，由于原料、工艺过程等多种原因，不可避免地会在三氯氢硅产品中存在磷、硼、铜、镁等很多微量杂质，这些杂质对三氯氢硅还原生产多晶硅的产品纯度有很大的影响。需要对这些杂质元素进行分析。

（1）三氯氢硅中痕量杂质的化学光谱测定

$SiHCl_3$ 中痕量杂质是指 Mn、Fe、Ni、Ti、Mg、Al、Pb、Ca、Cr、Cu、Zn 等金属杂质。对这些杂质的分析采用蒸发法。

蒸发法就是用微量的高纯水与 $SiHCl_3$ 作用，生成少量的水解物 SiO_2，SiO_2 对痕量元素有吸附作用。基体在常温下用高纯氮气作载体进行慢挥发，残留的 SiO_2 用氢氟酸蒸气溶解除去，残渣用盐酸溶解，用溶液干渣法光谱测定。

本方法适用于测定杂质含量在 $10^{-6}\% \sim 10^{-5}\%$ 的样品。

蒸发法的具体操作步骤如下：

① 取铂金坩埚洗净并且烘干；

② 在坩埚中加入 3~5 滴高纯水，用塑料量筒取 30mL $SiHCl_3$ 倒入坩埚中；

③ 将坩埚放入有机玻璃蒸发器中，以很小的高纯氮气流驱赶基体 10~12h；

④ 当 $SiHCl_3$ 挥发干净后，取出铂金坩埚，换置于石墨熏蒸器中，同时放一个盛有约 30mL 氢氟酸的铂金皿，盖严熏蒸器的盖子，用低温（调压器开到 130V 处）电炉加热约 2h；

⑤ 待 SiO_2 完全溶解，取出坩埚，加 2 滴 1:1 的盐酸溶解残渣；

⑥ 再加几滴水（用预先洗净的塑料小滴管），在手操箱里，用坩埚里的溶液充分洗涤坩埚底部，将溶液滴在一对经处理好的平头石墨电极头上，再用少量水洗涤坩埚底部，洗涤液也滴在电极头上，在红外灯下烤干，摄谱，进行光谱测定。

（2）三氯氢硅中痕量硼的分析

三氯氢硅中的硼的分析采用自然挥发法。

自然挥发法是使三氯氢硅中杂质硼被部分水解物吸附，而让基体三氯氢硅自然挥发，用氢氟酸除去 SiO_2，对残渣进行光谱测定。

本方法取样 2mL，空白值<0.003μg 时，其分析灵敏度可达 10^{-7}。本方法分析范围为 $10^{-7}\% \sim 7 \times 10^{-4}\%$。

自然挥发法的具体操作步骤如下：

① 取带盖的铂金坩埚洗干净并且干燥；

② 在坩埚中加入数滴高纯水（约 0.3mL），加入 3 滴 1%的甘露醇溶液（空白样、被测试样各 3 份）；

③ 用干燥的聚乙烯管取试料 1~2mL，迅速滴入坩埚内，盖上盖子，轻轻摇动片刻，静置 5min 左右，打开盖子让试样自然挥发；

④ 挥发完毕后，加几滴高纯水，用 1mL 氢氟酸洗坩埚内壁水解物（先洗涤坩埚盖子、内壁水解物，洗液流入坩埚内，然后沿坩埚内壁滴加），洗涤完毕，盖好盖子，将坩埚移到水浴上（水浴中加有少量甘露醇固体）加热，加热数分钟后，打开盖子，用少量纯水吹洗盖子及坩埚内壁，加热蒸发，蒸干后沿壁吹高纯水，再蒸干；

⑤ 重复上述操作再吹洗一次，蒸干后取下坩埚，滴加 3~4 滴高纯水，用聚乙烯小滴管（每个坩埚配一个滴管）充分洗涤坩埚底部，洗涤液依次转移到一对预先处理好的平头石墨电极头上，再用 3~4 滴纯水洗坩埚一次，洗液移到同一对电极头上，在红外灯下烤干，摄谱，进行光谱分析。

（3）三氯氢硅中痕量磷的分析

三氯氢硅中痕量磷的分析采用气相色谱法测定。

在高温富氢条件下，$SiHCl_3$ 被还原成 Si、HCl 和各种氯硅烷，$SiHCl_3$ 中的磷在石英砂催化作用下被还原为 PH_3。用 NaOH 溶液分离 PH_3，混合的氯硅烷被水解生成硅酸钠、氯化氢，氯化氢被氢氧化钠中和。反应式如下：

$$SiHCl_3 + 2NaOH + H_2O = Na_2SiO_3 + 3HCl + H_2$$
$$2P + 3H_2 = 2PH_3$$

当反应达到动态平衡后，磷化氢可定量从氢氧化钠溶液中逸出，经富集后进行色谱分离，再进入双火焰光度检测器进行 HPO 光发射，中心波长为 526nm。根据其发射光强度与磷的浓度成正比的关系，计算磷的含量。

具体操作步骤如下：

① 用注射器从进样孔将已知量的 $SiHCl_3$ 样品（通常为 0.2~0.8mL）注入四级逆式配气室中；

② 通入充足的氢气，待充分混合后，送入还原炉管，在温度 680℃，用石英砂作催化剂，样品及其中所含磷杂质分别被还原为混合氯硅烷、氯化氢和磷化氢；

③ 混合气体进入氢氧化钠溶液，分别反应脱去还原物中的氯硅烷和氯化氢，尾气中只剩下氢气、磷化氢和水分；

④ 由于磷化氢和氢气的液化温度很低（磷化氢的液化温度为 -88℃），用干冰-丙酮冷阱（温度为 -78℃）冷却脱去水分；

⑤ 只含有磷化氢和氢气的混合气体经液氮捕集柱，磷化氢的固化温度为 -134℃，而氢的液化温度为 -253℃，所以在液氮捕集柱中，磷化氢被固化，剩下的氢气排空；

⑥ 待还原富集完全后（一般为 20min），将捕集柱接至气相色谱分离柱的前方；

⑦ 将捕集柱迅速移至室温冷水中进行解吸；

⑧ 经 GDX-101 柱把磷化氢和其他可能存在的氢化合物分离；

⑨ 用双火焰光度检测器检测磷化氢的信号，再用标准比较法计算出样品中磷的含量。

注意：这里所用的水、氮气和酸都必须经过特殊提纯，器皿一定要洗干净（也必须是用高纯水洗），操作步骤、过程必须严格，否则就会使测定的数据不准确。

本方法也适用于 $SiCl_4$ 的检测。

【小结】

改良西门子法多晶硅生产是一种化学方法提纯硅，精馏提纯设备、工艺流程、生产操作、设备管道检修、故障处理案例、应急事故处理案例及仿真操作等来源于多晶硅生产精馏提纯工序。在多晶硅生产中，精馏提纯装置根据原料来源不同，可分为粗精馏、提纯和精制。在多晶硅生产企业中，精馏提纯原料有来自还原、合成、氢化等工序物料，根据物料各成分含量不同确定精馏级数。

【习题】

一、单项选择题

1. 常用的三氯氢硅提纯方法是_____。

　A. 萃取　　　　　　　B. 精馏　　　　　　　C. 吸收　　　　　　　D. 化学吸附

2. 精馏巡回检查一般是_____巡回检查一次。

　A. 1～2h　　　　　　B. 3～4h　　　　　　C. 5～6h　　　　　　D. 7～8h

3. 液泛形成的主要原因是塔内（　　　）速度过大，超过了最大允许速度所造成的。

　A. 上升蒸汽　　　　　B. 回流液　　　　　　C. 进料量　　　　　　D. 温度上升

4. 再沸器的作用是提供一定量的（　　　）流。

　A. 上升物料　　　　　B. 上升组分　　　　　C. 上升产品　　　　　D. 上升蒸气

5. 把液体混合物进行多次部分汽化，同时又把产生的蒸汽多次（　　　），使混合物分离为所要求组分的操作过程，称为精馏。

　A. 完全冷凝　　　　　B. 部分冷凝　　　　　C. 完全蒸发　　　　　D. 部分蒸发

6. 蒸馏是利用各组分（　　　）不同的特性实现分离的目的。

　A. 溶解度　　　　　　B. 等规度　　　　　　C. 挥发度　　　　　　D. 调和度

7. 对于饱和液体进料，进料热状况参数 q 值（　　　）。

　A. $q>1$　　　　　　B. $q=1$　　　　　　C. $0<q<1$　　　　　D. $q=0$

　E. $q<0$

8. 将三氯氢硅中以下杂质均提纯至 ppba 级，最难去除的杂质是什么？（　　　）

　A. B　　　　　　　　B. P　　　　　　　　C. C　　　　　　　　D. Fe

9. 填料的主要性能不包括（　　　）。

　A. 比表面积　　　　　B. 孔隙率　　　　　　C. 填料几何形状　　　D. 材料

10. 检修人员在高空作业时，根据规定，必须佩戴（　　　），设置绳网和脚手架等，并有专门人员监护。

　A. 安全带和安全帽　　B. 标志　　　　　　　C. 警示标志

二、判断题（请将判断结果填入括号中，正确的填"√"错误的填"×"。）

（　　　）1. 当精馏塔的进料热状况为泡点进时，进料热状况参数为 $q=0$。

（　　　）2. 三氯氢硅精馏提纯法对绝大多数杂质都能完全分离，特别是非金属氯化物。

（　　　）3. 安全阀是按开启压力标准进行设计制造的。

（　　）4.当三氯氢硅泄漏着火时候，可以使用的灭火工具有干粉灭火器、干砂、泡沫灭火器等。

（　　）5.每个贮罐单独检漏，通入工作压力 2 倍的氮气，进行气密性检验，24h 泄漏量小于 1% 为合格。

（　　）6.精馏塔塔顶冷凝器提供最上层塔板的下降液体。

（　　）7.相平衡是指，当系统不止一个相时，物质在各相之间的分布达到平衡，在相间没有物质的净转移。

（　　）8.当精馏塔的进料热状况为泡点进时，进料热状况参数为 $q=0$。

（　　）9.板式塔的塔内沿塔高装有若干层塔板，相邻两板之间有一定距离。气、液两相在塔板上互相接触，进行传质和传热。

（　　）10.压力表上显示的压力是被测点的绝对压力。

项目四

三氯氢硅氢还原制备高纯硅

项目描述

改良西门子法制备高纯硅工艺流程长、复杂。本项目是改良西门子法制备高纯硅的核心工序，是出多晶硅硅棒的地方，介绍三氯氢硅氢还原反应工作原理，三氯氢硅氢还原工艺流程、核心设备结构原理及操作，设备、管道的维护与保养，还原岗位常见故障判断与处理，产品质量要求及控制等。

能力目标

① 掌握三氯氢硅氢还原反应原理、还原炉及配套设备结构及工作原理。

② 能按操作要求进行还原系统的开车、停车。

③ 能分析产品不合格的原因，并采取纠正、预防措施。

④ 能对还原炉进行维护保养。

⑤ 能发现和判断还原系统的常见故障，并进行相应处理。

 **任务一　知识准备**

【任务描述】

本任务主要学习三氯氢硅氢还原制备高纯硅的相关理论知识，如三氯氢硅氢还原反应原理、影响三氯氢硅氢还原反应因素、三氯氢硅氢还原反应过程计算等，为后续操作还原炉及配套设备从理论上做准备。

【任务目标】

① 掌握三氯氢硅氢还原反应原理。

② 掌握影响三氯氢硅氢还原反应的因素。

③ 会正确计算三氯氢硅氢还原反应过程的沉积率、混合气配比、实收率、电耗等。

4.1.1　三氯氢硅氢还原反应的原理

SiHCl₃氢还原反应原理

超纯氢气和经过精馏提纯的三氯氢硅，按一定比例进入还原炉，在$1080 \sim 1100℃$温度下，$SiHCl_3$ 被 H_2 还原，生成的硅沉积在发热体硅芯上。

化学方程式：

$$SiHCl_3 + H_2 \xrightarrow{1080 \sim 1100℃} Si + 3HCl \tag{4-1}$$

同时还会发生 $SiHCl_3$ 热分解和 $SiCl_4$ 的还原反应：

$$4SiHCl_3 \xrightarrow{1080 \sim 1100℃} Si + 3SiCl_4 + 2H_2 \tag{4-2}$$

$$2SiHCl_3 \longrightarrow Si + 2HCl + SiCl_4 \tag{4-3}$$

$$SiHCl_3 \longrightarrow SiCl_2 + HCl \tag{4-4}$$

$$SiCl_4 + 2H_2 \xrightarrow{1080 \sim 1100℃} Si + 4HCl \tag{4-5}$$

以及杂质的还原反应：

$$2BCl_3 + 3H_2 \longrightarrow 2B + 6HCl \tag{4-6}$$

$$2PCl_3 + 3H_2 \longrightarrow 2P + 6HCl \tag{4-7}$$

反应过程复杂，其中式(4-1)、式(4-2) 是最基本的反应，应尽可能地使还原炉内的反应按照这两个基本反应进行。

4.1.2　三氯氢硅氢还原反应的影响因素

（1）原料纯度

对于还原过程，$SiHCl_3$ 和 H_2 的纯度直接影响到产品纯度，因此要严格控制其杂质含量。

对 $SiHCl_3$ 而言，其纯度要求大于 99.8%，DCS<0.1%，STC（四氯化硅）<0.1%，C<100ppb，B、Sb、As<0.03ppb，Fe、Al、Ni <0.1ppb。

含P、B杂质与 H_2 反应，置换出 P、B，影响多晶硅产品的质量。因此，为控制产品质量，应确保送入还原工序的 $SiHCl_3$ 纯度。

对氢气来说，其体积含量应大于 99.99%，N₂<50ppm，CH₄<2ppm，O₂<3ppm，H_2O<1%。H_2O 的超标将导致硅棒氧化夹层的产生；HCl 超标将导致硅棒腐蚀倒棒事故的发生，从而影响产品质量和生产周期。主要反应如下：

$$2H_2O \longrightarrow 2H_2 + O_2$$

$$Si + O_2 \longrightarrow SiO_2$$

$$Si + 2HCl \longrightarrow SiH_2Cl_2$$

（2）还原反应沉积温度

三氯氢硅和四氯化硅氢还原反应都是吸热反应，因此升高温度使平衡向吸热一方移动，有利于硅的沉积，也会使硅的结晶性能好，而且表面具有光亮的灰色金属光泽。但实际上反应温度不能太高，原因如下。

① 硅和其他半导体材料一样，自气相往固态载体上沉积时有一个最高温度，当反应超过这个温度时，随着温度的升高，沉积速率反而下降。各种不同的硅卤化物有不同的最高温度值，反应温度不能超过这个值。此外，还有一个平衡温度值，高于该温度才有硅沉积出

来。一般说来，在反应平衡温度和最高温度之间，沉积速率随温度增高而增大。

② 温度太高，沉积的硅化学活性增强，受到设备材质沾污的可能性增强，造成多晶硅的质量下降。

③ 直接影响多晶硅品质的磷、硼杂质，其化合物随着温度增高，其还原量也加大，进入多晶硅中，使多晶硅的质量下降。

④ 过高的温度，会发生硅的逆腐蚀反应：

$$Si + 2HCl \xrightarrow{\geqslant 1200℃} SiH_2Cl_2$$

$$Si + SiCl_4 \xrightarrow{\geqslant 1200℃} 2SiCl_2$$

从而容易导致"横梁腐蚀凹角"、硅棒根部"亮点"等现象，产生更多副产物，且易造成倒棒事故。

实践证明，在 900～1080℃ 范围内，三氯氢硅以热分解占优势，在 1080～1200℃ 范围内，$SiHCl_3$ 的反应以氢还原反应为主，生产中常采用的反应温度为 1080～1100℃。需要注意的是硅的熔点为 1410℃，与反应温度比较接近，因此生产中应严格控制反应温度的波动，以免温度过高使硅棒熔化倒塌，造成较大损失。

（3）反应混合气配比

反应混合气配比是指还原剂氢气和原料三氯氢硅的摩尔比。

还原反应时，氢气与 $SiHCl_3$ 的摩尔数之比（也叫配比）对多晶硅的沉积有很大影响。只有在较强的还原气氛下，才能使还原反应比较充分地进行，获得较高的 $SiHCl_3$ 转化率。用反应式计算所需的理论氢气量来还原 $SiHCl_3$，不会得到结晶型的多晶硅，只会得到一些非晶态的褐色粉末，而且收率极低。这是由于氢气不足，发生其他副反应的结果。增加氢气的配比，可以显著提高 $SiHCl_3$ 的转化率和实收率，而且产品结晶质量也比较好。

通常，实际的转化率远远低于理论值。一方面是因为还原过程中存在各种副反应，另一方面是实际的还原反应不可能达到平衡。总的情况是还原转化率随着氢气与 $SiHCl_3$ 的摩尔比的增大而提高，如氢气与 $SiHCl_3$ 的摩尔比为 15 时，转化率为 28%，摩尔比为 30 时，转化率可达到近 40%，如果氢气与 $SiHCl_3$ 的摩尔比更大一些，那么 $SiHCl_3$ 的转化率还会更高。

但是 H_2 和 $SiHCl_3$ 的摩尔配比也不能太大，原因如下。

① 配比太大，H_2 得不到充分利用，增加了消耗，造成浪费。同时，氢气量太大，会稀释 $SiHCl_3$ 的浓度，减少 $SiHCl_3$ 与硅棒表面碰撞的概率，降低硅的沉积速度，从而降低单位时间内多晶硅的产量。

② 从 BCl_3、PCl_3 氢还原反应可以看出，过高的 H_2 浓度不利于抑制 B、P 的析出，影响产品质量。

由此可知，配比增大，则 $SiHCl_3$ 的转化率也增大，但是多晶硅的沉积速率会降低。以前国内生产多采用 $H_2 : SiHCl_3 = 10 : 1$（摩尔比）的配比，以获得较高的 $SiHCl_3$ 一次转化率；现在普遍采用较低的配比 [（10:1）～（3.5:1）]，以求提高多晶硅的沉积速率。对于低配比所带来的 $SiHCl_3$ 一次转化率降低的影响，可以通过尾气回收未反应的 $SiHCl_3$，返回多晶硅还原生产中去使用，从而保证 $SiHCl_3$ 得到充分利用。

因此，选择合适的配比，使之既有利于提高硅的转化率，又有利于抑制 B、P 的析出。

（4）反应气体流量

在选择合适的气体配比以及反应温度之后，在保证达到一定沉积速率的条件下，通入还原炉的气体流量越大，则沉积的速度越快，炉内多晶硅产量也越高。在同样的设备内，采用大流量的气体进入还原炉，是一种提高生产能力的有效办法。这是因为，流量越大，在相同时间内同硅棒表面碰撞的 $SiHCl_3$ 分子数量就越多，硅棒表面生成的硅晶体也就越多。同时，气体流量大，通过气体喷入口的气流速度也大，能更好地造成还原炉内气流的湍动，消减发热体表面的气体边界层和炉内气体分布不均匀的现象，有利于还原反应的进行。

但是反应气体流量也不能太大，否则会造成反应气体在炉内停留时间太短，使三氯氢硅和四氯化硅转化率相应降低。如果具备有效的尾气回收技术，则可以回收未反应的 $SiHCl_3$ 再重新投入反应，从而可以采用大流量的生产工艺，以提高多晶硅沉积速率及产量。

因此，采用加大三氯氢硅气体流量作为强化生产措施只适用有尾气回收的情况，否则成本高。

另外，反应气体流量大小还与还原炉结构、大小，特别是与载体表面积大小有关。

（5）还原炉内压力

从还原反应化学平衡角度来看：增大压力，平衡向气体体积减小的方向移动；减小压力，平衡向气体体积增大的方向移动。为了促进反应式(4-1)、式(4-3)向正向进行，同时抑制反应式(4-2)，减少副产物，提高 $SiHCl_3$ 的一次转化率，需要降低系统总压。

从沉积速率考虑，压力的增加，会增大反应粒子的活化分子数和分子与硅芯的碰撞沉积概率，从而促进反应和提高沉积速率；如果压力过低，反应粒子的活化度不够，与硅棒碰撞的概率降低，会导致沉积速率降低，能耗增加，产能减少。目前采用改良西门子法生产多晶硅的工厂均采用加压还原生产多晶硅。

（6）还原反应时间

尽可能延长反应时间，也就是尽可能使硅棒长粗，对提高产品质量与产量都是有益的。随着反应时间延长，沉积出来的硅棒越来越粗，载体表面积越来越大，反应气体对沉积载体碰撞概率越来越大，因而产量越来越高。另外，延长反应时间，可以使单位体积内载体向硅中扩散的杂质量相对减少，这对提高硅的质量有利。

延长开炉周期，相对应地减少了载体的单位消耗量，并缩短停炉、装炉的非生产时间，有利于提高多晶硅的生产效率。

（7）沉积表面积与沉积速率、实收率的关系

硅棒的沉积表面积由硅棒的长度和直径决定。在一定长度下，硅棒的表面积随硅的沉积量增大而增大，沉积表面积越大，则沉积速度与实收率也越高。随着还原过程的进行，生成的硅不断沉积在发热体上，发热体的表面积也越来越大，反应气体分子对沉积面（发热体表面）的碰撞机会和数量也增大，有利于硅的沉积。当单位面积的沉积速率不变时，表面愈大则沉积的多晶硅量也愈多。因此多晶硅生产的还原反应时间越长，发热体直径越大，多晶硅的生产效率也越高。例如，发热体总长为6m左右的还原炉，当发热体直径不同时，其生产能力粗略计算如表4-1。

表 4-1　发热体直径与生产能力关系

发热体直径/mm	20	30	40	50
生产能力/（g/h）	80	110	140	170

所以，在电气设备容量及电流足够大的情况下，尽可能延长多晶硅的生产时间，使其发热体表面积尽量大，有利于提高生产效率。

图4-1表明，发热体的直径随时间成正比。在生产中，进入还原炉的体积流量（简称进

料量）随发热体直径的增大而增大，否则表面积增大了，进料量跟不上，硅的沉积速度也不会增加。进料量常用的控制方法有两种：一种是设定好供料程序表（即供料量与生产时间的关系表，如图 4-2 所示），按时间调整进料量，如在 8h 处 $SiHCl_3$ 的进料量为 65kg/h，在 16h 处进料量按供料表调整为 90kg/h，如此类推直至反应结束；另一种是根据硅棒直径控制进料量，比如，先测出当前硅棒的直径为 60mm，然后根据硅棒直径同进料量的关系式计算出 $SiHCl_3$ 的进料量应该为 300kg/h，如此直到反应结束。这两种方法均可实现计算机自动控制。

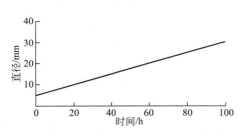
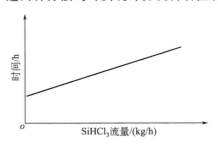

图 4-1　发热体直径与生长时间的关系　　　图 4-2　$SiHCl_3$ 流量与时间的关系

（8）沉积硅的载体

沉积硅的载体，既是多晶硅沉积的地方，又要作为发热体为反应提供所需的温度。作为沉积硅的载体材料，一般要求材料的熔点高、纯度高，在硅中的扩散系数小，以避免在高温下对多晶硅产生沾污，又应有利于沉积硅与载体的分离。在早期的多晶硅生产中，常采用金属钽丝和钼丝作为载体。用金属丝作载体，最终需要分离多晶硅与载体。金属载体与多晶硅存在接触污染，必须除去多晶硅产品的受污染层，使多晶硅损耗量较大。现在的多晶硅生产普遍采用多晶硅制成的硅芯作为载体，硅芯本身纯度很高，避免了对产品的污染，已经不需要分离多晶硅和载体了。

为了使载体发热，采取的方法是给载体通入电流，就如同电阻丝一样，通过控制电流的大小来控制其温度。如何给作为载体的硅芯通上电流呢？

硅芯本身是高纯半导体，具有电阻率随着温度升高而降低的特性，常温下几乎不导电，需要很高电压才能将其"击穿"导电（所谓"击穿"，是指硅芯在几千伏高电压下会有微小电流流过硅芯，使其发热逐渐转变为导体的过程）；当硅芯温度升高到约 700℃ 时，已经可以很好地导电了。据此，通常采用两种方法给硅芯通入电流即启动还原炉。

①　高压击穿：在较低温度下，给硅芯两端加上数千伏的高压，将硅芯击穿成为导体通入电流。

②　预热启动：根据硅芯电阻率随温度升高而降低的规律，对硅芯进行预热升温，其温度到达一定程度后，电阻率大幅度下降，此时加上较低的电压便可给硅芯通入电流。常用的预热方法有等离子体预热和石墨棒预热等。

等离子体预热：将氮气电离，形成上千摄氏度的高温等离子体，通入到还原炉内，对硅芯进行加热。

石墨棒预热：在还原炉内安装一对石墨棒，由于石墨是导体，就像电阻丝一样通入电流，可以将炉内的硅芯加热。

4.1.3　三氯氢硅氢还原过程的计算

（1）沉积速度

指在还原反应中，单位时间内沉积硅的重量：

$$沉积速度 = \frac{沉积硅的重量}{反应时间}$$

计算公式如下：

$$沉积速度 = \frac{W_{Si}}{t}$$

式中　W_{Si}——沉积硅的重量；

　　　　t——反应时间。

沉积速度也表示硅棒的平均生长速度。在还原炉容量大小及硅棒长度、对数相同的情况下，用沉积速度可以比较硅棒的生长快慢。还原炉有 9 对棒、12 对棒等，当硅棒的对数不同时，其沉积速度也不相同。表面积越大，沉积速度越快。因此，引入沉积速率的概念。

（2）沉积速率

沉积速率是指在还原反应中，单位时间、单位载体长度上沉积硅的重量。

生产中通常按下式计算：

$$沉积速度 = \frac{沉积重量}{反应时间 \times 硅芯长度}$$

一般而言，计算的是该炉次一个生产周期的平均沉积速率，即：

$$沉积速率 = (W_{产品} - W_{硅芯})/t$$

径向沉积速率是指在还原反应中，单位时间内径向沉积硅的厚度，单位 mm/h。一般而言，计算的是该炉次一个生产周期的平均径向沉积速率，即：

$$径向沉积速率 = (r_{产品} - r_{硅芯})/t$$

【例 4-1】 某还原炉沉积多晶硅 700kg，反应时间 145h，硅芯总长 38m，求沉积速率。

解：
$$沉积速度 = \frac{沉积重量}{反应时间 \times 硅芯长度}$$
$$= \frac{700 \times 1000}{145 \times 38 \times 100}$$
$$= 1.27\,g/(h \cdot cm)$$

（3）实收率

实际炉产量与所用三氯氢硅料中含硅量之比：

$$实收率 = \frac{沉积硅的重量}{所耗三氯氢硅体积 \times 三氯氢硅密度 \times (28/135.5)} \times 100\%$$

$$实收率 = \frac{W_{Si}}{V_{SiHCl_3} D_{SiHCl_3} \times \dfrac{M_{Si}}{M_{SiHCl_3}}} \times 100\%$$

式中　W_{Si}——沉积硅的重量；

　　V_{SiHCl_3}——所耗 $SiHCl_3$ 体积，L；

　　D_{SiHCl_3}——$SiHCl_3$ 的密度，1.32kg/L；

　　　M_{Si}——硅的相对分子质量（28）；

　　M_{SiHCl_3}——$SiHCl_3$ 的相对分子质量（135.5）。

若是质量流量计，则 $W_{SiHCl_3} = V_{SiHCl_3} D_{SiHCl_3}$。

（4）反应混合气配比

混合气配比是指混合气中氢气与三氯氢硅的物质的量之比（摩尔比），即 $n_{氢气}/n_{TCS}$。选择适当配比，可提高实收率。配比计算举例如下：

【例4-2】 已知某还原炉 H_2：$SiHCl_3=6:1$（摩尔比），通入炉内的 $SiHCl_3$ 为50L，求氢气的用量。

解：　　　　通入炉内的 $SiHCl_3$ 的物质的量$=50×1.32/135.5=0.487kmol$

因为 H_2：$SiHCl_3=6:1$（摩尔比），所以

$$H_2 \text{ 的物质的量}=0.487×6=2.922mol$$

H_2 的体积为 $2.922×22.4=65.5m^3$，即氢气的用量为 $65.5m^3$。

同理，也可以由氢气的量计算出 $SiHCl_3$ 的用量。

（5）单位质量电耗

简称电位单耗，即生产单位质量的多晶硅还原炉所消耗的电能。该电能计算中的 U、I 特指加载在硅棒上的电压、电流，单位 $kW·h/kg(Si)$。

$$\text{单位电耗}=\text{一炉次生产中还原炉消耗的电功率}/\text{该炉次生产的多晶硅质量}$$

【例4-3】 某还原炉的产量为270kg，硅芯总重3.4kg，总长30m，反应时间176h，消耗 $SiHCl_3$ 5000L，求沉积速度？沉积速率？实收率？

解：

$$\text{沉积速度}=\frac{\text{沉积硅的重量}}{\text{反应时间}}=\frac{270-3.4}{176}=1.515(kg/h)$$

$$\text{沉积速度}=\frac{\text{沉积硅的重量}}{\text{反应时间}×\text{硅芯总长度}}=\frac{270-3.4}{176×30}=0.05[kg/(h·m)]$$

$$\text{实收率}=\frac{\text{沉积硅的重量}}{\text{所耗三氯氢硅体积}×\text{三氯氢硅密度}×(28/135.5)}×100\%$$

$$=\frac{270-3.4}{5000×1.32×(28/135.5)}×100\%$$

$$=19.5\%$$

任务二　三氯氢硅氢还原工艺、核心设备结构及操作

【任务描述】

本任务介绍三氯氢硅氢还原工艺流程，还原工序关键及核心设备结构、工作原理，设备与工艺操作，还原系统开车后的运行检查，还原系统运行中工艺参数的设定与调整等。

【任务目标】

① 会识读三氯氢硅氢还原工艺流程图。
② 掌握三氯氢硅氢还原工序关键核心设备结构、工作原理、维护与保养。
③ 会正确计算三氯氢硅氢还原反应过程的沉积率、混合气配比、实收率、电耗等。

4.2.1 三氯氢硅氢还原工艺流程

如图4-3所示。经过提纯的三氯氢硅原料，按还原工段工艺条件的要求，由管道加入还原岗位的供料罐，再经管道连续加入挥发器中。经尾气回收系统回收的氢气与来自制氢系统的补充氢气在管路中汇合后分两路。一路进入蒸发器中（主路氢），使蒸发器中的 $SiHCl_3$

图 4-3 三氯氢硅氢还原工艺流程简图

液体在一定的温度和压力下鼓泡蒸发，形成一定配比的 H_2 和 $SiHCl_3$ 气体。混合气体经进气管喷头喷入还原炉内，在 $1080\sim1100℃$ 的反应温度下，三氯氢硅中的硅被还原出来，沉积在硅载体上。同时生成 HCl、SiH_2Cl_2、$SiCl_4$ 气体等，与未反应完的 H_2 和 $SiHCl_3$ 气体一起被排出还原炉，沿管路进入尾气回收系统（或者经过淋洗塔吸收后放空）。在尾气回收系统中，被冷凝、分离、冷凝下来的氯硅烷被送到分离提纯系统进行分离与提纯，然后再返回多晶硅生产中。分离出来的氢气返回氢还原工艺流程中的蒸发器中，循环使用。分离出来的氯化氢气体返回 $SiHCl_3$ 合成系统中，用来合成原料 $SiHCl_3$。另一路（侧路氢）在还原炉赶气时使用。

4.2.2 还原工序关键及核心设备结构

$SiHCl_3$ 氢还原制备多晶硅工序包括原料的汽化及混合系统、还原炉启停炉系统以及配套的冷却水系统。

（1）蒸发器

还原工序的蒸发，仅仅是采用蒸发器设备，单纯地让液态物质蒸发成气态的一个物理过程。即被蒸发的物质是纯三氯氢硅，而非溶液。因此还原蒸发器又称为汽化器或挥发器。其结构如图 4-4 所示。

由图可见，蒸发器由蒸发室和分离室组成。蒸发室由多根垂直管组成，加热管长径比在 $100\sim150$ 之间。该蒸发室为间接加热式，即管束内通原料三氯氢硅和氢气，管束外的壳程通外循环加热水，蒸发过程是一个传热过程。整个过程称为鼓泡式升膜蒸发，即原料三氯氢硅由加热室底部引入管内，氢气在管束内鼓泡上升，带动三氯氢硅沿着壁面做膜状流动，由于外循环热水的加热，使得三氯氢硅不断挥发，最后得到一定温度、压力下的三氯氢硅/氢气的混合气。

氢气的作用是平衡蒸发器内部压力以及带动三氯氢硅做升膜运动。也就是说氢气本身并不和三氯氢硅构成溶液，且氢气在三氯氢硅中的溶解也可以忽略，该蒸发过程可以认为是三氯氢硅自身的气液平衡过程。

蒸发器的基本作用是使 $SiHCl_3$ 蒸发为气体，并与 H_2 形成一定的配比，为还原炉提供原料。当主氢流量保持不变时，可在温水加热系统中加入温水，确保三氯氢硅的挥发速度。同

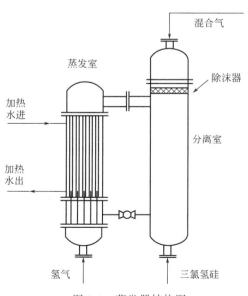

图 4-4 蒸发器结构图

时改变挥发器氢气流量时，则三氯氢硅的挥发量也随之变化。

根据气体的分压定律，混合气中各组分气体的体积比等于其分压之比，根据摩尔的定义，气体的体积比也等于其摩尔比，即：

$$\frac{m_1}{m_2} = \frac{V_1}{V_2} = \frac{p_1}{p_2}$$

因此，只要确定了混合气中 H_2 和 $SiHCl_3$ 的分压，就确定了混合气的配比（摩尔比）。

由于液态 $SiHCl_3$ 的饱和蒸气压与其温度存在以下关系：

$$\lg p = A - \frac{B}{T}$$

式中　p——$SiHCl_3$ 饱和蒸气压，mmHg；

　　　T——$SiHCl_3$ 温度，$273 + t(℃)$；

　A，B——常数。

因此只要 $SiHCl_3$ 液体的温度一定，蒸发器中 $SiHCl_3$ 饱和蒸气压就为定值，也就是说可以确定混合气中 $SiHCl_3$ 的分压 p_{SiHCl_3}。

混合气的压力等于各组分气体的分压之和，即

$$p_总 = p_{SiHCl_3} + p_{H_2}$$

这样，在 p_{SiHCl_3} 确定的情况下，只需要控制混合气的总压 $p_总$，就可以得到需要的氢气分压 p_{H_2}，所需的混合气配比就可得到控制。

混合气总压的控制是通过调节进入蒸发器的氢气流量来确定的，总压升高，则减小氢气流量，总压降低，则增大氢气流量，以维持总压的恒定。

液体的蒸发是一个吸热过程，需要给 $SiHCl_3$ 液体加热，以便维持 $SiHCl_3$ 的温度，通常是采用热水加热的方法。

总的说来，在蒸发器中，蒸发出去的液体 $SiHCl_3$ 由进料管补充，以维持容器中的 $SiHCl_3$ 液位恒定；用热水对容器中的液体 $SiHCl_3$ 加热，以提供所需的汽化热，维持液体 $SiHCl_3$ 温度恒定，从而使 $SiHCl_3$ 的分压恒定；通过控制进入的氢气流量来控制容器中的压力恒定，可以得到氢还原所需的配比。

要得到不同配比，可以改变蒸发器的温度、压力的控制值。

为了提高多晶硅质量，将氢气全部通入挥发器中三氯氢硅料层（即全氢鼓泡），可以达到除去三氯氢硅料中硼、铁杂质的作用。

这种蒸发器在实际操作中存在着"过热"，热水对温度的控制反应延迟等导致混合气配比不准确、液沫夹带等问题。不过它容易沉淀金属杂质，通过底部排残液的方式排掉，从而提高物料的纯度。为避免这种蒸发器的混合气配比控制不准确问题，目前新的多晶硅工厂通常采用降膜式全蒸发汽化器，并考虑进行热能综合利用的可能。

（2）还原炉

还原炉是多晶硅生产的核心设备，分为钟罩式和开门式（已不使用）两种。钟罩式还原炉由炉筒、底盘、电极、进出气管道、窥视孔、防爆孔及附属部件组成。具体结构如图 4-5 和图 4-6 所示。

还原炉一般采用不锈钢材质制成，以减少反应气体对设备的腐蚀以及设备对硅棒的污染。还原炉内壁平滑光亮，炉筒和底盘具有夹层，可以通热水或导热油，以带走硅棒辐射到炉壁上的热量，保护炉体和密封垫圈。炉顶设有安全防爆孔，用以防止因炉内压力过大而爆炸。炉体均设有窥视孔，用以观察炉内硅棒生长情况及温度控制情况。此外，还可以安装红

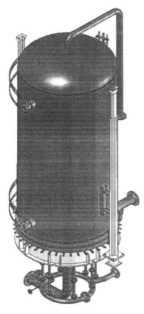

图 4-5　还原炉外形示意图

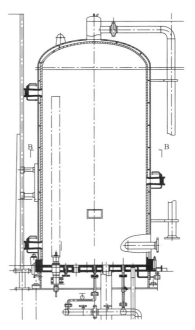

图 4-6　还原炉炉体结构示意图

外测温仪测量炉内硅棒温度。窥视孔也应该冷却，一般用冷水冷却，但冷却方式多样化，如有的窥视孔只冷却与炉筒连接的金属部分，而不冷却窥视孔镜片。

底盘与钟罩构成密封的反应空间，底盘是夹套式的，也需要对底盘进行冷却，冷却水的温度控制一般比炉筒冷却水温度低。因为底盘上分布有一定数量的电极（电极数量根据硅棒对数而确定）以及电极密封圈（如聚四氟乙烯），炉内硅芯通过石墨底座、卡瓣等附件固定在底盘上（石墨卡瓣如图 4-7 所示），还原炉通过电极向硅芯供电，供硅芯发热，提供炉内反应所需要的温度。底盘上有分布均匀的孔，用来安装电极、进气导管、尾气管道以及加热碳棒等。底盘外圈有凹槽，其间装聚四氟乙烯垫圈用来密封炉筒和底盘，由于聚四氟乙烯垫圈耐热温度为 250℃，故应对底盘上垫圈部位单独进行冷却。

还原炉结构及生产原理

图 4-7　还原炉用石墨卡瓣

底座的主要作用是支撑整个炉体，并提供相应的空间安装电极、导线铜板、电极冷却水等。

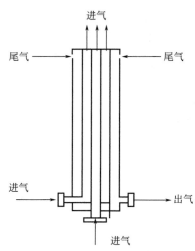

图 4-8 进、出气管道示意图

现在新的多晶硅工厂设计大多采用底座夹层布局，将炉子的钟罩、底盘放于还原大厅，底座位置放在还原大厅的下层，以保持还原大厅的整齐美观，同时便于维护底座下管线。

进、出气管道采用夹套式，如图 4-8 所示。采用三层套管结构，出气管在外面包住进气管，设计这种结构为了利于还原混合气体初步预热进入还原炉内，并使尾气得到初步冷却。进、出气管喷口的高度，一般与电极高度差不多，但低于电极与载体连接处的高度，这样可以保证混合气体能高速喷入还原炉内。同时喷口直径不宜过大或过小，选择合适的喷口直径可使气体在炉内呈湍动状态，以利于破坏硅棒表面的气体界层，有利于还原反应过程的进行。还可采用进、出气管道分开，散布在底盘上，这种结构用于大直径的还原炉，因为这样分布式的进气可以使炉内原料气体分布均匀，增加反应速率，利于硅棒的均匀生长，减少玉米粒的生成等。不管采用哪种方式，出气管道外部均应该设有冷却水夹套。因为尾气离开还原炉的温度在 500℃ 以上，若不采用外冷却夹套水，一方面有安全隐患，如烫伤人，另一方面对设备也不利。

导气管是影响还原的生产关键部件，导气管的分布、孔径大小、进气管高度均会影响还原炉内气体流场，从而影响硅棒表观质量，故对导气管的研究尤为重要。以 12 对棒还原炉为例，导气管的分布一般如图 4-9 所示，即外圈进气盘管上有 8 根，而中央为单独 1 根，这样分布的好处是使得还原炉内气体分布均匀，利于炉内所有硅棒均匀生长。

12 对棒多晶硅还原炉中，每 4 对硅棒为一组，一共分为三组，分别是内圈、外 1、外 2，如图 4-10 所示。其中 1~8 为一组，9~16 为一组，17~24 为一组。

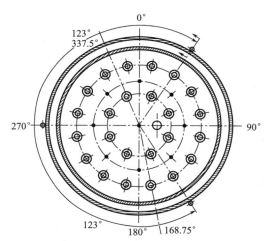

图 4-9 导气管分布图（图中实心黑点处）

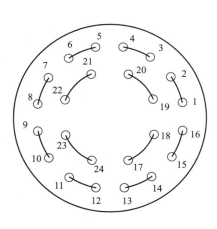

图 4-10 还原炉硅芯结构布局

早期的多对棒还原炉变压器采用叠层输出，硅棒电击穿后的沉积初期，存在"倒极"操作，以满足硅芯生长的伏安特性，并减少功率损失。在运行中，每组分别供电，在倒极之前每组的 4 对硅棒是两两串联，然后并联，如图 4-11 所示；倒极之后，则是每组 4 对硅棒串联在一起，如图 4-12 所示。"倒极"操作是由调功柜程序自动完成。"倒极"过程容易发生"掉电"，因此，目前一些新的多晶硅还原炉电气设计去掉了"倒极"操作过程。

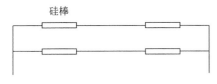

图 4-11　倒极之前的两两并联然后串联

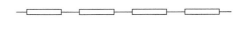

图 4-12　倒极之后 4 对硅棒串联

电极主要用来给硅棒加载电流，由导电性能较好的铜材料制成，一般为紫铜电极，中间为空心，用低温循环脱盐水冷却，以防止电极密封垫圈烤焦，致使还原炉泄漏。其结构如图 4-13 所示。

如果炉顶装有等离子硅芯预热设备，则炉子运行期间也应该对炉顶等离子设备进行冷却，总之，只要是还原炉与空气接触的金属部分，均应该冷却并做好保温措施，防止运行人员烫伤。

等离子发生器用来产生高温等离子气体加热硅芯，以便击穿硅芯（即将硅芯由半导体升温后变成导体）。等离子发生器由等离子阴极、等离子阳极、等离子阴极水套、等离子阳极水套以及辅助部件组成。整个等离子启动还需要等离子切割机提供切割电流电压。

等离子切割氮气的原理如下：

$$N_2 \xrightarrow{\text{电弧}} N+N \quad 或 \quad 2N^+ + 2e$$
$$N+N \longrightarrow N_2$$

在等离子切割机提供电压、电流的情况下，等离子阴极进行尖端放电，产生的电弧对经过的 N_2 分子进行加热，温度达上千度。在高温下，N_2 分子中的 N 原子之间的 N—N 化学键断裂而形成带有大量能量的 N 原子，甚至带正电荷的 N 原子核和带负电的电子经过硅芯表面时，高温 N 原子或带正电荷的 N 原子核和带负电的电子在硅芯表面释放能量而重新生成 N_2 分子，并放出大量的热量来加热硅芯。

等离子发生器结构如图 4-14 所示。由图可见，等离子阴极在有电压加载的情况下，大量电子积聚在尖端而形成尖端放电，产生电弧击穿 N_2 分子。

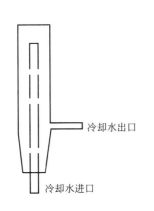

图 4-13　电极及冷却水示意图

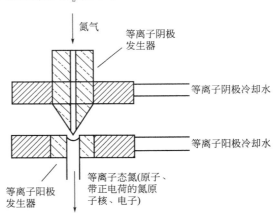

图 4-14　等离子发生器示意图

采用等离子击穿硅芯过程中，等离子容易发生电流波动，波动过大，容易掉弧，甚至烧坏等离子；同时如果等离子冷却水泄漏进入炉内，会导致产品污染。因此采用等离子击穿的方法时，要注意对等离子发生器电流、电压的控制，启炉前要检查等离子发生器是否漏水。

还原炉炉体大小是指炉子的有效空间，即容积。载体与炉壁、载体与载体的间距的原则是既要考虑硅棒的最大生长直径和对炉壁的热辐射，又要考虑有效利用炉体空间和设备材料。如果炉壁与载体过近，特别是生长后期，硅棒直径不断长粗，使炉壁温度升高，当达到一定温度时，炉壁上也会沉积出硅，在进一步沉积过程中，这部分硅散裂而被气流带至硅棒载体表面，使硅棒表面粗糙或夹杂气泡，将影响多晶硅的品质。同时，高温下来自炉壁材料的沾污也增加了。若距离太大，会影响气流循环并降低还原效率，同时造成炉体空间的浪费。

（3）淋洗塔系统

淋洗塔系统主要由淋洗池、淋洗塔、淋洗液循环泵组成。

淋洗塔由玻璃钢制作。每个塔柱内装有带一定数量喷嘴的水管一根，使水呈喷雾状喷入，使尾气中的 HCl、$SiCl_4$、$SiHCl_3$ 被淋洗生成盐酸和 SiO_2，再通过专用的管道送至污水站处理，H_2 回收利用或直接放空。

（4）电器设备（高压电器和中压电器）

根据高纯硅的"热敏性"（纯硅棒的电阻是随温度的升高而迅速减小），可先用高压启动设备得到大的电流，使硅棒载体温度升高；硅棒电阻将随着温度升高而下降，直到用普通电压也能得到足够大的电流，使硅棒能够保持还原反应所需的温度。因此还原炉需要配备一台高压启动设备和一台维持硅棒正常生长的低压电器设备。

（5）调功柜

调功柜，又名晶闸管调功器。它的主要器件是晶闸管，一种以硅单晶为基本材料的 P1N1P2N2 四层三端器件，创始于 1957 年。

普通晶闸管最基本的用途就是可控整流，而二极管整流电路属于不可控整流电路。如果把二极管换成晶闸管，就可以构成可控整流电路、逆变、电机调速、电机励磁、无触点开关等。

在性能上，晶闸管不仅具有单向导电性，而且还具有比硅整流元件（俗称"死硅"）更为可贵的可控性，它只有导通和关断两种状态。

晶闸管能以毫安级电流控制大功率的机电设备，如果超过此频率，因元件开关损耗显著增加，允许通过的平均电流相应降低，此时，标称电流应降级使用。

晶闸管的优点很多，例如：以小功率控制大功率，功率放大倍数高达几十万倍；反应极快，在微秒级内开通、关断；无触点运行，无火花、无噪声；效率高，成本低等。

晶闸管的弱点：静态及动态的过载能力较差；容易受干扰而误导通。

（6）变压器

变压器主要用于将 10kV 高压电整流变压后供给还原炉。其结构如图 4-15 所示，由铁芯、主绕组、副绕组组成。

通常还原厂房所用到的变压器为整流变压器，其特点是原电源为交流电源，通过整流变压器之后得到直流电源，为还原炉内硅棒供电。

（7）板式换热器

板式换热器主要用于冷却各加热水，其结构如图 4-16 所示。

板式换热器由一组长方形的薄金属板平行排列、夹紧组装于支架上而构成。两相邻板片的边缘衬有垫片，压紧后可达到密封目的，且可以用垫片的厚度调节两板间流体通道的大小。每块板的四个角上各开一个圆孔，其中两个圆孔和板面上流道相通，而另外两个圆孔则不通，它们的位置在相邻板上是错开的，以分别形成两流体的通道。

图 4-15 变压器

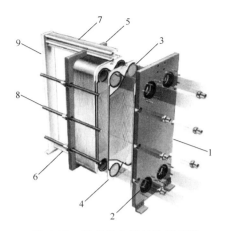

图 4-16 板式换热器结构示意图
1—固定夹紧板；2—连接门；3—垫片；
4—板片；5—活动夹紧板；6—下导杆；
7—上导杆；8—夹紧螺栓；9—支柱

板式换热器的优点：结构紧凑，单位体积设备所提供的传热面积大；总传热系数高；可根据实际需要删减板数以调节换热面积；检修和清洗都比较方便。

板式换热器的缺点：处理量不大；操作压强较低，不适宜 1.5MPa 以上的流体换热，因为板片间垫片容易泄漏；操作温度不宜过高，橡胶垫片一般不高于 150℃。

（8）尾气换热器

从还原炉出来的尾气温度高达 400℃以上，因此对尾气的冷却是必需的。尾气管道通常采用夹套式，通过夹套冷却水对尾气管道进行冷却，避免尾气管道温度过高烫伤工作人员或者损坏管道法兰密封垫。

在经过初步的夹套冷却之后，尾气进入到带夹套的 U 形管换热器，将尾气冷却至常温，输送至尾气回收系统。尾气换热器结构如图 4-17 所示。

图 4-17 中的冷却水进-1 是夹套冷却水，主要作用是避免尾气对换热器壁面传热，使壁面温度过高而造成烫伤事故。由于尾气中含有微细的未沉积的硅粉颗粒物，故尾气应该走换热器的壳程，以免堵塞管程；而干净的冷却水则走管程。

此外，该 U 形管换热器顶部还设计有排气孔，避免因气体进入到管束受热膨胀损坏管束。

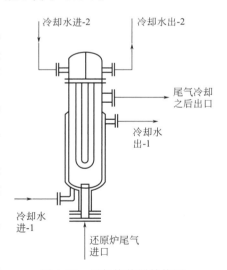

图 4-17 尾气换热器结构图

4.2.3 还原工序设备及工艺操作

（1）开炉前的准备

工作前劳保用品的准备见 3.4.1.1 节。

开炉前，必须严格清洗设备，清洗还原炉的各部件，清洗发热体。在安装硅芯之前，首先用纱布擦去炉内各部分的沉积物，对于不易擦掉的沉积物用 20%的氢氧化钠溶液擦洗，接着用超纯水洗至中性，最后，用无水酒精擦拭炉体各部分，经干燥后将炉体封闭，保护炉体免受潮湿。还原炉的所有表面、底盘及电极等要彻底清洁，目的是除去微量的氯硅烷、锈迹、灰尘以及其他可能导致产品污染的成分。

在装炉过程中〔装炉是指将载体（硅芯）安装在还原炉内〕，要使硅芯牢固地插放在石墨头上，石墨头要与电极接触良好。整个过程要十分仔细，以免使硅芯折断，造成损失。经过清洁处理后的设备、部件、发热体，都不应该用手直接接触，在安装时，要戴聚乙烯薄膜类手套以防止造成污染。

检查蒸发器系统、还原炉冷却水系统、电气设备、尾气回收系统是否正常，保证蒸发器热水制备系统、原料 $SiHCl_3$、氢气供给充分；保证炉体冷却水、视孔水、电极水、底盘水等正常循环；保证变压器、调功柜系统正常；保证尾气回收系统正常运行，能接受还原工序的尾气并能将回收的氢气送至还原工序。

（2）启炉

① 保压：开炉前的一切准备工作和安装工作完成后，则封闭还原炉，对其进行保压操作，以检查其密封性。保压压力一般为 0.2～0.3MPa。保压半小时，如果压力变化在允许范围内，则保压成功，否则检漏，直至还原炉密封。

② 抽真空：保压成功后，抽真空至压力为 -0.08～-0.09MPaG，然后充氮气至0.1MPa，反复抽真空、充压3次，第三次充压至微正压即可，如 0.05MPa，保证还原炉及附属管道里空气含量降至1%以下。

③ 吹扫炉体：开淋洗或者放空阀门，赶氮气吹扫炉体，10～20m³（标准状态）/h，吹扫约 15min，使炉体内干净、干燥，氧气含量几乎为零。尾气走淋洗时特别注意，必须保证还原炉压力高于淋洗塔压力方可打开淋洗阀门，防止淋洗塔内气体反窜进入还原炉。

④ 送炉筒水：一般送炉筒水需要2名操作人员合作（分别在中控室和现场），如图 4-18 所示。

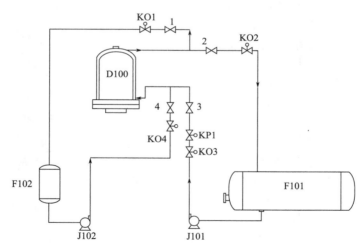

图 4-18　送炉筒水简图

首先现场关闭还原炉炉筒停炉用水手动阀门（截止阀 1 和 4），打开进/出炉筒手动阀门（截止阀 3 和 2），中控室（DCS）关闭停炉用水进出气动开关阀（KO1、KO4），开进水开关阀 KO3，缓慢开进炉筒水气动开关调节阀（KP1），以1%～5%的幅度增加阀门，同时现场开还原炉冷却水回水排气阀，并检查炉筒是否漏水。当空气完全排出且炉筒水不漏时，现场作业人员关闭排气阀并通知中控室开启炉筒水回水气动开关阀（KO2），完成送水操作。之后随着硅棒不断长大，温度不断升高，根据炉筒水的工艺设计温度，通过调节阀调节进水流量。

上述操作针对送低温炉筒水，若炉筒冷却水系统有闪蒸，则送水过程与上述不同，是采用的停炉水罐送水，停炉时已经关闭了 KO2、KO3、KP1，开启 KO1、KO4，因此送水时，关闭 KO1，直接用泵将停炉水罐脱盐水送至还原炉，排气，待气体排尽，关闭 KO4，并停泵 J102，开 KO3，然后微开 KP1，再开 KO2，调节阀 KP1 对炉筒水流量进行调节。注意进水调节阀和开关阀关闭、开启的先后顺序。

⑤ 检查：检查还原炉炉筒水、底盘水、电极水、视孔水等是否有报警，即泄漏或堵塞；然后用氮气吹扫还原炉底部，使炉体附近清洁，防止杂物造成电机短路等，同时检查是否有滴、跑、冒、漏等现象，并挂上有电危险警示牌。

⑥ 送电：合上高压开关柜，推上隔离开关，给还原炉送电，检查电压是否正常。

⑦ 硅芯击穿：一般有两种启动方式，即等离子启动和高压启动。前者用高温等离子氮气加热硅芯，使硅芯变为导体；后者是常温下在硅芯两端加载数千伏高压，击穿硅芯。

⑧ 空烧：在硅芯击穿后，将还原炉内气氛由氮气切换成氢气，并升高电流保持合适的温度进行空烧。

（3）运行

待空烧 30～60min 后，开始进料控制。首先开启混合气调节阀两端手动阀门，然后关闭淋洗阀门（DCS），待炉内压力大于尾气回收总管压力时，打开去尾气回收总管阀门以及尾气手动阀门。初始进料阀门开启度为 3%～5%，并且以大约 1% 的增幅增加进气量，避免大气量及其波动导致硅芯晃动甚至折断。

① 挥发器单独供料的操作　设定好挥发器自动控制的各项参数，将各项控制仪表调为自动状态，将挥发器上的自动下料阀、进氢阀、混合气进出气阀、温水阀的气源打开，将挥发器加料至规定值，并加压待用。关闭还原炉前尾气放空阀，当炉内压力大于尾气干法回收压力时，打开尾气干法回收阀门，使尾气走干法回收系统，打开挥发器上进氢球阀、下料球阀、混合气出气针形阀、打开还原炉前混合气流流量计上下调节阀、加热温水阀，手动调节混合气自动仪表上的气动阀开启度，关闭炉前赶氢阀门。最后，观察挥发器的各项参数是否处于受控状态。

② 挥发器正在供料时新开炉的进料操作　关闭该还原炉尾气的放空阀，当炉内压力大于尾气干法回收压力时，打开尾气干法回收阀门，使尾气走干法回收系统；打开还原炉前混合气进气阀、混合气流量计下控阀，用流量计上控阀控制混合气的量，关闭还原炉前赶氢的阀门。

运行中，应控制温度在 1100℃ 左右，这样保证原料气不停地在硅芯表面发生气相沉积反应，使硅棒均匀生长。要维持 1100℃，需要不停地增加电流，间歇性地提高原料混合气。

根据 $R=\rho L/S$、$Q=I^2R$ 知，随着硅棒的生长，S 的增加，电阻变小，所以要想维持 1100℃，需要不停地增加电流；同时根据反应表面积的增加，需要的原料混合气应该间歇性地提高，如果能均匀提高混合气，更加利于硅棒生长。运行中，根据不同公司不同电气设备要求，可能需要倒极。以 12 对棒炉子为例，硅棒布局如图 4-19 所示。

例如电极 1、2、3、4、5、6、7、8 所对应的硅棒为

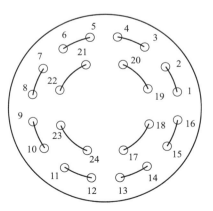

图 4-19　12 对棒电极情况

1-2、3-4、5-6、7-8 共四对棒，一开始电流较低时，1-2、3-4 为一组，5-6、7-8 为另一组，这两组是并联的，因为并联时 $I=I_1+I_2$，随着硅棒直径的增长，硅棒横截面积增加，导致硅棒电阻变小，要维持硅棒表面温度恒定，就必须不断地给硅棒加电流，这样使得 I 的电流变得非常大，超过调功器输出电流范围，就必须通过改变硅棒连接方式，即将 1-2、3-4 这一组与 5-6、7-8 另一组由并联切换成串联，因为串联之后 $I=I_1=I_2$，这样将调功器的电流输出降低了近一半，利于调功器工作以及调节，并降低功率损失，即所谓的"倒极"。具体倒极电流、电压应根据实际生产而确定。

（4）停炉

当硅棒直径达到一定时，应该适时停炉，取出产品，进行下一轮生产。当接到停炉指示时，打开侧路氢阀门，一边降混合气一边降电流（保持温度不超过正常运行温度），待混合气阀门完全关闭时，电流降幅 250～300A，根据实际温度变化情况而降电流。空烧半小时，一方面使三氯氢硅进一步反应完全，另一方面随着氢气的吹扫，炉内的氯硅烷气体随着氢气一并带走，使炉内保持清洁，避免残存的三氯氢硅气体发生低温反应，污染多晶硅硅棒。待空烧完毕，逐步降低还原炉电流（可以手动缓慢降电流或者控制系统自动降电流），直至最终断电，通知现场作业人员断开高压电源柜及隔离开关。断电后继续往炉内通入氢气，在氢气气氛下冷却 2～3h，关闭吹扫氢气，关闭还原炉至尾气回收系统阀门，通入氮气置换氢气。

待进/出炉筒水温度一致时，说明炉内辐射热量很小，可以放炉筒水：关闭进出炉筒水阀门，打开停炉用水罐阀门开始放炉筒水，然后抽真空、置换、赶氮气，以待拆炉。

由于生产的多晶硅是高纯物质，因此整个生产环境的洁净度要求也很高，对所有的与多晶硅接触的东西都要避免给多晶硅带来污染。在装炉、卸炉以及运送硅棒时要特别重视。

4.2.4　还原系统开车后的运行检查

当蒸发器、还原炉、水系统、电气系统均开车运行之后，对整个工序的运行检查则是工作的重点，任何一个细节都可能造成重大事故的发生。

还原系统开车后
的运行检查

开车后的巡检分为五大块：蒸发器系统、还原炉系统、电气系统、水系统、淋洗塔系统。

（1）蒸发器系统的巡检

蒸发器系统是连接精馏、还原、尾气回收三大工序的关键点，因此对蒸发器的巡检有如下几点。

① 原料 $SiHCl_3$ 供应量是否充足，即蒸发器液位是否稳定；原料 $SiHCl_3$ 压力是否稳定，由进料总管知道其压力波动情况。

② 原料 H_2 压力变化情况。

③ 混合气温度、压力是否稳定在设定值。如果压力波动，调节氢气进气量，如果温度波动，则调节外循环热水。

④ 外循环热水温度、流量是否控制良好。

⑤ 蒸发器管道、法兰、阀门、仪表接口处有无泄漏，阀门控制是否良好，仪表数值显示是否真实准确。

⑥ 蒸发器换热器管道有无泄漏，即有没有外循环热水进入到蒸发器内，导致 $SiHCl_3$ 大量水解，堵塞管道，极大地影响还原炉炉内反应。

（2）还原炉系统的巡检

还原炉系统是整个多晶硅生产的核心，具体巡检包括以下几个方面。

① 还原炉炉内温度控制是否合适，硅棒根部是否有因为温度控制过高而形成亮点。温度过高易形成"玉米粒"，过低则沉积速率受到影响。

② 硅棒长势如何，硅棒外表是否光滑紧凑，横梁是否衔接良好，底座、横梁有无拉弧现象。如果硅棒表面粗糙、"玉米粒"严重，应及时停炉或者采取相应措施，避免"玉米粒"恶化，导致杂质夹带严重而生产出废品多晶硅。

③ 还原炉内是否干净，即底座、底盘上是否有黑色颗粒物或絮状物等。如果炉内污染物较多，必要时应该停炉，清洗炉内，重新生产。若污染物较少，应做好记录备案，以备今后有质量问题时查询。

④ 还原炉混合气流量是否合适，应根据运行时间、硅棒直径、硅棒温度而进行相应的调整，此外还要考虑尾气回收系统的负荷。

⑤ 还原炉炉内压力是否在正常范围。

⑥ 还原炉底盘电极处有无因聚四氟乙烯垫圈损坏而泄漏，进气支管有无腐蚀严重而造成的混合气泄漏。电极温度是否正常，可用红外测温仪测量紫铜电极温度。

⑦ 炉筒冷却水温度、压力、流量控制是否合适。

⑧ 视孔水、等离子冷却水（有的还原炉没有）、电极水、底盘水、垫圈水（因为装还原炉炉罩时，为了密封，特用聚四氟乙烯垫圈来保持密封性，由于聚四氟乙烯的温度特性，应该对其进行冷却，即垫圈冷却）是否流通良好，压力是否正常。

⑨ 视孔氢气、等离子氢气（有的还原炉没有）是否打开，流量、压力是否合适。

⑩ 还原炉尾气换热器温度是否异常，换热器列管有无泄漏导致水解物堵塞；换热器冷却水温、流量是否适宜。

⑪ 还原炉有无挂"有电危险"警示牌，电极部分有无做相应的保护。

⑫ 所有管道、法兰、仪表、阀门是否泄漏；仪表显示是否真实准确；阀门是否控制良好。

⑬ 安全消防设施是否正常（消防水、消防沙、防护服、呼吸器、灭火器等）；应急电话是否通话良好。

（3）电气系统的巡检

电气系统是保证还原运行稳定的动力来源，而且初始电压是 10kV 高压，因此，对于电气的操作、巡检需谨慎细致。具体如下。

① 高压柜、变压器、调功柜、隔离开关等是否挂好了相应的警示牌，如"禁止合闸"或"有电危险"等警示牌。

② 高压柜有无报警信息，如瓦斯报警等，有报警信息应该及时处理。

③ 变压器油枕中的液位是否适宜，若液位很低，应及时通知电工处理。

④ 变压器油温度是否在正常范围，一般不能高于 $50℃$。

⑤ 仔细检查变压器油泵出口压力、油水换热器水压，并检查有无压力报警，一般情况下，油压大于水压。因为即使换热器列管有泄漏，首先是油向水中渗透，而不是水向油中渗透进入变压器，水在变压器中容易使变压器短路，放出大量热量使油水汽化而爆炸。

⑥ 检查油、水有无泄漏。

⑦ 检查油质好坏，可以通过油枕与变压器箱体连接处的透明玻璃观察，如果变压器油不透明，有可见杂质或悬浮物或油色太深，则为油外观异常。可能原因有：油中含有水分、纤维、炭黑及其他固体物；若油模糊不清、浑浊发白，表明油中含有水分，应检查含水量；若发现油中含有炭颗粒，油色发黑，则可能是变压器内部存在有电弧或局部放电故障，有必要进行油的色谱分析；若油色发暗，而且油的颜色有明显改变，则应注意油的老化是否加

速，应加强油的运行温度的监控。

⑧ 检查油枕空气呼吸器硅胶颜色变化情况。该类变色硅胶会根据硅胶水分的含量而发生颜色变化，当颜色不再变化，说明水分已经达到饱和，不能再阻止空气中的水分进入油枕，故应及时更换干燥硅胶。

⑨ 检查变压器、刀闸等所有导电部分是否有松动。

⑩ 检查调功器晶闸管温度是否异常，可以用手持红外测温仪检测。

⑪ 检查调功柜电流、电压值是否真实准确，并参照其远传至中控室的数值是否对应。

⑫ 检查调功柜冷却水是否有异常。

（4）水系统的巡检

水系统主要有蒸发器热水制备系统、还原炉冷却水系统、底盘水冷却系统、电极整流器冷却水系统。水系统能保证还原设备、电气在正常状态下运行。

① 蒸发器外循环热水的控制。外循环水主要通过锅炉蒸汽加热或利用其他热源，如炉筒水。外循环水系统包括泵、外循环热水集水罐以及外部热源。巡检时应检查集水罐液位是否适宜，泵出口压力是否正常，泵运转声音是否异常，泵轴冷却油是否适量，以及外部热源有无影响热水温度的控制。

② 还原炉炉体冷却水是水系统的核心。炉筒水冷却系统包括泵、闪蒸系统、炉筒水集水槽、板式换热器、各个管道阀门仪表。

巡检时主要检查泵的轴温、泵出口压力、泵的电流、泵输出流量是否正常，以及泵运行时声音有无异常，泵轴的冷却水是否正常（包括泵轴冷却水换热器外循环冷却水）。

闪蒸系统主要检查闪蒸罐液位是否在允许的范围之内，闪蒸蒸汽管道有无抖动、泄漏等。炉筒水集水槽主要检查液位是否正常、压力是否在可控范围之内、水温是否正常。

此外，还要检查板式换热器外循环水温度、流量是否正常，两侧冷热介质温差大小，避免因温差过大导致板式换热器内部闪蒸抖动，损坏板换设备。还需要检查全套炉筒水冷却系统各个阀门、管道、仪表、法兰等是否有泄漏，数值是否准确，控制是否良好等。

③ 底盘水系统主要检测底盘水温度是否合适，底盘水集水槽液位、底盘水泵泵轴温度、泵出口压力、泵运转声音是否异常，泵轴冷却油是否适量等。此外，还要检测底盘水系统有无泄漏，仪表显示值有无较大的误差，阀门控制是否良好，底盘水板式换热器外循环水温度、流量是否能有效地给底盘水降温等。

④ 电极整流器冷却水与底盘水大多数运行检查相似，唯一的区别就是，电极冷却水水温不宜过高，也不能太低。一般情况下，电极整流器的进水温度控制在 28℃，由于夏天室内温度高、冬天冷，温度控制范围可以适当放宽，但不管怎样，温度应该在室温以上。如果温度过高，在板式换热器换热能力有限的情况下，可以对集水罐内电极整流器冷却水进行脱盐水置换，以降低水温。置换时应时刻注意集水罐液位变化情况。

（5）淋洗塔系统的巡检

淋洗塔系统主要由淋洗池、淋洗塔、淋洗液循环泵组成，具体检查有以下几项。

① 淋洗池液位、pH 值是否合适，一般保证淋洗液 pH 值在 12 以上；还要检查淋洗池是否有大量的水解物漂浮，有无大量的沉积物等。

② 淋洗塔塔内压力是否正常，喷淋管有无堵塞。

③ 循环泵声音是否异常，轴温是否适宜，泵轴冷却水是否流通，泵出口压力是否正常。

4.2.5　还原系统运行中工艺参数的设定与调整

还原生产过程中的控制主要是控制反应温度、混合气进气流量以及冷却系统的控制。

（1）温度控制

多晶硅沉积反应的反应温度为 1080～1100℃，该温度的获得是通过给硅棒加载电流，使硅棒像电阻丝一样发热。要精确稳定地控制反应温度，就要控制硅棒发热体的表面温度，以方便气相沉积反应在硅棒表面均匀反应。

每台还原炉采用一台变压器、调功柜给硅棒加载电流。以 12 对棒为例，有 3 相，内圈 4 对硅棒为一相，外圈 8 对硅棒分为两相。来自外部的高压电源（10kV）向还原炉整流变压器供电，经过整流变压后，输送到还原炉晶闸管调功器中。晶闸管调功器与还原炉电极连接，向还原炉内的硅棒供电，并由调功柜来控制供电电流的大小。

硅棒表面的温度由红外测温仪测得。红外测温仪在使用前需要校正，因为测量温度与真实温度可能有一定的差距，故对于温度的衡量还需要现场作业人员经验感知。硅棒加载的电流是通过晶闸管调功器（俗称调功柜）供电。

用红外测温仪通过还原炉上的视孔测量出硅棒表面的温度，温度信号传送到中控室，如果是对温度设定的自动控制，则温度的变化反馈使电流也随之做相应变化，即红外测温仪测得的温度偏高，中控室接收到该信号，然后通过控制系统反馈给调功柜，通过调功柜自动降低电流，以维持温度的恒定。反之，若温度偏低，则反馈系统会自动提升电流。如果没有对温度-电流投自动，则需要手动调整调功柜输出电流，操作方法同上。

一般硅棒表面最佳反应为 1100℃ 左右，故根据测温仪所测温度进行调整电流加载情况，以维持温度稳定。

$SiHCl_3$ 被氢气还原以及热分解反应都是吸热反应，因此，增加反应温度，有利于反应的进行，也会使硅的结晶性能好，而且表面具有光亮的灰色金属光泽；但是反应温度不能过高，以避免硅棒"玉米粒"严重，或者硅棒根部软化，或横梁熔断发生倒棒。

（2）混合气流量控制

随着还原反应的进行，硅棒直径越来越大，多晶硅硅棒表面积也相应地增大，于是供硅沉积的反应区域也增大，沉积速率加快，每小时沉积的多晶硅质量也在不断增加，因此进入还原炉的混合气流量也要随之提高，才能满足转化率不变条件下的沉积速率的提升。

混合气流量控制方案有两种：一种是自动控制，另一种是手动控制。

自动控制方案中既可以根据反应时间来调整进料，也可以根据硅棒直径实时控制进料。前者是根据硅棒实际生产情况，做好进料时间表，让计算机自动根据时间而调整混合气进料量。后者是根据硅棒直径大小而控制进料量。硅棒直径的判断可以通过加载的电流、电压，以及硅棒的其他参数大致得到。

手动控制进料，可以配合现场作业人员随时调整混合气量，这样操作的弊端就是混合气进料操作间隔较大，使得炉内反应不均匀，容易产生温度夹层。也有一定的优势，可避免测温仪测温不准或对直径的自动判断不准造成的混合气进料紊乱。

如图 4-20 所示。混合气大小的计算需要考虑的因素有硅芯总长度、$SiHCl_3$ 一次转化率、硅棒径向沉积速率等。根据上述因素，可以估算实时混合气进料量，最后再根据实际生产做相应的调整。

（3）混合气配比设定与调整

混合气的配比是影响还原反应的关键因素。在三氯氢硅还原过程中，如果用化学当量计算的配比（H_2/TCS＝1∶1）进行还原反应时，产品为非晶体型褐色粉末状，而且实收率很低。混合气的配比控制主要是控制蒸发器的温度和总压。

（4）炉筒冷却水温度控制

还原反应，硅棒会对炉壁产生大量的辐射热，使炉壁温度升高，如果不进行炉筒冷却，

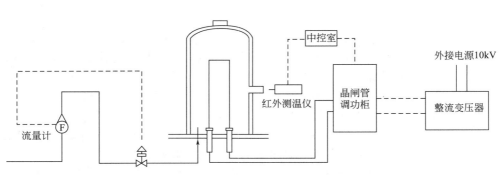

图 4-20　还原炉供电及混合气控制系统示意图

炉筒温度会达到数百度，危及运行人员安全以及设备安全性能，这样对炉壁的有效冷却是关键。炉壁冷却的关键是控制炉壁冷却系统冷却介质、温度、压力、流量等。

一般选取脱盐水作为冷却介质，因为在大型还原厂房，水资源最为廉价且控制最为方便，就算泄漏，也不会造成环境污染及较大安全隐患。

温度的控制是关键，温度过高，根据传热计算，会使得炉筒内壁温度也相应地提高，若炉筒内壁温度达 350℃，则炉筒内壁会发生大量的低温反应，生成不定型硅，该类硅粉若被吹散到硅棒表面，一方面污染硅棒，影响质量，另一方面影响硅棒本身均匀地生长，即硅棒表面晶体粒径的不同造成硅棒表面的生长速率不同，从而影响硅棒颜色和外观，如产生"玉米粒"等。若炉筒冷却水温度过低，则根据传热原理，炉内壁与冷却水温差很高，造成传热推动力增大，使炉筒水带走大量炉内热量，造成炉内能量损失严重，不利于节能。这就是提高炉筒冷却水温度的原因，即减少炉筒水带走的热量，同时还能开启热能综合利用系统，将热量重新利用起来。水温越高，得到的闪蒸蒸汽也越能发挥其加热功效。

至于压力控制的目的主要是防止水温过高，在管路内闪蒸，管道抖动，因此整个管路内的压力都必须控制在最高水温的饱和蒸气压之上。一般是通过控制炉筒冷却水流量来控制水温，因为相同热交换下，水量越大，则水温升高越小。具体控制根据实际生产过程进行相应的调节。

针对闪蒸系统参数的控制，主要应该掌握水的温度与饱和蒸气压的关系。

（5）反应时间的控制

还原反应是个非稳态过程，随着时间的增加，因为硅棒表面积的增加导致沉积速率也随之增加，这样反应时间越长，后期反应速率越快，单位质量多晶硅的还原电耗也相应地下降。但是有两个制约因素：硅棒外观和硅芯尺寸。

随着硅棒直径的不断增加，硅棒表面积增加，使得表面反应加剧，晶体生长速率也加快，两根硅棒之间的距离也减小，相互之间的辐射热也越强烈，使得硅棒表面产生大量的逆腐蚀，从而产生"玉米粒"颗粒增大、增多，硅棒外观受到影响，不利于后处理工段清洗、腐蚀、烘干操作。而硅棒直径的增加，硅棒间隙减小，使得混合气在炉内分布不均匀，增大炉内不同位置硅棒的生长差异。

此外，硅棒的直径还会受到硅芯尺寸的影响，两根硅棒之间的距离一般在 200mm 左右，这限制了硅棒所能达到的最大直径。

在硅棒长势良好的情况下，可以适当延长硅棒反应时间，降低单位质量产品的电耗。

（6）电极水、底盘水温度的控制

电极通过石墨底座与硅棒相连，硅棒温度在反应时有 1000℃ 以上，相应的电极温度也会很高。还原炉常用的电极是紫铜电极。所谓紫铜即工业上常说的纯铜，纯度在 99.95% 以上，具有仅次于银的导电性能，熔点在 1083℃。

金属的导电性随着温度的升高而降低，因此若不对电极进行冷却，就算是导电性能极好的紫铜电极也会因为温度的上升而导电性能下降，也就是说电阻增加，发热量增加，导致电能的损耗。更有甚者，烧坏电极。

作为电极材料，按照导电性能与温度关系可知，温度越低，导体的导电性能越好，如在绝对零度（−273℃）时，金属为超导体，即电阻为零。可见还原电极温度应该越低越好，但是不能过低。原因是温度过低，该温度下水的饱和蒸气压也较低，周围空气中的水蒸气的分压也较低，这样空气中的多余水分则会在电极上冷凝，使电极表面覆盖一层水膜。水能溶解空气中的杂质、气体等。还原厂房有可能有轻微的 HCl 气体，HCl 气体遇水具有强烈的腐蚀性，会腐蚀底盘、进料支管等。而空气中 CO_2、O_2 遇水之后和铜电极发生轻微的腐蚀，生成铜绿，即碱式碳酸铜：

$$2Cu+O_2+H_2O+CO_2\longrightarrow Cu_2(OH)_2CO_3$$

因而，温度不宜过低，应保持在室温以上，通常为 28℃。

还原炉内硅棒的温度同时也会对底盘有大量的辐射。按照辐射量，底盘上的温度若在 350℃ 以上，则底盘上也很容易出现低温反应，造成 $SiHCl_3$ 浪费的同时污染炉内硅棒。因此需要有效地减少底盘上的低温反应，即控制底盘温度低于 350℃。

具体措施可以是采用炉筒冷却水冷却底盘，或者采用单独的底盘冷却水系统冷却底盘。底盘水温度的控制灵活度比电极水要高，即温度范围比较广。不同公司可能有不同的控制温度。

任务三 设备、管道保养与维护

【任务描述】

本任务学习三氯氢硅氢还原制备高纯硅工序中设备、管道的日常维护及检修，常见故障判断与处理。

【任务目标】

① 了解还原工序设备、管道的日常维护内容及方法。
② 能按要求对设备进行点检、检修、维护与保养。
③ 会编制检修计划书。

4.3.1 设备、管道的日常维护

（1）设备、管道的防腐

设备、管道在使用过程中，暴露在大气中的部分经常接触到腐蚀性介质，如工业区的 HCl 气体、氯气、二氧化碳气体等，同时管道还可能受到温差变化、凝结的水汽、辐射等作用，发生外腐蚀；对于埋在地下的管道要受到土壤、电解质等外腐蚀；在设备、管道内部由于输送腐蚀性介质种类多，如 $SiHCl_3$、HCl 等，容易诱发管道内腐蚀。

还原厂房内，由于经常需要装拆炉，空气中含有微量的 HCl 气体等，遇到空气中的水蒸气极容易腐蚀设备。此外，水系统中的部分外循环冷却水管道均埋在地下，也容易受土壤

中电解质、有机酸类腐蚀。

还原厂房内采用的主要防腐手段有：

① 涂层覆盖法，如各种油漆、涂料等，以保护换热器、原料管道、冷却水管道等；

② 凡士林、机油涂抹法，如涂抹黄油以保护螺栓、阀杆等；

③ 化学氧化膜法，让设备表面生成一层致密的氧化膜（如氧化铝膜），可以有效地防止设备表面进一步腐蚀；

④ 隔离法，主要用于热水管道、蒸汽管道、还原炉、蒸发器等，主要是保温层的防腐功能，保温层一方面可以用来对管道内流体进行保温作用，另一方面能很好地隔绝空气中的 HCl、CO 气体接触设备、管道表面而腐蚀设备、管道。

（2）设备的润滑

润滑是指在两个物体接触界面之间加入某种物质，用来降低摩擦、减少磨损，达到延长设备使用寿命的过程。一般用润滑剂来达到润滑的目的，润滑剂还具有冷却、防锈、减振、密封、传递动力等作用。最常见的润滑剂有润滑油、润滑脂。润滑油是由基础油加入添加剂构成的。

设备润滑的基本要求如下。

① 润滑油使用时应该注意温度不能超过 80℃。因为当润滑油的温度超过 80℃时，润滑油的氧化速度是 20℃时的氧化速度的 20 倍，如果长时间在此温度下运行，润滑油将变质。

② 设备运转过程中，由于受到机件本身及外界灰尘、水分、温度等因素的影响，使润滑油变质。为保证润滑油的质量，要及时更换润滑油。

③ 设备润滑油必须做到油具清洁，油路畅通。

④ 润滑油间保持通风。如果不得不持续接触润滑油，最好穿上清洁罩衬、围裙及手套。

⑤ 排放的润滑油，要统一回收处理，不能直接排到地沟系统，因为这样会严重损害环境。

⑥ 巡检时检查轴承体润滑油的油位，保持油位刚好淹没轴承一半为宜；过高，使得大量润滑油随着轴承的高速转动而溅出；过低，不利于轴承的冷却。

（3）设备、管道的清洗

设备、管道在使用之前应该清洗干净，一方面避免设备、管道初次使用给系统带入杂质；另一方面，不干净的设备、管道会降低系统的工作效率。此外，当设备、管道使用一段时间之后，由于设备、管道内壁沉积了大量的污垢、腐蚀产物、微生物及其衍生物等，使设备、管道工作效率大大降低的同时，还有可能影响到产品质量。

还原厂房需要清洗的设备、管道分为两大类：反应系统和冷却系统。

反应系统包括还原炉、蒸发器、尾气换热器以及相应的附属管道。还原炉在运行之后，内壁附着一层不定型硅，以及吸附了少量的三氯氢硅、氯化氢、水蒸气等；蒸发器主要会沉积少量管道带进来的颗粒物以及微量的腐蚀产物；尾气换热器管程（走水）易结垢，降低换热器换热效率；尾气中会有部分硅或炉壁掉落颗粒物，在壳程中因为流通阻力、低温等因素而沉积在换热器壳程，导致换热器壳程阻力加大，影响尾气的流通性；原料管道主要会因为极微量的腐蚀造成管道内部锈蚀、不光滑等，从而影响产品质量。

冷却系统包括板式换热器、各个水管道等。冷却系统中，主要考察板式换热器的清洗问题。外循环冷却水是通过凉水塔在空气中冷却，很容易溶解、吸收空气中的杂质、部分气体，而粉尘也极容易进入到外循环冷却水中，而本身外循环冷却水中含有少量的电解质等。在板式换热器受热的情况下，电解质分解［如酸式碳酸盐 $Mg(HCO_3)_2$、$Ca(HCO_3)_2$ 等］，沉积在板式换热器上，形成结垢，增加换热器热阻，从而降低换热器换热效率。

因此，还原炉、换热器在使用一段时间之后，应该认真清洗。设备、管道清洗分为化学清洗、物理清洗，具体要求如下。

① 化学清洗应该根据工业设备化学清洗标准执行。清洗过程中，尽量不要对设备、管道内壁造成腐蚀。

② 清洗包括除锈、除油、除蜡、除垢等。

③ 清洗之后还需要对要求干燥的设备、管道进行吹扫、干燥，如原料三氯氢硅管道必须严格干燥。

④ 清洗剂需要无毒、无害、无污染。

⑤ 清洗操作要简单可行，除垢彻底。确保操作安全，防止引起火灾或毒害人体以及造成环境污染。

⑥ 设备、管道进行清洗前，应先做好准备，如离心泵的清洗要先去除泵叶轮内、外表面及密封环和轴承等处的水垢、铁锈等，然后开始清洗；还原炉的清洗应该先用大量的氮气吹扫炉内壁，去除设备表面轻微的附着物。

⑦ 讲求经济效应，在保证上述条件的情况下，提高工作效率，降低原材料成本。

（4）设备、管道的保温

设备、管道的保温主要是为了减少设备、管道及其附件在工作过程中的散热损失和工艺生产过程中介质的温度降，延迟介质凝结，保持设备及管道的生产能力与安全，节约能源，提高工作效益，降低环境温度，改善劳动条件，防止操作人员烫伤。

常用的保温材料有岩棉及矿棉管壳、超细玻璃棉制品、玻璃棉毡、玻璃棉壳板、硬质聚氨酯塑料、聚苯乙烯泡沫塑料管壳等。

（5）设备、管道的维护

还原生产过程中，不管是装拆炉，还是管道、设备泄漏等因素，都会造成空气中含有微量的氯化氢气体，氯化氢气体在潮湿的空气中具有强烈的腐蚀性，对设备造成较大的损伤，如阀门的锈蚀、螺杆的锈断等。因此，为了防止设备性能劣化或降低设备使用寿命、效率，对设备的维护、保养至关重要。

设备维护分为预防维护、生产维护、事后维护等。针对金属的腐蚀，可以采用物理法和化学法防腐。物理法：在钢铁器件表面上涂上机油、凡士林、油漆、塑料等耐腐蚀的金属材料；电镀一些不易被腐蚀的金属（如镍、铬、锌等）。化学法：如电化学保护法，一方面使金属表面产生一层细密稳定的氧化薄膜，另一方面利用原电池原理，将被保护的金属作为腐蚀电池的阴极，使其不受腐蚀。

① 还原炉的维护。还原炉处在微量 HCl 和水蒸气的气氛中，对还原炉的维护主要体现在设备腐蚀上；而还原炉运行时，外壁温度也将超过 $100℃$，因此，对还原炉的维护措施主要采用保温隔绝法，即用保温材料按照保温材料设计标准进行包裹还原炉外壁，且最后用铝片固定保温材料。这样，一方面隔绝还原炉炉壁和空气中的 HCl、水分的接触，避免设备腐蚀；另一方面对还原炉进行保温，避免人员烫伤。

用铝片包裹是因为铝片在 HCl、水蒸气的腐蚀下，很容易生成一层致密的氧化物 Al_2O_3，该致密的氧化物在铝片表面形成一层致密膜，阻止铝片继续被腐蚀。因此，常见到还原炉外壁铝片上有一层粉末，是 Al_2O_3。

作为还原炉的配套部件，如电极，也应多注意维护保养。

② 还原管道的维护。还原工序的管道有多种，且各种管道内部所输送的介质也不同，如氢气、三氯氢硅、蒸汽、水管道等。管道的腐蚀、损坏均会在一定程度上影响生产，故在

日常运行中，应该多关注各管道是否腐蚀、是否保温等。

如蒸汽管道，由于输送高温高压蒸汽，在输送过程中，应该严格保温，避免因对外界传热而使蒸汽冷凝，浪费能量的同时造成水在管道内高速输送而撞击接管口、阀门、法兰，造成设备损坏。此外，对于温度高于50℃的热水管道，也需要进行保温。

输送氢气、三氯氢硅、常温水的管道，需要做好防腐蚀维护，如刷不锈漆。

③ 阀门、仪表的维护。阀门、仪表均属于易损耗品，阀门很容易因为锈蚀而报废，仪表很容易因为长期使用而失灵、表盘模糊等。

对阀门的维护应该注意以下几点。

• 阀门的阀杆应该以润滑脂、凡士林等固体润滑剂润滑保护。如果阀门没有使用，则应该加大润滑脂的分量，使得阀杆隔绝空气，一旦腐蚀生锈，无法灵活使用。

• 除了阀杆之外，对于阀门的辅助部件（紧固螺杆、螺栓）也应该用润滑脂润滑，隔绝空气，以保护紧固螺杆不锈断。

• 注意电动头及其传动机构中进水问题：一是使传动机构或传动轴套生锈，二是冬季冻结，造成电动阀操作时扭矩过大。损坏传动部件，会使电机空载或超扭矩保护跳开，无法实现电动操作。

对仪表的日常维护应该注意以下几点。

• 仪表在使用过程中，应该控制在仪表量程之内，特别是指针式仪表。

• 仪表盘污浊时，应该用软布擦净，避免表盘受腐蚀而使表盘玻璃透明度下降，影响观察示数。

④ 泵的维护。泵为所有循环水系统提供动力，一旦泵出现故障，势必对生产造成较大的影响。泵在日常运行中应注意：

• 经常定期地检查泵轴箱中油的液位是否适宜；

• 运行时，不能超负荷运行，即尽量控制泵运行时电流、扬程在铭牌规定范围内；

• 定期检查轴套的磨损情况，磨损较大后应及时更换；

• 泵长期停用，需将泵全部拆开，擦干水，将转动部位及结合处涂以油脂装好，妥善保管。

4.3.2　设备、管道的检修

（1）设备、管道检修前的安全措施

设备、管道检修前的安全措施见3.5.1节。

（2）设备、管道检修计划的编制

设备、管道检修计划的编制见3.5.2节。

（3）设备、管道检修时的监护

设备、管道的检修时的监护见3.5.3节。

（4）还原设备、管道的检修

设备、管道在运行过程中，由于受环境、自身内部介质的影响，设备、管道在运行一段时间之后，需要进行定期检修。还原工序主要检修的设备、管道有尾气换热器、泵、板式换热器以及仪器仪表等。

尾气换热器的介质是高温腐蚀性气体（氯硅烷、HCl等）以及微细粉尘（硅粉），而换热器冷却水温度为30℃左右的常温水，这样较大的温差对设备的使用寿命产生了较大的影响。此外，硅粉尘在换热器的壳程积累，易造成管道阻力增大，损失能量。检修时应注意以下各点。

① 确定检修的换热器必须事先抽空、置换多次，待换热器壳程氯硅烷气体完全排尽。

② 管程冷却水也应该排尽。

③ 维修场所的环境必须保持安全、整洁。

④ 要装卸、挪动换热器时，需要专业人员操作起吊设备。

⑤ 检修完毕，需要对换热器认真进行检漏。

⑥ 使用前，应严格分析设备内露点、氧含量等，直至吹扫合格之后方能再次投入使用。

管道的检修注意事项见 3.5.4 节（2）。

仪器仪表检修时注意事项见 3.5.4 节（3）。

任务四　还原工序常见故障判断与处理

【任务描述】

本任务学习三氯氢硅氢还原制备高纯硅工序中一般事故、应急事故的处理。

【任务目标】

① 能发现、判断、处理常见设备故障。

② 能组织、协调处理岗位危化品泄漏、着火等突发事故。

还原工序常见故障
判断与处理

4.4.1　一般事故处理

（1）机泵、阀门、仪表故障处理

机泵、阀门、仪表故障处理见 2.3.8 节（1）。

（2）倒棒的产生及处理

在多晶硅棒前期生长过程中，经常会遇到突然倒棒的现象，究其原因，可能有如下几种：

① 局部温度过高，如因为硅棒表面形成玉米粒，使得硅棒表面生长粗糙，造成局部电阻较大，而在电流一定的情况下，局部会产生大量的热量而瞬间熔断硅棒；

② 混合气体分布不均匀或者混合气气量不足，致使硅棒热量得不到有效冷却而使得硅棒熔断；

③ 瞬间加载电流过大，因为电流的加载有时候并非自动加载，由于人为因素致使某时刻电流加载过大，使硅棒熔断。

当出现倒棒时：

① 首先关闭混合气进口，做复位处理，如果复位不成功，做停炉处理；

② 打开吹扫氢气阀门对炉内进行吹扫置换，减少炉内三氯氢硅气体，减少炉内的低温反应；

③ 吹扫约半小时，将尾气切换至淋洗塔；

④ 改用氮气进行吹扫置换，根据炉内温度变化情况，待炉内温度接近常温时，关闭淋洗阀门，抽空、赶氮气置换，反复 3 次，最后赶氮气走淋洗；

⑤ 放炉筒水，做好拆炉准备。

（3）集水罐液位过低

在炉筒冷却水系统进行热能利用（闪蒸）时，因为不断闪蒸出蒸汽排出闪蒸系统，导致系统内水不断减少，致使闪蒸罐、集水槽总体液位降低，而因为温度的升高，导致集水槽压力与闪蒸罐压力相差不大，使得闪蒸罐水难以通过连通管进入到集水槽。这种情况下，往往采取的措施是给集水罐加脱盐水，让集水槽温度降低而压力降低；另一方法是对集水槽进行泄压，总的效果就是集水槽压力下降，这样闪蒸罐液位能有效地进入到集水罐，避免集水罐液位过低，对泵的运行和炉筒壁冷却造成一定的影响。还可采用其他方法，如将脱盐水补给阀门，与集水槽液位联锁，集水槽液位恒定，使系统处于稳态闪蒸过程。

（4）尾气冷却器压差过大

从还原炉产生的尾气首先经过各自的尾气换热器冷却，温度降至 50℃左右，然后进入尾气回收总管；在进入尾气回收系统前，还需要经过一个大的尾气冷却器降温，而尾气中细小的颗粒物以及尾气在低温下反应生成的不定型硅都很容易在冷却器管程积聚。该换热器的结构如图 4-21 所示。

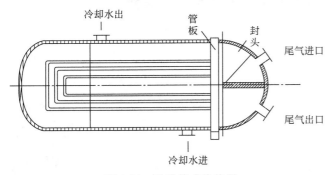

图 4-21 U 形管式换热器

由图可知，微小颗粒物很容易在管程沉积，这样造成的结果是尾气出口堵塞，致使进出气压力增大，从而对整个还原系统有一定的影响。遇到这种大量堆积物堵塞换热器的情形，一般需要停车处理，或者进行改造时，将还原尾气改走壳程。

4.4.2 应急事故处理

（1）突然停电

如果在生产运行中突然停电，就意味着停氢气、导热油、循环水。

如果瞬间断电（跳闸），将跳闸的各运行电路开关合上（导热油、循环水岗位）。还原炉进行复位操作，合上中压控制回路、主回路开关，必要时可适当降电流复位，对复位不成功的炉子，应立即按停炉处理。如果一定时间不能来电，则立即停料，关闭挥发器进氢阀、下料阀，关闭各还原炉混合气进气阀、尾气回收阀，打开尾气放空阀，用少许侧路氢赶气，并适当开启导热油高位冷油槽下油阀，以降低还原炉壁温度。循环水岗位应将循环水改为自来水冷却，防止垫圈、密封垫圈被烧坏。来电时，按开炉处理。

（2）氢气泄漏着火

氢气泄漏着火应急处理见 2.3.8 节（3）。

（3）三氯氢硅泄漏着火

三氯氢硅泄漏着火应急处理见 2.3.8 节（6）。

（4）还原炉窥视孔破裂着火

当还原炉窥视孔破裂发生着火事故时，当班班长应立即报告值班调度，并立即切断该台还原炉电源，关闭还原炉的尾气阀门，将尾气改至淋洗塔进行淋洗处理，必要时应穿戴好劳动防护用品。

打开吹扫氮气阀门，缓慢关闭还原炉混合气阀门和视孔氢气阀门，直至最后全部关闭，保持还原炉内正压，防止事态扩大。

当班班长应立即组织当班其他人员用灭火器对着火处进行灭火，灭火人员必须穿戴好劳动防护用品以及空气呼吸器。

待火被扑灭，组织人员进行现场清理和冲洗，对系统设备、管道、阀门、仪表进行全面检查，确认完好后，按运行操作规程要求，由当班班长请示调度和主管部门，重启停运系统，并做好记录。

（5）还原炉冷却水较长时间停水

在生产运行中，往往由于泵突然停止工作而造成冷却水系统停水。针对该类紧急事故，最好的办法是立即重启备用泵。如果备用泵也无法正常启动，则应该切断还原炉电源，关闭冷却水水泵电源和出口阀门。然后关闭混合气阀门，停止向还原炉内供混合气。

打开还原炉吹扫氢气阀门，用氢气对还原炉进行冷却。当还原炉冷却后，关闭尾气阀门，打开氮气进行吹扫置换，同时打开淋洗阀门，将尾气改至淋洗塔进行处理。

处理完毕，待冷却水系统恢复之后，对系统设备、管道进行全面的检查，确认完好后，按照操作规程，根据要求重启系统，并做好记录。

（6）还原炉断电

发现炉子断电以后，检查掉电原因，进行复位操作。若复位不成功，做停炉处理，即切断炉子的混合气体进气阀门，打开吹扫氢气阀门，炉子冷却以后，关闭吹扫氢气，并将尾气阀门切换至淋洗塔，同时打开吹扫氮气，进行还原炉炉内置换。

4.4.3 三氯氢硅氢还原工序开炉过程中应注意的事项

企业案例

【还原工序】

在开炉过程中，应按供料表的要求改条件，并缓慢均匀提升硅棒电流，保持硅棒的温度在 $1080 \sim 1100 ℃$。经常检查控制条件是否稳定，并适时调节，经常观察炉内硅棒生长有无异常，以便及时处理。经常检查还原底盘、电极、冷却器、变压器，检查冷却水是否畅通，水温、油温、水压、油压及操作系统压力是否正常。检查各炉电气控制系统接触器触头及元件是否发热、发烫情况，每小时记录一次，记录要真实可靠。

任务五 三氯氢硅氢还原工序产品质量要求及控制

【任务描述】

本任务学习三氯氢硅氢还原制备高纯硅工序中原料、成品、辅料质量指标及其控制。

【任务目标】

① 掌握三氯氢硅氢还原工序所用原辅材料的质量指标及控制。
② 掌握产品多晶硅的质量指标及控制。

4.5.1 原料的质量要求

（1）原料 $SiHCl_3$、H_2 的质量要求

原料三氯氢硅、氢气分别由精馏工序和制氢站（或尾气回收系统）提供。

三氯氢硅：标准杂质含量，$SiHCl_3 \geqslant 99.8\%$（质量分数）。

氢气：需要控制露点、氧含量、碳含量等；H_2 含量≥99.9%（体积分数）。

（2）还原工序所用热源质量指标

还原生产中的主要热源是锅炉房过来的高温饱和水蒸气，通常用蒸汽表示。水的饱和蒸气压与温度相对应，常用蒸汽压力来表示蒸汽温度，即若说蒸汽压力为 250kPa，则表示加热蒸汽的温度为 127.2℃。通常实际中往往用表压表示，即蒸汽压力为 1.5kgfG，同样表示蒸汽温度为 127.2℃。

蒸汽加热系统，往往利用蒸汽的潜热（即相变热），即 127.2℃ 的蒸汽变成 127.2℃ 的水，压力并不改变，而释放的能量，其数值等于该温度下水的汽化热（kJ/kg）。127.2℃ 的蒸汽变成 127.2℃ 的水，放出的热量为 2185.4kJ/kg，即该温度下水蒸气释放的潜热为 2185.4kJ/kg。

（3）所用冷却水质量指标

还原厂房冷却水有两种，一种是低温 7～11℃ 水，另一种是常温外循环水。

7～11℃ 水主要通过溴化锂冷冻机组冷却后循环，而外部循环冷却水直接由冷却塔冷却后循环。

溴化锂机组工作原理：利用液态制冷剂"溴化锂-水"组成的二元溶液在高温蒸汽的加热下蒸发成高浓度的溴化锂溶液和水蒸气，其中水蒸气通过外部循环冷却水冷凝而进入到蒸发器，同时高浓度的溴化锂溶液则进入到吸收器，吸收器和蒸发器内部是相通的，由于溴化锂溶液的强烈吸湿性，会吸收蒸发器的水分而使蒸发器温度下降，蒸发器内部换热器通循环水，这样因为溴化锂的吸湿使得蒸发器内换热器里的循环水温度下降而制冷。因为溴化锂吸收式制冷机的制冷剂是水，制冷温度只能在 0℃ 以上，一般不低于 5℃。

循环冷却水系统分为敞开式和封闭式两类。敞开式系统的设计和运行较为复杂。多晶硅生产外循环水冷却塔为常见的敞开式冷却设备，主要依靠水的蒸发降低水温。冷却塔常用风机促进蒸发，冷却水常被吹失，故敞开式循环冷却水系统必须补给新鲜水。由于蒸发，循环水浓缩，浓缩过程将促进盐分结垢。补充水有稀释作用，其流量常根据循环水浓度限值确定。通常补充水量超过蒸发与风吹的损失水量，因此必须排放一些循环水（称排污水）以维持水量的平衡。

在敞开式系统中，因水流与大气接触，灰尘、微生物等进入循环水；此外，二氧化碳的逸散和换热设备中物料的泄漏，也改变循环水的水质，因此循环冷却水常需处理，包括沉积物控制、腐蚀控制和微生物控制。处理方法的确定常与补给水的水量和水质相关，与生产设备的性能也有关。

此外，还可以直接用脱盐水冷却置换。

脱盐水是指将普通水中强电解质降低到一定程度的水，其含盐量在 1～5mg/L 之间，具有极低的电导率。多采用离子交换树脂得到。

（4）所用氮气的技术质量指标

氮气（N_2）在生产中必不可少，主要用于置换、吹扫、作为等离子源等。氮气按照用途主要分为等离子氮气、吹扫氮气、保安氮气三种。

等离子氮气：0.7MPaG，不同工艺有不同的要求。

吹扫氮气：0.4MPaG。

保安氮气：0.2MPaG。

所有氮气的成分中，主要控制指标是氧含量、含碳化合物以及水蒸气含量。氧含量不能大于 0.0001%，含碳化合物总数折算成 CH_4 的含量不大于 0.0003%，水蒸气含量不大于 0.0007%，上述含量指体积分数。

（5）所用压缩空气的技术质量指标

压缩空气是指经空气压缩机做机械功使本身体积缩小、压力提高后的空气，主要为气动阀门的自动控制提供动力源，压力为 0.8MPa。

压缩空气主要控制指标为水蒸气含量以及空气中微细颗粒物含量。空气在进入空气压缩机之前需要过滤除尘、干燥除湿。

（6）所用电源的电压等级与技术质量指标

还原用到的电源主要有 10kV、380V、220V。

10kV 主要通过变压器、调功柜给还原炉硅棒加载电流。

380V 主要用于泵系统。

220V 主要用于普通用电，如空调、照明等。

（7）硅芯

硅芯直径在 8～10mm，一般为 N 型单晶硅，硅芯高度可根据还原炉设备参数适当调整。硅芯的制备有直拉法和切割法。

硅芯的要求：纵向电阻率要均匀；直径均匀，一般为 8～10mm；也有采用粗硅芯提高沉积速率，直径通常在 12～14mm 甚至更粗。

（8）石墨底座

主要用于承载硅棒生长。需经过腐蚀、冷水置换、烘干、煅烧等处理。其中，腐蚀用化学王水浸泡 24h，然后用冷脱盐水置换、浸泡，接着用纯水煮 4～5 次，在 150℃烘箱烘干，最后在 1400℃、真空下煅烧。

石墨底座的卡瓣有整体式和多瓣式两类。多瓣式包括两瓣、四瓣，由于四瓣式对硅芯加工精度和安装精度要求较高，常采用两瓣式。整体式卡瓣可以使硅芯更牢固、稳定，可以明显提高开炉成功率，但存在加工精度高的缺点。

4.5.2 多晶硅产品质量的要求

多晶硅产品质量要求如表 4-2 所示。

表 4-2 多晶硅产品质量要求

项目	多晶硅等级		
	一级品	二级品	三级品
N 型电阻率/$\Omega \cdot cm$	≥300	≥200	≥100
P 型电阻率/$\Omega \cdot cm$	≥3000	≥2000	≥1000
碳浓度/(at/ cm^3)	≤1.5×10^{16}	≤2×10^{16}	≤2×10^{16}
N 型少数载流子寿命/μs	≥500	≥300	≥100

硅多晶表面有银灰色光泽，断面无氧化夹层。多晶硅外观如图 4-22 所示。

4.5.3 工艺操作条件对多晶硅产品质量的影响

（1）夹层问题

硅棒从还原炉取出后，从硅棒的横断面上可以看到一圈圈的层状结构，是一个同心圆。多晶硅夹层一般分为氧化夹层和温度夹层（也叫无定型硅夹层）两种。

① 氧化夹层。在还原过程中，当原料混合气中混有水汽或氧时，则会发生水解及氧化，生成一层 SiO_2

图 4-22 多晶硅外观

工艺操作条件对
多晶硅产品质量
的影响

氧化层附在硅棒上；当被氧化的硅棒上又继续沉积硅时，就形成"氧化夹层"。在光线下能看到五颜六色的光泽。酸洗也不能除去这种氧化夹层，拉晶时还会产生"硅跳"现象。

应注意保证进入还原炉内氢气的纯度，使氧含量和水分降至规定值以下。开炉前一定要对设备进行认真的检查，防止有漏气、漏水、漏油现象。

② 温度夹层。在还原过程中，在比较低的温度下进行时，沉积的硅为无定型硅，此时提高反应温度继续沉积时，就形成了暗褐色的温度夹层（因为这种夹层很大程度受温度的影响，因此称为"温度夹层"）。它是一种疏松、粗糙的夹层，中间常常有许多气泡和杂质，用酸腐蚀都无法处理掉。拉晶熔料时重则也会发生"硅跳"。

避免方法：启动完成进料时，要保持反应温度，缓慢通入混合气，挥发器的挥发量要均匀，在正常反应过程中缓慢升电流，使反应速度稳定，不能忽高忽低。突然停电或停炉时，要先停混合气。

（2）"硅油"问题

"硅油"是一种大分子量的硅卤化物 $(SiCl_2)_n \cdot H_2N$，其中含硅 25%，呈油状的物质。这种油状物是在还原炉中低温部位产生的（低于 300℃），往往沉积在炉壁、底盘、喷口、电极及窥视孔石英片等冷壁处。

硅油的产生，导致大量的硅化合物的损失，降低实收率；沉积在窥视孔石英片上的硅油，使镜片模糊，影响观察和测温，从而影响炉内温度的调节，甚至可以造成硅棒的温度过高而烧断。硅油具有强烈的吸水比，因而在拆炉时，硅油强烈地吸收空气中的水分，同时游离出 HCl 而腐蚀设备，还会引起自燃爆炸，给生产带来麻烦。

为了避免硅油的产生，可采用下列措施：

① 调节炉壁冷却热水温度，使炉壁温度控制在要求的温度；

② 停炉前降低冷却水流量，提高炉壁温度，使硅油挥发。

（3）玉米粒的产生与处理

玉米粒（图 4-23）是在硅棒生长过程中形成的，直径在 2mm 及以上的类似玉米粒状的多晶硅。玉米粒的形成，极大地影响产品外观，同时不利于后处理工序的清洗、腐蚀工作。

究其原因，主要是因为多晶硅硅棒生长后期硅棒之间的热辐射造成硅棒局部温度过高，使得局部沉积速率过快而形成；另一方面，由于温度过高，混合气气体不能有效地达到局部并冷却，使得局部逆腐蚀加大，使硅棒表面粗糙。

图 4-23 多晶硅棒表面上的玉米粒

针对硅棒表面形成玉米粒，处理方法有两种：其一是在后期合理控制硅棒温度，如加载电流幅度减少、内外圈电流偏差增大；其二是增大混合气供给。

（4）硅棒表面质量问题

影响硅棒表面质量的原因是多方面的，要根据具体情况具体分析。通过实践，主要有以下几种原因。

① 温度效应　半导体材料从气相往载体上沉积的速度，当超过某一最大值（$T_{最大}$）

时，随着温度升高沉积速度反而下降。当载体温度超过 $T_{最大}$ 而表面温度波动不均匀时，在较冷的表面部分沉积速度快，热的表面沉积速度慢，这种非均匀沉积，产生微小的表面凹凸现象，而凸起的表面易散热而变冷，微小的凸起逐渐长大，形成小结和小瘤。

当载体表面温度低于 $T_{最大}$，则与上述恰恰相反，表面温度起伏时，在热表面部位沉积速率快，出现微小凸起，但凸起表面由于散热而变冷，因此沉积速度又缓慢下来，这就是"自动调平"效应。

因此，严格控制硅棒表面温度低于 $T_{最大}$，而又接近于 $T_{最大}$ 的某一合适的温度就能消除表面凹凸现象。一般说来，当温度低于 $T_{最大}$，随着温度的升高使硅的结晶变得粗大、光亮，温度越低，结晶变得细小，表面呈暗灰色，但温度不能过低，如低于 1000℃ 时，则会生成疏松的暗褐色不定型硅。硅棒表面温度不能过高，因为高温下（大于 1200℃）硅会发生逆腐蚀反应：

$$Si + 2HCl \xrightarrow{>1200℃} SiH_2Cl_2$$

$$Si + SiCl_4 \xrightarrow{>1200℃} 2SiCl_2$$

反应生成的 HCl 和 $SiCl_4$ 均能使硅在高温下腐蚀。所谓的"横梁腐蚀凹角"，主要是上述原因引起的。在横梁拐角处温度很高，当超过 1200℃ 时，则产生硅腐蚀而形成凹角。

② 扩散效应 研究还原反应动力学时发现，沉积过程基本上是受扩散控制的。还原反应生成的氯化氢气体会在热载体表面形成气体层，如果反应混合气在载体周围某些部位的循环不足以消除气体层，则这些部位上容易沉积出针状或其他凸起物，而在这些凸起点上特别有利于硅的沉积，进而发展为小结、小瘤，相邻近小瘤连接在一起，其下面夹杂气体并使沉积硅的表面粗糙、疏松。

硅还原反应的化学平衡研究表明，气态原料向载体表面扩散浓度的局部变化，反映在沉积硅棒上也要产生畸形生长。但气相中原料浓度达到使硅的沉积速度超过载体表面所能吸收并使之形成晶体的速度时，也会产生变形。

综上所述，不难看出，要获得优质的多晶硅，就要严格控制还原过程中的工艺条件，如原料的纯度（包括 H_2 中的 O_2 和 H_2O）、$SiHCl_3$ 和 H_2 的流量以及配比；还要严格控制反应温度等，只有这样，才能得到优质、合格的产品。

【拓展阅读一】 还原生产中热能的综合利用

（1）原理

在还原生产过程中，需要消耗大量的电能，以维持还原炉内硅棒表面温度在 1000℃ 以上。由于还原炉内温度很高，炉筒需要用冷却水进行冷却。冷却水在冷却炉筒的同时，也带走了大量的热能。有关数据表明，炉筒冷却水带走的热能约占还原炉电能消耗的 80%，这个比例是相当大的。如果将升温后的冷却水简单地用循环水冷却后再返回冷却炉筒，那么，被炉筒冷却水带走的热能就白白地浪费掉了，而且，还需要一整套热交换设备及大量的循环水供给。在对还原炉筒进行冷却时，炉筒冷却水的出水温度从 130℃ 逐步上升到 170℃ 左右，这样的热水完全可以用来产生低压蒸汽，这种低压蒸汽可用于多晶硅生产中，比如，精馏塔釜加热及溴化锂机组制冷等，以减少对锅炉蒸汽的需求量。因此，从降低多晶硅生产成本的角度出发，将还原炉筒冷却水带出的热能进行综合利用是很有必要的。

为了从还原炉筒冷却水得到低压蒸汽，通常采用的方法是进行减压闪蒸。"闪蒸"又称为平衡蒸馏，是一个连续稳定的过程，当加热到一定温度的液体经节流阀或骤然减压到规定压力，由于压力降低，液体在较低温度下沸腾，液体降温释放出的显热作为部分液体的汽化潜热，部分液体迅速汽化，气液两相在容器中分开，得到的蒸汽从容器顶部送出。

（2）工艺流程示意图

还原生产中的热能综合利用流程示意图如图 4-24 所示。

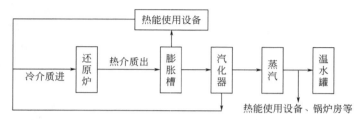

图 4-24　还原生产中的热能综合利用流程示意图

（3）过程控制

还原生产中会产生大量热能，如直接弃置于环境，自然造成能源的巨大浪费和明显的环境热影响，将这些大量的热能利用起来，既不造成能源浪费，也不影响环境，同时也降低了多晶硅生产成本。可以对它做如下热能综合利用：

① 还原炉冷却后的导热介质出口温度很高，回收产生蒸汽对 $SiHCl_3$ 精馏提纯塔提供热能，可省去电耗；

② 可用于对干法回收吸附柱的活性炭进行再生处理；

③ 导热介质降温过程中，汽化器产生出的大量蒸汽用途更加广泛，可直接用它对精馏中的再沸器提供热能；

④ 可用于对软水加热后，送至精馏岗位，对精馏塔提供热能；

⑤ 可以用来制成蒸馏水，供氢气电解槽和其他岗位制备纯水使用；

⑥ 可以用于对氢气净化柱进行再生处理；

⑦ 可以用蒸汽取代生产、生活锅炉，节省燃煤，同时也降低了环境污染。

（4）安全控制

生产、运行中，导热介质使用温度及蒸汽温度均较高，运行、维修中一定要注意操作，以防人员烫伤。

【拓展阅读二】　高纯材料及半导体相关知识

（1）高纯材料相关知识

在日常生活中，我们所熟悉的材料有金、银、铜、铁、锡、铅、锌等，而在工业上用处甚广的材料有硅、铝、镓、铟、镉、碲、锑、磷等，这些材料是各行各业不可缺少的原料，随着科技的发展，对其纯度提出了更高的要求。

高纯材料相关知识

① 高纯材料概念　任何物质的纯与不纯只是相对的，高纯材料中的纯是指化学成分而言。

工业纯度材料中，主体含量为 99% 左右，这表示尚有 1% 的含量为其他元素。这 1% 的含量中，杂质元素之多，对主体金属的性质有很大影响。为满足尖端工业的需求，需采取各种手段对其进行提纯，可达 99.999%～99.99999% 的纯度。

一般分类：

99.999％，记为 5N，称高纯材料；

99.9999％，记为 6N，称超纯材料；

99.99999％，记为 7N，称超高纯材料。

高纯材料工业的任务，就是要将工业纯度的材料，通过合理的提纯手段，降低主体材料中杂质的含量，为尖端科学提供可靠的基础材料。

② 高纯材料的主要制备方法　制备高纯材料的原料是工业纯度材料，其中的杂质含量一般在 0.01％～1％之间。高纯材料生产的任务，就是要将其杂质含量降低到 0.00001％～0.001％。此过程实质上是将主体材料中的杂质清除出去的过程。要实现此过程，其方法很多，但均是根据各种元素所具有的不同物理、化学性质，将杂质和主体分离。目前，生产高纯材料的主要方法有电解法、真空蒸馏、区域熔炼、直拉提纯、化合物精馏提纯、络合萃取、离子交换、吸附等。

③ 高纯材料制备过程的特点　由于主体及各杂质元素具有不同的物理化学性质，导致高纯材料生产过程相对于工业冶金生产有如下特点。

a.由于要分离的杂质多，因而用单一的提纯方法不能达到提纯目的，故需要几种方法串联或重复使用，所以生产工艺流程长且复杂。

b.由于工艺流程长，则生产过程中所需的试剂多，容易造成污染，故需高纯试剂和高纯水。

c.由于生产过程中要使用多种化学试剂，产生许多有害气体、液体，因而三废处理甚为重要。

d.为了提高产品质量，防止环境对产品的污染，生产环境卫生要求相当严格，超净工作台、超净间应用显得相当重要。

e.为了防止污染，要求操作人员的各种穿戴要整洁。

（2）半导体物理相关知识

① 导体、半导体和绝缘体　物质就其导电性质来说，可分为绝缘体、半导体和导体。电阻率大于 $10^9\Omega\cdot cm$ 的物质称为绝缘体，小于 $10^{-4}\Omega\cdot cm$ 的物体称为导体，电阻率介于 $10^{-4}\sim10^9\Omega\cdot cm$ 之间的物体称为半导体。

② 半导体材料的种类　半导体材料种类繁多，从单质到化合物，从无机物到有机物，从单晶体到非晶体，都可作为半导体材料。半导体材料大致可分为以下几类。

a.元素半导体。元素半导体又称为单质半导体。在元素周期表中介于金属与非金属之间的 Si、Ge、Se、Te、B、C、P 等元素都具有半导体性质。在单质元素半导体中具有实用价值的只有硅、锗、硒，而硅和锗是重要的两种半导体材料。硒作为半导体材料，主要用作整流器，但由于用硅、锗制造的整流器比硒整流器性能良好，所以硒已逐渐被硅、锗所代替。

b.化合物半导体。化合物半导体是 $A^{III}B^V$ 型化合物，由元素周期表中ⅢA 族的 Al、Ga、In 和ⅤA 族的 P、As、Sb 等合成的化合物称为 $A^{III}B^V$ 型化合物，如 AlP、GaAs、GaSb、InAs、InSb。在这一类化合物半导体中目前应用最广泛的是 GaAs，它可作晶体管、场效应管、雪崩管、超高速电路及微波器件等。

c.氧化物半导体。许多金属的氧化物具有半导体性质，如 Cu_2O、CuO、ZnO、MgO、Al_2O_3 等。

d.固溶体半导体。元素半导体或无机化合物半导体相互溶解而成的半导体材料，称为固溶体半导体，如 Ge-Si、GaAs-GaP，而 GaAs-GaP 是发光二极管材料。

e. 玻璃半导体。玻璃半导体是指具有半导体性质的一类玻璃,如氧化物玻璃半导体和元素玻璃半导体。氧化物玻璃半导体是由 V_2O_5、P_2O_5、Bi_2O_3、FeO、CaO、PbO 等中的某几种按一定配比熔融后淬冷而成。元素玻璃半导体则是由 S、Se、Te、As、Sb、Ge、Si、P 等元素中的某几种,按一定配比熔融后淬冷而成的。

玻璃半导体目前研究工作着重于它的开关效应和记忆效应。玻璃半导体在通常条件下,具有高阻绝缘性、导电不明显的特点,但当外界条件如电压、温度、光照等超过某一数值时,它才显示出半导体的性质。

f. 有机半导体。把具有碳原子的特殊电子结构,并且含有 π 电子的一类芳香族化合物半导体,统称为有机半导体。据报道,有机半导体材料主要可用于作转换器件,它的工作原理是由一种能量激发时,有机半导体中的电子起作用输出一个新的信号。如果由电、光、热等激励,则分别产生电气、光学、热学的响应信号,基于这一效应可作转换器件,这种器件对产生自动控制信号具有重大意义。

③ 半导体的特性

a. 半导体的电阻率对温度的反应特别灵敏,纯净半导体的电阻率随温度变化很显著,而且电阻率随温度升高而下降。例如纯硅温度从 20℃ 升到 28℃,电阻率可以下降到一半左右,当温度接近绝对零度时,半导体成为绝缘体。

b. 微量的杂质能显著地改变半导体的电阻率,例如在纯硅中掺入 $6 \times 10^{21}/m^3$ 的杂质磷或锑,就能使它的电阻率从 $2.15 \times 10^3 \Omega \cdot cm$ 减小到 $0.01\Omega \cdot cm$ 左右。晶格结构的完整与否也会对半导体导电性能有极大的影响。

c. 适当的光照可使半导体的电阻率显著改变。当某种频率的光照射半导体时,会使半导体的电阻率显著下降,这种现象叫光电导。

④ 电子导电和空穴导电　当理想的本征半导体晶体受到温度影响后,使电子在热运动的激发下克服原子的束缚力,跳出来,使共价键断裂,这个电子带负电,在晶体中做无规则的运动,由于它的平均位移等于零,所以并不产生电流。如果在晶体上加上一个电场,这些自由电子将沿着作用力的方向运动而产生电流。这种因电子产生的导电叫电子导电。当电子在热激发下跳出来,在原来形成共价键的原子处少了一个电子,留下一个空的位子,这个空位就叫空穴,相邻的满键上的电子可以跳到这个空位上来,而相邻一处又出现新的空穴,结果形成的空穴可以看成是一个带正电的粒子,它所带的电荷与电子相等,但符号相反,空穴在晶体中的位移也是无规则的,因而不产生电流。但如果加上外电场的作用,空穴就顺着电场的方向移动而产生电流,这就叫空穴导电。

⑤ N、P 型半导体　本征半导体晶体,在实际中是比较难以获得的,应用也不广泛,但可以创造出一些条件,使晶体中的电子数目与空穴数目不相等,也就是其中的导电主要由一种符号的电荷运动产生,如使其中的电子导电占优势,在半导体中加入一定数量的杂质就可以达到这个目的。所谓杂质是指与半导体材料不同的元素,如硅晶体中除硅元素之外的元素砷、硼、磷等,都称之为杂质。在常温下,硅的导电性能主要由杂质决定。例如,硅中掺有 V 族杂质 P、As、Sb,这些 V 族杂质代替了一部分硅原子的位置,但是,因为它们外层有五个价电子,其中四个与周围原子形成共价键,多余的一个价电子就成了可以导电的“自由”电子,所以一个 V 族杂质原子可以向半导体硅提供一个“自由”电子,而杂质原子本身成为带正电的离子,通常把这种杂质叫做施主杂质。当硅中掺有施主杂质时,半导体硅主要靠施主提供的电子导电,这种依靠电子导电的半导体叫做 N 型半导体。

硅中掺有Ⅲ族元素杂质 B、Al、Ga、In，这些Ⅲ族杂质原子在晶体中也是代替一部分硅原子的位置，但是因为它们外层仅有三个价电子，在与周围硅原子形成共价键时，产生一个缺位，这个缺位就要接受一个电子而向晶体提供一个空穴，所以一个Ⅲ族杂质原子可以向半导体硅提供一个空穴，而本身接受一个电子成为带负电的离子，通常把这种杂质叫做受主杂质。当硅中掺有受主杂质时，半导体主要靠受主提供的空穴导电，这种主要靠空穴导电的半导体叫 P 型半导体。

⑥ 杂质补偿作用　在硅的晶体中，所含杂质往往不是单一的五价或三价元素，而是同时含有两种杂质，这时三价和五价杂质起着相互补偿作用，如果含三价和五价杂质相差很大，例如含磷量大于含硼量，则除五价元素的电子与三价元素的空穴补偿一部分外，五价元素施放的电子仍占主要地位，此种导体仍然是 N 型半导体。反之，三价元素占主导地位，则仍是 P 型半导体。如果三价元素的空穴与五价元素施放的电子产生中和补偿，对导电没有作用，那么此时呈现电阻率很高，但并不说明晶体很纯，这样的半导体就是补偿半导体。

总之，当半导体中同时含有施主或受主时，经过补偿之后，其净杂质浓度称为有效杂质浓度，导电类型由有效杂质浓度决定。当 $N_D > N_A$ 时，则半导体为 N 型，当 $N_D < N_A$ 时，半导体为 P 型（N_D 表示施主杂质浓度，N_A 表示受主杂质浓度）。

⑦ 载流子与载流子浓度　在半导体的导电过程中，运载电流的粒子可以是带负电的电子，也可以是带正电的空穴，带电荷的电子或空穴就叫"载流子"。每立方厘米中电子或空穴的数目叫做"载流子浓度"。把数目较多的载流子叫"多数载流子"，把数目较少的叫"少数载流子"。例如，N 型半导体中，电子是多数载流子，空穴就是少数载流子。

⑧ 载流子的复合与寿命　不存在电场时，由于电子和空穴在晶格中的运动是无规则的，所以在运动中，电子和空穴常常碰在一起，即电子跳到空穴的位置上，把空穴填补掉，这时电子和空穴就随之消失，这种现象叫做电子和空穴的复合，即载流子复合。

电子和空穴不断复合，同时在温度影响下又不断产生电子和空穴，如果晶体的温度不变，又没有外来光、电因素，那么单位时间内复合的电子空穴数目和产生的电子空穴数目相等，所以晶体的总载流子浓度保持不变，这叫做平衡状态。

在外来作用下，只要外来作用有利电子、空穴产生，例如光照射时，电子和空穴的产生就大于复合率，平衡状态被破坏，半导体出现比原来浓度多余的电子和空穴，这些比平衡状态多出来的电子和空穴就叫非平衡载流子。外来作用消失后，非平衡载流子通过复合作用，经过一段的时间又逐渐消失，这段逐渐消失的时间就叫非平衡载流子寿命。所谓寿命就是非平衡载流子在半导体中存在的时间。

⑨ 基磷、基硼的检测　基磷是指在多晶硅中所含杂质磷的真实浓度。基硼是指在多晶硅中所含杂质硼的真实浓度。

磷、硼的检测就是运用挥发、分凝的物理方法定量地分析多晶硅中硼、磷的含量，这种方法称"区熔检验"。

在检验多晶硅中的磷含量时，通常把样品放在气氛保护下区熔 1~2 次，测得样品纵向电阻率，并取其离始端 80%左右区域电阻率的平均值作为磷的表观电阻率，标出相应浓度（即被硼补偿后的浓度），磷的绝对浓度还要加上基硼浓度。这个过程为"磷检"。

如果把样品放在真空下（$10^{-4} \sim 10^{-5}$ mmHg）反复提纯若干次，使磷得到充分挥发，样品全部由 N 型转变为 P 型，纵向电阻率符合浓度分布规律。

综上所述，多晶硅基磷、基硼的最后表示是：

$$基磷 \quad C_P = \Delta C_P + C_P$$
$$基硼 \quad C_B = \Delta C_B + C_P'$$

式中　　C_P——磷绝对浓度，个原子/cm^3；

　　　　ΔC_P——被硼补偿后的磷浓度，个原子/cm^3；

　　　　C_B——硼的绝对浓度，个原子/cm^3；

　　　　ΔC_B——被残留磷补偿后的硼浓度，个原子/cm^3；

　　　　C_P'——残留磷的浓度，个原子/cm^3。

一般 $C_P' \ll \Delta C_B$，所以 $C_B \approx \Delta C_B$。当基硼比基磷小得多时，$C_P \approx \Delta C_P$。

【小结】

三氯氢硅氢还原制备高纯硅是多晶硅生产过程中最关键的环节，其他工序为此工序服务，多晶硅棒产品由此工序产出。随着多晶硅生产新技术新工艺的出现，企业为提高工作效率，常采用大型的还原炉生产，如27对棒、36对棒的还原炉，甚至更大的还原炉，工艺流程、设备结构与本项目所讲略有不同，但核心内容、大致操作步骤一致。

【习题】

单项选择题

1. 四氯化硅的分子式为 $SiCl_4$，分子量为（　　　）。

　　A. 36.5　　　　　　B. 134.5　　　　　　C. 98.5　　　　　　D. 169.8

2. 三氯氢硅和氧气发生燃烧反应，下列物质哪个不会生成（　　　）。

　　A. SiO_2　　　　　　B. HCl　　　　　　C. H_2O　　　　　　D. Cl_2

3. 以下对氯硅烷泄漏现象描述不正确的一项是（　　　）。

　　A. 有大量白色烟雾　　　　　　　　　　B. 有刺激性气味

　　C. 如有液体泄漏出来瞬间汽化　　　　　D. 天气晴朗时烟雾较淡

4. DCS是集计算机技术、控制技术、通信技术为一体的综合高科技产品，通过（　　　）对整个工艺过程进行集中监视、操作和管理。

　　A. 监视器　　　　　　B. 操作站　　　　　　C. 现场　　　　　　D. 录像

5. 还原炉内壁平滑，炉筒和底盘具有夹层，可以走热水、导热油等带走硅棒辐射到炉壁上的热量，以保护炉体和（　　　）。

　　A. 硅芯　　　　　　B. 窥视孔　　　　　　C. 底盘　　　　　　D. 密封垫圈

6. 还原生产中多晶硅棒氧化夹层主要物质是（　　　）。

　　A. 三氯氢硅　　　　　B. 二氯二氢硅　　　　C. 二氧化硅　　　　　D. 氧气

7. 还原炉运行过程中，应控制温度在（　　　），这样保证原料气不停地在硅芯表面发生气相沉积反应，使硅棒均匀生长。

　　A. 280～320℃　　　　B. 450～470℃　　　　C. 780～900℃　　　　D. 1080～1100℃

8. 硅棒表面的温度是由（　　　）测温仪测得，该测温仪在使用前需要校正。

　　A. 热电偶　　　　　　B. 热电阻　　　　　　C. 红外　　　　　　D. 紫外

9. 下列哪个设备（　　　）是三氯氢硅还原工序没有的。

　　A. 还原炉　　　　　　B. 蒸发器　　　　　　C. 尾气换热器　　　　D. 氢压机

10. 还原炉底盘冷却水、电极冷却水和整流器冷却水多选用（　　　）。

A. 循环水   B. 蒸汽凝液   C. 高纯水   D. 脱盐水

11. 要得到不同配比的混合气，在总压不变的情况下改变三氯氢硅的（   ）。

A. 流量   B. 压力   C. 温度   D. 液位

12. 还原炉氢气泄漏检查不采用以下（   ）方法进行。

A. 听、闻   B. 测爆仪检测   C. 肥皂水检测   D. 保压计算

13. 多晶硅改良西门子法的还原尾气主要成分不包括（   ）。

A. SiH_4 B. $SiHCl_3$ C. SiH_2Cl_2 D. $SiCl_4$

14. 若发现还原炉内电极与石墨座拉弧，应立即（   ）。

A. 关闭电源   B. 关闭冷却水   C. 停炉处理   D. 停止三氯氢硅供应

项目五

尾气干法回收

 项目描述

  本项目介绍还原尾气、合成尾气、氢化尾气干法回收原理、回收分离方法、回收工艺流程、回收关键及核心设备操作、故障判断与处理、应急事故处理、仿真操作等。

 能力目标

  ① 掌握尾气干法回收原理。
  ② 能按操作要求进行本岗位系统的开车、停车。
  ③ 能判断回收氢的质量是否符合要求。
  ④ 能对本岗位设备管道进行维护保养。
  ⑤ 能发现和判断本岗位系统的常见故障并进行相应处理。

  改良西门子法多晶硅生产工艺中,在三氯氢硅还原、四氯氢硅氢化、三氯氢硅合成中均产生尾气。尾气的回收就是将尾气中有用成分,主要是 H_2、$SiHCl_3$、$SiCl_4$ 和 HCl 等,通过物理和化学的方法使之分离,经过提纯后再应用于生产。最早应用于生产中的回收方法是冷冻法,但是由于这种方法存在的不足,现在已经不常用了。目前对此类尾气回收大多采用吸附分离法。这种方法是将尾气纳入多晶硅闭循环系统中,通过冷凝、吸收和脱吸,以及吸附等手段,可以将尾气中的主要成分的回收率都提高到 98% 以上,而且回收得到的 H_2 和 HCl 的纯度很高,可以直接用于生产过程中。而 $SiHCl_3$ 和 $SiCl_4$ 则经过精馏提纯后用于生产中。

  下面分别对这两种尾气回收方法加以介绍。

(1) 冷冻法

  冷冻法的基本工艺原理是利用尾气中不同组分的沸点差异(表 5-1),对尾气采取逐级降温的方式,将不同沸点的组分分离开来,从而达到回收的目的。降温过程中,首先将沸点较高的氯硅烷组分($SiHCl_3$、$SiCl_4$、SiH_2Cl_2)冷凝成为液体分离出来。然后将剩下的混合气体（主要成分是 H_2 和 HCl）进行深冷，使其温度达到 $-180℃$ 左右，此时 HCl 被冷凝成液态，达到与 H_2 分离的目的。经过这一系列的步骤后，最终的气体只有 H_2，可以直接返回原来的工序中使用。而被冷凝下来的氯硅烷液体则被送到精馏工序，将 $SiHCl_3$ 和 $SiCl_4$ 进行分离和提纯后，$SiHCl_3$ 返回还原工段，$SiCl_4$ 被送往氢化工序或用于生产其他产品。液态的 HCl 被蒸发成气态后送往 $SiHCl_3$ 合成工序。

表 5-1　1atm 下尾气各组分的沸点

组分名称	$SiHCl_3$	$SiCl_4$	SiH_2Cl_2	HCl	H_2
沸点/℃	31.8	57.6	12	-84.9	-252.7

在冷冻回收生产过程中，尾气首先经过用大约为 $-40℃$ 盐水作为制冷剂的一级冷却。在这里，尾气中的氯硅烷组分被充分冷凝后变成液态。经过一级冷却的尾气随后进入二级冷却（深冷），二级冷却采用液态 N_2 作为制冷剂，在这里 HCl 也被冷凝成为液态，实现了将 H_2 和 HCl 分开的目的。最终得到的 H_2 经过简单的过滤以及干燥等处理后即可返回原来工序直接使用。冷冻法流程如图 5-1 所示。

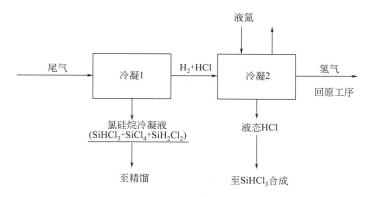

图 5-1　冷冻法工艺流程示意图

冷冻法工艺流程较短，在整个过程中物料都不与系统管道和容器以外的其他物质接触，因此不容易引入污染物，所得到的产品纯度很高。

冷冻法主要采用低温深冷（要冷冻到大约 $-180℃$）的方法，因此对设备的要求很高。需要采用特殊材质，对设备的制造要求也很高，不能出现泄漏，保温也要做得很好。要达到如此低的温度，需要使用巨大数量的液氮（沸点为 $-196℃$），因此还需要一套生产、运输液氮的系统。一方面这些低温设备的价格都比较昂贵，另一方面是低温设备的维修很困难，因此，在实际生产中，冷冻法已经很少运用了。

（2）吸附分离法

吸附分离法是采用氯硅烷将 HCl 吸附的方法分离出尾气中的 HCl，对氯硅烷则采用一般冷冻（约 $-40℃$）的方法进行回收。与冷冻法的最大区别在于，吸附分离法不是把 HCl 进行深冷，使之被冷凝成液态后回收，而是利用 HCl 可以大量溶解于氯硅烷而 H_2 基本不溶于氯硅烷的特性，用氯硅烷将 HCl 吸收，然后再将 HCl 从氯硅烷中脱吸出来，从而达到使 H_2 和 HCl 分离的目的。

下面以还原尾气干法回收为例来说明吸附分离过程，合成尾气、氢化尾气的干法回收系统与还原尾气干法回收系统完全相同，在此就不重复，除非特别强调，不再对回收系统进行分开论述。

任务一　还原尾气干法回收知识准备

【任务描述】

本任务以还原尾气干法回收为例，学习尾气干法回收原理，了解其作用和意义。

【任务目标】

① 掌握尾气干法回收的基本原理。
② 了解尾气干法回收的作用和意义。

5.1.1　还原尾气干法回收的作用和意义

(1) 还原尾气干法回收的作用

还原尾气干法回收系统，承担着多晶硅生产全过程的物料回收循环，它不是单一的设备组合，而是依据生产物料的理化特性，在设定的控制参数下，完成物料再循环、回收利用的完整体系，是多晶硅产品质量、生产成本、生产规模的保障，是多晶硅生产经济效益和社会效益双盈的重要技术措施，是多晶硅生产不可缺少的重要环节。

进入还原炉的 $SiHCl_3$ 最多只有15%左右转化成多晶硅，剩下85%的 $SiHCl_3$（部分反应生成副产物）都需回收、循环再利用，CDI回收系统根据各物料的不同物化特性，在特定的设备内控制一定的温度、压力，实现各种物料的回收、分离、循环利用。这套系统具有以下特点。

① 尾气组分回收率高，对主要组分收率可达98%以上。
② 尾气处理量从0~100%可调。
③ 系统自动化程度高。
④ 整个系统设备均为常规设备（压缩机、换热器、填料塔、输送泵等），可靠性高，便于维护。
⑤ 系统温度最低只有−40℃，对设备材质要求不苛刻。
⑥ 无有毒害废弃物排放。
⑦ 回收物料的品质高，有益于物料再循环利用和多晶硅质量。

(2) 还原尾气干法回收的意义

还原尾气干法回收系统可把80%反应物料回收再循环，有利于多晶硅产能规模化；国际上千吨级以上的多晶硅厂家，均采用还原尾气干法尾气回收系统，确保产能达几千吨。

还原尾气干法回收系统将排放的尾气实现再回收利用，减少了原料投入，降低了产品成本，使多晶硅更具市场竞争力。

还原尾气干法回收系统回收下的物料纯净度高，返回系统再循环利用，有益于产品质量的稳定，对多晶硅来说尤为重要。

还原尾气干法回收系统将多晶硅生产中排放的尾气进行回收，杜绝有毒害气体对环境的污染，对保护环境有重大的社会效益。

5.1.2　还原尾气干法回收的基本原理

还原尾气中的 H_2、HCl、$SiHCl_3$、$SiCl_4$ 等成分经鼓泡、氯硅烷喷淋洗涤、加压并冷却到一定的温度，其中 $SiHCl_3$ 和 $SiCl_4$ 几乎被全部冷凝下来。冷凝后的氯硅烷混合物经精馏提纯后，分别得到 $SiHCl_3$ 和 $SiCl_4$，$SiHCl_3$ 直接返回还原工序生产多晶硅，$SiCl_4$ 经氢化部

分转化为 $SiHCl_3$，再经分离提纯后返回还原工序生产多晶硅。

压缩、冷凝后的不凝气体是 H_2、HCl，其中的 HCl 在加压或低温条件下，用 $SiCl_4$ 作为吸收剂使其溶解在 $SiCl_4$ 中，即 HCl 被 $SiCl_4$ 所吸收，从而 H_2 被分离出来，被分离出来的 H_2 仍含有微量的 HCl，为了避免 HCl 影响多晶硅的沉积速度，将 H_2 再通过吸附塔，除去微量的 HCl，即获得无水分、无其他杂质的纯 H_2，返回还原工序重复使用。

被 $SiCl_4$ 所吸收的 HCl，在升温或减压条件下，可以从 $SiCl_4$ 中脱吸出来。被脱吸出来的 HCl 在一定压力下冷却至一定温度，使其中的 $SiCl_4$ 残余组分达到允许程度后，送往氯化合成工序合成 $SiHCl_3$。脱吸后的 $SiCl_4$ 用于吸收塔再循环或氢化或做他用，如生产白炭黑等。

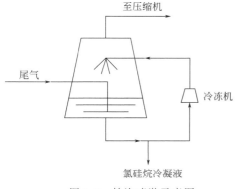

图 5-2 鼓泡喷淋示意图

（1）鼓泡喷淋

鼓泡喷淋就是将尾气通入低温（大约是 $-40℃$）氯硅烷溶液中进行鼓泡，同时用低温氯硅烷液体淋洗经过鼓泡出来的尾气。喷淋用的低温氯硅烷液体是循环使用的，有一冷冻装置将循环液体保持在低温状态。在鼓泡和喷淋的过程中，尾气被低温液体冷却到 $0℃$ 以下，尾气中的大部分氯硅烷被冷凝成为液体，并通过管道流进氯硅烷贮罐中，经过淋洗的尾气从塔顶部排出后进入压缩冷凝部分。整个过程如图 5-2 所示。

尾气冷凝，是指通过降低多晶硅尾气的温度，使尾气中的氯硅烷得以冷凝回收。对于多晶硅尾气，由于氢气具有极低的临界温度，而氯化氢的沸点也远低于氯硅烷的沸点，因此在合适温度范围内，将很容易使氯硅烷从尾气中冷凝，而氢气和氯化氢仍为气体，从而实现氯硅烷的回收。但由于尾气中氯硅烷的分压远低于饱和蒸气压，因此必须降低温度以使氯硅烷饱和蒸气压降低至尾气中氯硅烷的分压以下，氯硅烷才能从气相中冷凝下来。

根据冷凝系统工作压力的不同，冷凝的方式将有所差别。压力较低的系统，所需的冷冻温度也相应较低。常见的冷凝方式是将尾气先用水进行预冷，再在尾气冷凝塔中用低温氯硅烷进行直接喷淋冷却，在冷凝塔中尾气中的大部分氯硅烷和极少量的聚合物被冷凝下来。冷凝塔为采用直接接触的填料塔，冷凝液低温氯硅烷与气流反向流动。采用这种冷却方式是为了保持不间断的液体喷淋，可以减少聚合物堵塞的可能性。回收的氯硅烷液体用泵抽到精馏厂房贮罐中，送至精馏塔处理。冷凝塔的操作与一般吸收塔的操作类似。压力高的系统，由于冷凝所需的温度上升，氯硅烷的冷凝回收用冷冻盐水即可。

冷凝塔的操作与一般的吸收操作比较相似，因此冷凝塔的工作状况受以下几个因素影响。

① 喷淋液用量　在相同进气量情况下，增大喷淋冷液的用量将增大冷凝塔的液气比（即喷淋冷液流量的比值 L/G）。在液相进料温度不变的情况下，增大液气比可以提高冷凝效果。但增大液气比的后果是需要的冷量增大，能耗增加，同时增大液气比还会使得冷凝液温度升高，但接收回收冷凝液的精馏贮罐并不需要低温，因此将造成冷量的损失。因此，液体喷淋量应根据进气量选择一合适的值。

② 进气流量　由上游工序所确定，不能随便改变。在其他操作参数不变的情况下，进气流量增大，冷凝效果将降低，冷凝液的温度降升高。另外，如果进气流量太大，将造成填料塔的持液量增加以致液泛。因此，冷凝塔的进气不能过大。

③ 进气温度　进气温度主要影响冷凝效果，进气量、冷却水温度、冷却水流量的波动

都将对进气温度造成影响。进气温度升高将需要更大的喷淋液量。

④ 喷淋液温度　降低喷淋液温度将有助于冷凝，但当温度低到一定程度后，对冷凝效果的提高将不显著，因此冷凝温度的选择也要符合经济性。

（2）压缩

为了达到吸收和吸附所需的工作压力，需要对尾气进行增压以使气体压力达到工艺要求。目前氢气压缩机一般使用的是往复式压缩机，经一级（高压还原尾气回收系统）或两级（低压还原尾气回收系统）压缩即可达到设计压力。尾气在压缩机气缸内被压缩的过程接近绝热压缩，因此尾气温度大幅升高。气缸夹套水的作用就在于降低压缩过程的温度，以防温度过高影响到压缩能力、压缩效率以及气阀的寿命。为了保持工艺气体清洁，同时也避免易燃的氢气泄漏，压缩机的缸头要用清洁的氢气吹扫，曲轴箱头用氮气吹扫，吹扫气在氢压机外部汇合后通往压缩机专用的淋洗塔。在一定进气和排气压力、温度和电机转速条件下，压缩机的负荷是固定的，功率也是固定的。所以压缩机的工作能力一般通过控制排鼓到吸鼓之间的循环气体流量来控制。

（3）吸收和蒸馏系统

尾气在经过压缩后，被水和氟里昂先后冷却，达到吸收温度，然后进入吸收和蒸馏系统。经过压缩后，由于总压的提高，冷凝尾气中的氯硅烷分压比从冷凝塔中出来时大幅度提高，因此在被氟里昂冷却时有部分氯硅烷液体从尾气中冷凝。

吸收塔使用低温氯硅烷液体作为溶剂吸收尾气中的氯化氢，通过吸收/蒸馏系统可减少进入活性炭吸附塔的杂质并回收氯化氢以供三氯氢硅合成使用。在吸附塔中，气体在$-40℃$条件下与主要成分为三氯氢硅和四氯化硅的液体逆流接触，其中大部分的氯化氢被氯硅烷液体吸收。在蒸馏塔中，吸收了氯化氢的氯硅烷（富液）中的氯化氢被蒸馏出去。氯化氢在$-40℃$条件在蒸馏塔顶部以气态形式被回收。

在蒸馏塔之前配有闪蒸罐，用于除去富液中的氢气，否则氢气会进入蒸馏塔，影响氯化硅产品的质量。闪蒸罐的工作温度将通过蒸汽加热器控制。闪蒸气体返回尾气冷凝塔。系统循环的氯硅烷组分由尾气组分决定。有专门的管线，以便回收液氯硅烷直接通入贮罐，或通入蒸馏塔。

氯硅烷的流量和温度影响蒸馏塔的工作，因为这些指标反映了蒸馏塔主要的热负荷。而氯化氢含量从零到设计值的变化，对蒸馏塔的工作情况基本没有什么影响。因此，对流入蒸馏塔的氯硅烷的流量和温度进行了控制。返回吸收塔的氯硅烷通过蒸馏塔底部的液位间接进行控制。流入吸收塔中的氯硅烷的流量的较小，变化不是很重要。

（4）吸附系统

经过吸收后的尾气中还残留少量氯化氢和氯硅烷，为了得到高质量的回收氢，将尾气通过吸附系统以除去氯化氢和氯硅烷。经过吸附系统处理后得到的氢气其纯度可达到99.9999%。吸附过程中不能除去的杂质是氮气、一氧化碳和二氧化碳。

吸附的原理是利用多孔性物质选择性地吸附流体中的一个或某个组分，从而使流体混合物得以分离的操作。其中多孔性物质称为吸附剂，被吸附组分称为吸附质。在多晶硅尾气处理工艺中，所用的吸附剂是坚硬的特级活性炭。这种活性炭具有以下两个特点。

① 较大的比表面积，因此具有较大的吸附能力。

② 这种活性炭具有很高的机械强度，可经受气流的冲刷和温度、压力剧烈变化的影响。

吸附过程中，在被处理气体中，由于氢气的临界温度为$-240℃$，一般情况下可将其视为惰性气体，不会被吸附剂吸附。而氯硅烷和氯化氢则具有较高的沸点，可以被活性炭吸附。另外，由于氯硅烷和氯化氢相比具有更大的分子量以及更高的沸点，因此氯硅烷往往被活性炭优先吸附。

吸附的具体过程是，一个吸附塔持续工作，另一个再生进行循环操作。

吸附时，经过吸收后的尾气进入吸收塔底部，然后向上流过活性炭层，从塔顶流出吸附塔，从而得到合格的回收氢。吸附过程在常温下进行，吸附塔内维持一定的压力，待达到透过点后，切换至另一个再生干净的吸附塔进行吸附。

再生包括降压加热、加热再生、冷却再生和恢复压力四个过程。

① 降压加热 即逐渐降低吸附塔的压力至略高于常压，同时加热吸附塔以升高活性炭的温度，以利于脱附吸附的氯硅烷和氯化氢，脱附的气体逆向流出吸附塔，以免脱附气体污染吸附塔顶的不饱和区。

② 加热再生 即对吸附柱进行加热的同时，用一定量的干净回收氢或电解氢逆向吹扫吸附塔，整个过程以活性炭层达到规定的温度为止。

③ 冷却再生 即冷却吸附塔温度并用干净的回收氢或电解氢对吸附塔逆向吹扫再生。

④ 恢复压力 向吸附塔内通入回收氢或电解氢以提升塔内压力，同时对吸附塔进行冷却，直到达到规定压力和温度为止。

再生尾气中磷、硼含量较高，因此还原尾气回收系统的吸附塔再生时，再生尾气送往冷凝塔进料，这样再生尾气中的氯硅烷、氯化氢和氢气都能得到回收利用。

影响吸附塔工作的因素主要有以下几个方面。

① 吸附质即活性炭本身的性质 包括饱和吸附量、比表面积、孔径分布、机械强度等。

② 吸附的压力和温度 在不同的压力和温度下，吸附质有不同的平衡吸附量，因此吸附压力和温度是影响吸附的重要参数。

③ 脱附压力和温度 脱附压力和温度影响到脱附的干净程度，如果脱附不彻底，下一个循环的实际可吸附量将减少。

任务二 识读还原尾气干法回收工艺流程

【任务描述】

本任务识读还原尾气干法回收工艺流程，为在本岗位巡检、中控操作打下基础。

【任务目标】

① 掌握工艺流程识读方法。

② 会识读还原尾气干法回收工艺流程。

吸附分离法主要工艺流程由四大部分组成，即鼓泡喷淋、压缩冷凝、吸收和脱吸、活性炭吸附。整个过程流程如图5-3所示。

识读尾气干法回收
工艺流程图

从三氯氢硅合成工序来的合成气、从三氯氢硅还原工序来的还原气、从四氯化硅氢化工序来的氢化气在此工序被分离成氯硅烷液体、氢气和氯化氢气体，分别循环回装置使用。

各工序来的尾气流经混合气缓冲罐，然后进入喷淋洗涤塔，被塔顶流下的低温氯硅烷液体洗涤。气体中的大部分氯硅烷被冷凝并混入洗涤液中。出塔底的氯硅烷用泵增压，大部分经冷冻降温后循环回塔顶用于气体的洗涤，多余部分的氯硅烷送入氯化氢解吸塔。

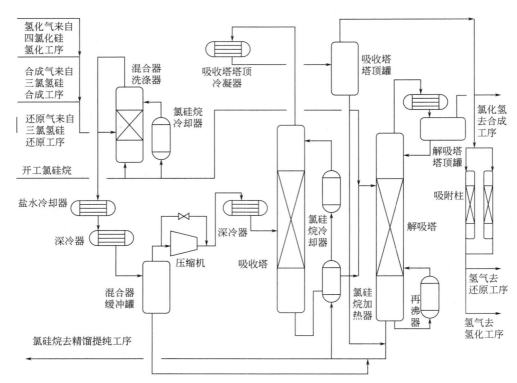

图 5-3　尾气干法回收工艺流程图

　　出喷淋洗涤塔塔顶除去大部分氯硅烷的气体，用混合气压缩机压缩并经冷冻降温后，送入氯化氢吸收塔，被从氯化氢解吸塔底部送来的经冷冻降温的氯硅烷液体洗涤，气体中绝大部分的氯化氢被氯硅烷吸收，气体中残留的大部分氯硅烷也被洗涤冷凝下来。出塔顶的气体为含有微量氯化氢和氯硅烷的氢气，经一组变温变压吸附器进一步除去氯化氢和氯硅烷后，得到高纯度的氢气。氢气流经氢气缓冲罐，然后返回氯化氢合成工序参与合成氯化氢的反应。吸附器再生废气含有氢气、氯化氢和氯硅烷，送往废气处理工序进行处理。

　　出氯化氢吸收塔底溶解有氯化氢气体的氯硅烷经加热后，与从喷淋洗涤塔底来的多余的氯硅烷汇合，然后送入氯化氢解吸塔中部，通过减压蒸馏操作，在塔顶得到提纯的氯化氢气体。出塔氯化氢气体流经氯化氢缓冲罐，然后送至设置于三氯氢硅合成工序的循环氯化氢缓冲罐；塔底除去了氯化氢而得到再生的氯硅烷液体，大部分经冷却、冷冻降温后，送回氯化氢吸收塔用作吸收剂，多余的氯硅烷液体经冷却后贮存。

任务三　尾气干法回收主要设备

【任务描述】

　　本任务介绍尾气干法回收工序关键及核心设备的结构、工作原理。

【任务目标】

　　掌握吸附塔、氢压机、冷冻机系统、膨胀阀等设备结构、工作原理。

尾气干法回收系统的主要设备有冷凝塔、吸收塔、脱吸塔、吸附塔、氢气压缩机、冷冻机，配套设备有泵、换热器等。流体输送设备有氢气压缩机、屏蔽泵、水泵冷冻机。换热设备主要为 U 形管式换热器。

5.3.1 吸附塔

吸附塔是用于吸附分离的设备。在塔的内部装有活性炭，吸附时含杂质的氢气从塔的下部经过气体分布装置后均匀地分布于塔的横截面，在上升过程中，氢气中的杂质被活性炭吸附，合格的氢气从塔的顶部送出。再生时，再生氢从塔的顶部进入吸附塔，逆向对塔内的活性炭进行吹扫。吸附柱加热或冷却所用的管道为三根盘管组成，即塔内的内盘管、外盘管和塔外壁上的半管。由于吸附塔内温度和压力的周期性变化，塔身受到的应力相应地也呈周期性变化，盘管的使用能够减少这个过程中塔身所受到的应力变化，同时提供较大的传热面积。

5.3.2 氢气压缩机

多晶硅尾气干法回收系统所用压缩机一般为往复式压缩机。图 5-4 所示为一台往复式压缩机的结构示意图。压缩机零件可以分为四个部分。

① 工作腔部分 是直接处理气体的部分。以一级缸为例，它包括气阀、气缸、活塞等。

气阀是压缩机的重要部件之一。只有气阀正常工作，才能保证压缩机实现吸气量和功率消耗。阀片的寿命更是关系到压缩机连续运转期限的重要因素。气阀的一般结构图如图 5-5 所示。气阀的结构形式极多，但不论哪一种气阀，几乎都由阀座、弹簧、阀片和阀盖等基本零件构成。其中阀座设有气体通道，它是气阀其他零件的安装基体；弹性元件，多数为弹簧；闭合元件即通常所称的阀片，是阀座通道的密封元件；阀盖，即阀片的行程限制器，起限制闭合元件行程的作用；紧固元件，包括螺栓和螺母。

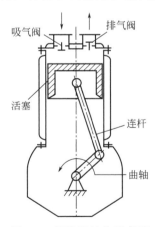

图 5-4　压缩机结构示意图

图 5-5　压缩机气阀

② 传动部分 是把电动机的旋转运动转化为活塞往复运动的一组驱动机构，包括连杆、曲轴和十字头等。

③ 机身部分 用来支撑（或连接）气缸部分与传动部分的零件，此外，还有可能安装有其他附属设备。

④ 辅助设备 指除上述主要的零件外，为使机器正常工作而设的相应设备，主要有油泵及油冷器、吸气缓冲罐及排气缓冲罐等。

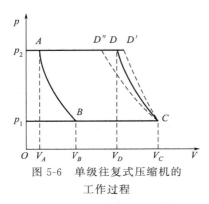

图 5-6　单级往复式压缩机的
工作过程

压缩机的工作过程由膨胀、吸入、压缩和排出四个阶段组成，压缩过程的 pV 关系如图 5-6 所示，图中 AB 为吸气过程开始之前压缩机余隙容积中高压气体的膨胀过程，BC 为吸入过程，CD 为气体的实际压缩过程，DA 为排出过程。曲线 $ABCD$ 构成一个完整的压缩过程，四边形 $ABCD$ 为活塞在一个工作循环中对气体所做的功。

根据气体和外界的换热情况，压缩过程可分为等温压缩、多变压缩、绝热压缩三种情况，分别对应着图中的 CD''、CD、CD'。其中等温压缩的功耗最小，而绝热压缩的功耗最大，因此压缩过程中如能较好地冷却，将降低功耗。实际压缩一般是介于两者之间的多变压缩。另外，由于往复压缩机的排气量是脉动的，为使管路流量稳定，压缩机的进气口和排出口一般都应设缓冲罐。

5.3.3　冷冻机系统

（1）冷冻机原理

尾气回收系统的冷凝和吸收操作以及脱吸塔顶的冷凝均要求在 $-40℃$ 工作，为此必须有专门的冷冻系统。尾气回收系冷冻机的原理就是利用制冷剂从低温物体不断地取出热量，然后又将此热量不断地传递给高温的环境。由于只需要达到 $-40℃$ 的温度，一般采用 R22（化学名：二氟一氯甲烷，分子式：$CHClF_2$）作为制冷剂。冷冻机实现制冷的过程如下。

① 蒸发。R22 的气液混合物在 $80kPa$、$-45℃$ 的状态下送入蒸发器内管内，与需要冷却的介质换热，汽化成稍微过热的蒸气，并将过热度调为 $5℃$ 左右；蒸发过程汽化所需的热（主要为潜热）从被冷却介质中取得。要求蒸气稍微过热的原因是防止吸气带液产生液压冲击作用，影响正常运转。

② 压缩。将离开蒸发器系统的气态 R22 进行压缩，使气态 R22 的露点低于冷却水的温度，以便可以用常温的水冷却，从压缩机出来的 R22 蒸气往往是过热蒸气。

③ 冷凝。将经压缩后的 R22 的过热蒸气送入冷凝器，用冷却水冷凝成相同压力下的饱和液体。

④ 过冷。在过冷过程中，将 R22 的饱和液体稍微冷却以致过冷 $5\sim8℃$，以防止制冷剂液体在进入气流阀前就变成蒸气。

⑤ 膨胀。经过过冷后的制冷剂液体，温度、压强仍然都很高，为将其转变成低温低压的 R22 的气液混合物，需要进行膨胀。

将以上膨胀产生的气液混合物送入蒸发器，就实现了制冷剂在制冷系统中的循环。为了实现以上过程，冷冻机一般由一套设备组成，其中包括压缩机、冷凝器、蒸发器、膨胀阀四大部件以及制冷剂的净化、分离、贮存设备和冷冻机油的分离收集设备。下面对压缩机和膨胀阀及冷冻机油做简单介绍。

（2）制冷压缩机

在制冷领域，常用的压缩机种类有往复式制冷压缩机、转子式制冷压缩机、漩涡式压缩机、螺杆式压缩机、离心式压缩机等。螺杆式压缩机由于装配零部件少，具有较高的可靠性和效率，因此已逐渐占领了传统制冷压缩机的市场份额，得到日益广泛的应用。螺杆式压缩机有单螺杆压缩机和双螺杆压缩机，但一般就指双螺杆压缩机。螺杆式压缩机的结构图如图5-7所示。

螺杆式压缩机气缸内装有一对互相啮合的螺旋形阴阳转子，两转子都有几个凹形齿，两者互相反向旋转。通常把节圆外具有凸齿的转子称为阳转子，阳转子一般通过油发动机或电动机驱动，因此阳转子又称为主转子，另一转子称为阴转子，是由主转子通过喷油形成的油膜进行驱动，或由主转子端和凹转子端的同步齿轮驱动，所以理论上驱动中没有金属接触。转子的长度和直径决定压缩机排气量（流量）和排气压力，转子越长，压力越高；转子直径越大，流量越大。

工作循环可分为吸气、压缩和排气三个过程。随着转子旋转，每对相互啮合的齿相继完成相同的工作循环。螺旋转子凹槽经过吸气口时充满气体。当转子旋转时，转子凹槽被机壳壁封闭，形成压缩腔室，当转子凹槽封闭后，润滑油被喷入压缩腔室，起密封、冷却和润滑作用。当转子旋转压缩润滑剂和气体（简称油气混合物）时，压缩腔室容积减小，向排气口压缩油气混合物。当压缩腔室经过排气口时，混合物从压缩机排出，完成一个吸气—压缩—排气过程。

螺杆式制冷压缩机常用滑阀调节能量，即在两个转子高压副装上一个能够轴向移动的滑阀，来调节能量和卸载启动。滑阀调节的基本原理，是通过滑阀的移动使压缩机阴、阳转子的齿间基元容积在齿面接触线从吸气端向排气端移动的前一段时间内，通过滑阀回流孔仍与吸气孔门相通，并使部分气体回流到吸气孔口。即通过改变转子的有效工作长度，来达到能量调节的目的。滑阀的位置离固定端越远，回流孔长度越大，输气就越小，当滑阀的背部接近排气孔口时，转子的有效长度接近于零，便能起到卸载的启动目的。图 5-8 为滑阀调节能量的原理图。

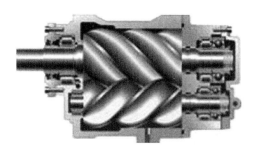

图 5-7 螺杆式压缩机结构图

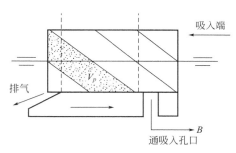

图 5-8 滑阀式调节原理图

（3）膨胀阀

膨胀阀有手动节流阀、浮球式节流阀、热力膨胀阀、热电膨胀式节流阀等各种类型，其中热力膨胀阀在氟里昂制冷系统中使用最为普遍。它具有以下两种功能：

① 节流，它把从冷凝器流出的高压制冷剂液体减压、节流后供给蒸发器；

② 根据蒸发器内制冷剂蒸气的温度变化，自动调节供给蒸发器制冷剂流量，以实现液体制冷剂在蒸发器内完全充分地汽化，发挥蒸发器的换热效率。

根据结构的不同，热力膨胀阀可分为内平衡式和外平衡式两种，其中内平衡式适用于小型蒸发器，外平衡式适用于蛇形管较长或流动阻力较大的大型蒸发器。如图 5-9 所示，内平衡式热力膨胀阀的结构由三部分组成。

① 温度传感元件 由感温包、毛细管的动力传递机件组成一个独立的密封系统。底面为一块很薄的金属膜片，它受压力作用能够上下移动，起到把压力作为动力而推动膜片移动的作用。感温包内充以工质，安装在蒸发器的回气管道上，工质受回气温度的影响，其压力相应地发生变化，压力的变化通过毛细管内的工质传递给膜片，使膜片产生位移。

② 执行机构　膜片的位移量通过垫块、顶杆传给阀针，阀针在阀座的孔内上、下移动，使阀门开大或关小，调节制冷剂的流量。

③ 调节部分　由弹簧和调节杆组成。通过调节杆调节弹簧力的大小，使之与蒸发温度相匹配。

内平衡式膨胀阀安装在蒸发器的进液管上，如图 5-10 所示。感温包敷设在蒸发器出口管道上，用以感知蒸发器出口的过热温度，自动调节膨胀阀的开启度。毛细管的作用是将感温包内的压力传递到膜片上部空间。膜片是一块厚 0.1～0.2mm 的铍青铜合金片，通常断面冲压成波浪形。

热力膨胀阀对制冷剂流量的调节，是通过膜片上的 3 个作用力的变化而自动进行的。作用在膜片上方的是感温包内感温工质的气体压力 p_g，作用在膜片下方的是制冷剂的蒸发压力 p_0 和弹簧的压力 p_w，在平衡状态下，$p_g = p_0 + p_w$。如果制冷剂出蒸发器时的过热度升高，p_g 随之升高，三力失去平衡，$p_g > p_0 + p_w$，使膜片向下弯曲，通过推杆推动阀针增大开启度，供液量增加；反之，阀逐渐关闭，供液量减少。内平衡式膨胀阀适合蒸发盘管阻力相对较小的蒸发器。当蒸发盘管管路较长、管内流动阻力较大及带有分液器的场合，宜采用外平衡式热力膨胀阀。

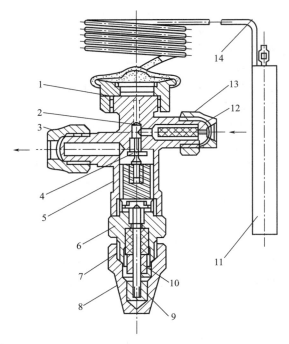

图 5-9　内平衡式热力膨胀阀结构示意图

1—感应机构；2—阀体；3, 13—螺母；4—阀座；5—阀针；6—调节杆座；7—填料；8—帽罩；9—调节杆；10—填料压盖；11—感温包；12—过滤器；14—毛细管

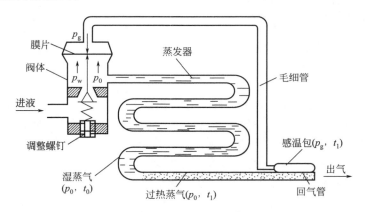

图 5-10　内平衡式膨胀阀工作原理图

(4) 制冷剂

在制冷装置中，不断循环流动以实现制冷的工作介质称为制冷剂。制冷剂在蒸发器中吸收被冷却介质的热量而汽化，在冷凝器中又放出热量而冷凝，因此制冷是实现人工制冷不可缺少的介质。

按化学成分的不同，制冷剂可分为以下几类。

① 卤代烃类制冷剂。是饱和碳氢化合物的卤素（氟、氯、溴）衍生物的总称，即氟里昂。用于生产氟里昂制冷剂的饱和碳氢化合物主要有甲烷、乙烷及丙烷等。

② 环状有机化合物类制冷剂。

③ 饱和碳氢化合物类制冷剂。

④ 混合物类制冷剂。包括共沸溶液制冷剂和非共沸溶液制冷剂。

●共沸溶液制冷剂是由两种或两种以上互溶的单组分物质，在常温下按一定的质量比或容积比相互混合而成的制冷剂。它在一定的压力下具有恒定的沸点，在饱和状态下气液两相组分相同。

●非共沸溶液制冷剂是由两种或两种以上相互不形成共沸溶液的单组分物质混合而成的制冷剂。它在定压相变时会产生一定的温度滑移现象。

⑤ 有机化合物类制冷剂。主要是烃类、有机氧化物、有机硫化物、有机氮化物。

⑥ 无机化合物类制冷剂。

⑦ 不饱和碳氢化合物及其卤族元素衍生物类制冷剂。根据制冷剂在30℃时的饱和蒸气压 p 和正常蒸发温度 t（1atm 下的沸点）的高低，可将制冷剂分为以下三类。

●低压高温制冷剂　低压高温制冷剂的冷凝饱和蒸气压 $p \leqslant 2 \sim 3$bar，正常蒸发温度 $t > 0$℃。这类制冷剂有 R11、R21 等。

●中压中温制冷剂　30℃时冷凝压强 $p \leqslant 15 \sim 20$bar，正常蒸发温度 -70℃$< t < 0$℃。这类制冷剂有氨、R22 等。

●高压低温制冷剂　30℃时高压低温制冷剂的冷凝压强 $p \leqslant 20 \sim 40$bar，正常蒸发温度 $t < -70$℃。这类制冷剂有氟里昂 13、乙烷、乙烯等。

在考虑选择制冷剂时，一般需要满足以下要求。

① 汽化潜热大，使单位质量的制冷剂具有较大的制冷能力，以降低所需的制冷剂循环量，从而使制冷设备缩小和动力消耗降低。

② 蒸气压适中，制冷剂在蒸发温度下的蒸气压不能太低，最好稍高于大气压，以防止空气吸入制冷装置内。制冷剂在蒸发温度下的蒸气压不能太高，以降低对设备的要求。

③ 临界温度要高，以便于用一般冷却水进行冷凝；凝固温度要低，以便于制取最低的蒸发温度。

④ 黏度和密度要低，以减少制冷剂流动时的阻力，热导率和对流传热系数要高，以提高蒸发器和冷凝器的传热效率和减少传热面积。

另外还要求制冷剂具有化学稳定性，不易分解，不腐蚀设备，不易燃、无毒或低毒，并达到相应的环境性能指标，如臭氧消耗潜能值 ODP、全球变暖潜能值 GWP、大气寿命 c 等。

在蒸气压缩式制冷系统中，常用的有氨、氟里昂和混合制冷剂。对多晶硅尾气的处理温度要求而言，氟里昂中的 R22 应用较广，下面对其做简要介绍。

R22 是中温中压制冷剂，它的分子式是 $CHCl_2F$，临界温度 96℃，凝固点 -160℃，标准沸点 -40.8℃，在较低的温度下，R22 的饱和蒸气压力及单位容积制冷都比氨高。同一温度下，R22 的饱和蒸气压力比 R12 约大 65%，压缩终温介于 R717 和 R12 之间，能制取的最低蒸发温度为 -80℃，所以 R22 比 R12 和 R717 要适用于低温。R22 蒸气无色、无味、不燃烧、不爆炸；有铁存在时，R22 的溶油特性与采用的冷冻机油种类、含油浓度及温度有关。R22 制冷压缩机的排气温度、电动机绕组温度以及油温均较高，这是 R22 的缺陷之一。当 R22 用于低温、封闭式制冷机时更为突出。在低温范围内，可采用喷射 R22 液体进入制冷压缩机排气管的方法来达到降低排气温度的目的。R22 的 ODP、GWP 较小，属于过渡性替代制冷剂。R22 的热力学性质见表 5-2。

表 5-2　R22 的热力学性质

温度 t/℃	绝对压力 p/100kPa	汽化潜热 r/(kJ/kg)
−80	0.105	254.23
−60	0.376	245.23
−40	1.053	234.17
−20	2.455	220.74
0	4.980	204.93
20	9.081	186.81
40	15.269	165.98

（5）冷冻机油

① 冷冻机油的作用。冷冻机油是压缩机的润滑油，是保证压缩机正常运转的必要条件，对压缩机的使用寿命和工作可靠性有很大影响。制冷系统中的冷冻机油又称润滑油。

● 润滑作用　冷冻机油对相互摩擦的零件进行润滑，在其表面形成一层油膜，从而降低压缩机的摩擦功和摩擦热，减少零件的磨损量，提高压缩机的机械效率和运转可靠性及耐久性。

● 密封作用　冷冻机油对机械进行润滑的同时，也可以对零件之间的间隙起密封作用而减少气体的泄漏。

● 冷却作用　冷冻机油在对机械进行润滑的同时，能带走摩擦热量及气体在压缩过程产生的热量，从而使零件的温度保持在允许的范围之内并可降低，确保机器的正常运行，并提高机器效率。

● 消声作用　冷冻机油能缓冲机器的振动，阻挡声音的传递保护。

● 清洁作用　冷冻机油不断地冲刷金属摩擦表面，带走磨屑，便于使用滤油器将磨屑清除。

● 动力作用　在有些制冷压缩机中，润滑系统的油压可作为控制顶开吸气阀机构的液压动力，以控制其卸载装置，从而控制气缸投入运行的数量，这样可以简化结构。

② 冷冻机油的质量指标。

● 透明度　质量好的冷冻机油，应清澈透明，呈无色或淡黄色。

● 黏度　冷冻机油黏度过大会增大压缩机功耗，过小则摩擦面间不能形成必要的油膜，会加快磨损，因此要求冷冻机油具有适宜的黏度。随着压缩机运行时间的增长，当冷冻机油的强度下降 15% 、颜色显著变深时，应予更换。

● 浊点　冷冻机油的温度下降到某一值时，油中开始析出石蜡，变得浑浊，这个温度称为浊点。析出的石蜡会沉积在节流阀孔或毛细管内壁，使制冷剂流量减少而影响制冷性能。冷冻机油的浊点要低，对电冰箱压缩机而言应不高于 −28℃。

● 闪点　闪点是表示物质易燃程度的一个指标。冷冻机要求冷冻机油的闪点不低于 160℃，冷冻机油的闪点越高越好。

● 凝固点　冷冻机油的流动性随着温度降低而下降，在试验条件下冷却到停止流动时的温度，称为凝固点。凝固点太高，冷冻机油会堵塞膨胀阀网孔，也会凝结在蒸发器内，影响传热效果。对于冷藏冷冻设备使用的机组，冷冻机油的凝固点应不高于 −40℃。低温相应选择凝固点低于其蒸发温度的冷冻机油。

● 化学稳定性和对系统中材料的相容性　压缩机中冷冻机油在高温和金属的催化作用下与垫片、制冷剂、水和空气等接触，会引起分解、聚合和氧化等反应，生成沥青状的沉积物和焦炭。这些物质会破坏气阀的密封性，流入系统会阻塞过滤器和膨胀阀通道。冷冻机油分解后所生成的酸，会腐蚀封闭式压缩机中的电气绝缘材料，导致电气事故。同时，冷冻机油对系统中与其接触的部件材料，如合成橡胶、金属、塑料等，应不致引起它们的化学变化和变质。因此，冷冻机油应具有良好的化学稳定性和对系统中材料的相容性。

• 含水量、机械杂质和溶胶　冷冻机油中含水会引起金属及绝缘材料的腐蚀和膨胀阀的冰堵。使用氟里昂的压缩机中有铜质零件时，它和冷冻机油中的水和氟里昂相互作用，在零件表面上析出铜末，即所谓"镀铜"作用。镀铜最容易积聚在表面粗糙度数值较大的铜质摩擦面上，如轴颈、气缸壁、活塞和气阀等处，致使相对运动零件间隙减小，使其间的密封性降低，压缩机运转不良。因此，选择冷冻机油时要求其含水量应不大于 15mg/kg，并在贮运和使用过程中，应尽量避免长时间与空气接触。冷冻机油中机械杂质会加速零件的磨损和堵塞冷冻机油通道，所以规定杂质的质量分数不得超过 0.01%。将冷冻机油加热到 550℃ 使其挥发和燃烧，最后剩下的残渣称为溶胶。冷冻机油应不含溶胶。

• 冷冻机油与制冷剂的相互溶解性　制冷剂溶于冷冻机油后，既有有利的一面，也有不利的一面，具体表现如下。

有利方面：制冷剂与冷冻机油溶解后，会使冷冻机油的黏度和凝固点下降，这对低温装置是有利的。制冷剂与冷冻机油溶解后，还使热交换器传热面不被油污染，同时对冷冻设备有着良好的润滑作用。

不利方面：制冷剂与冷冻机油溶解后，制冷剂的温度-压力关系会发生变化，即制冷剂的沸点上升，这就会降低蒸发器的制冷能力，所以在靠冷冻机油润滑压缩部件（如活塞、螺杆）后的排气端设有油分离器，并在蒸发器底部设有回油装置。制冷剂与冷冻机油溶解后使冷冻机油浓度变低，黏度降低。黏度过小，则使轴承等靠冷冻机油润滑的部位不能产生所需要的油膜，降低润滑效果。所以一般要求在能与制冷剂相互溶解的冷冻机油油箱部位设加热器，并对油箱温度有所要求。

③ 冷冻机油变质原因及判断冷冻机油质量变化的方法。

• 混入水分　冷冻机油在生产过程中都经过严格的脱水处理，本应不含水分，但脱水的冷冻机油有很强的吸湿性，当冷冻机油和空气接触时，能够从空气中吸取水分，因此在贮藏、运输和灌入制冷系统过程中，与空气接触后会混入一些水分。另外，也有可能是制冷剂中含水分过多，使水分混入冷冻机油。冷冻机油中含有水分，会加剧油的化学变化，引起对金属的腐蚀作用，同时，还会在膨胀阀处引起结冰，造成堵塞故障。

• 氧化　冷冻机油在使用过程中，当压缩机的排气温度较高时，可能会引起氧化变质。发生氧化时，芳香族烃变成暗黑色的氧化物，它不溶解于冷冻机油中。当冷冻机油在高温下和垫片、制冷剂、水分、金属、空气接触时，会引起分解、聚合、氧化等反应，生成沥青状的结焦，甚至出现纯粹的焦炭，这些物质会阻塞过滤器、油路及膨胀阀。此外，还会导致冷冻机油的黏度升高，润滑性能下降；冷冻机油的机械杂质会加剧运动件摩擦面的磨损，加速它的老化或氧化变质。

• 污染　若装冷冻机油的容器不清洁，有锈或有少量其他牌号的油，会破坏油膜的形成，使轴承和其他润滑面受到损害。

5.3.4　换热器

多晶硅尾气处理系统的换热器以 U 形管换热器居多，其结构如图 5-11 所示。U 形管换热器的传热管束呈弯曲，管束的两端固定在同一块管板的上下部位，再由管箱内的隔板将其分为进口和出口两个部分，管束可以自由伸缩，当壳体与 U 形换热管有温差时，不会产生

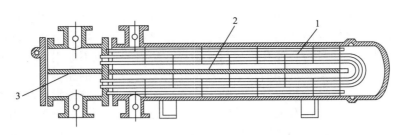

图 5-11　U 形管换热器结构图
1—U 形管；2—壳程隔板；3—管程隔板

温差应力。U 形管换热管的结构简单，只有一个管板，密封面少，运行可靠，管束可以抽出，管间清洗方便。但管内清洗比较困难，内层管子坏了不可更换；由于管子需要有一定的弯曲半径，故管板的利用率较低；管束最内层管间距大，壳程易短路。

U 形管式换热器适用于管、壳壁温差较大，或壳程介质易结垢而管程介质清洁不易结垢以及高温、高压、腐蚀性强的场合。一般高温、高压、腐蚀性强的介质走管内，可使高压空间减小，密封易解决，并可节约材料和减少热损失。

5.3.5　填料塔

清洗塔、吸收塔、脱吸塔均为填料塔。填料塔是一种应用广泛的气液传质设备，它具有结构简单、压降小、材料易用耐腐蚀材料制造等优点。填料塔的一般结构如图 5-12 所示。

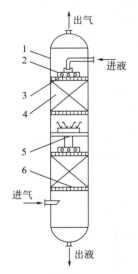

图 5-12　填料塔的结构图
1—塔壳体；2—液体分布装置；
3—填料压板；4—填料；
5—液体再分布装置；
6—填料支撑板

填料塔的主要部件有塔壳体、液体分布装置、填料、填料支撑板、液体再分布装置等。操作时，液体自塔上部进入，经过液体分布器后均匀地喷洒到塔截面上，在填料表面呈膜状流下。对填充高度较高的塔，一般将填料分层，各填料之间设置液体再分布器，收集上层流下的液体，并将液体重新均匀分布。而气体在压强差的推动下，通过填料间的空隙由塔的下端向上端流动。

填料是填料塔的核心，填料性能的好坏对填料塔操作性能的好坏有直接的影响。填料性能有以下三个方面

① 比表面积 a　比表面积 a 是指单位填充体积所具有的填料表面，单位为 m^2/m^3。填料应具有尽可能大的比表面积以形成较多的气液接触界面。填料的比表面积与填料的种类和规格有关，对同种填料，小尺寸填料具有较大的比表面积，但填料过小会增加造价且塔内的气体流动阻力也会增大。

② 孔隙率 ε　颗粒物料层中，颗粒与颗粒间的空隙体积与整个颗粒物料层体积之比称为空隙率 ε。提高填料层的孔隙率，可以减少气体的流动阻力，提高填料塔的允许气速。

③ 填料的几何形状　在相同比表面积和孔隙率下，形状理想的填料可以为气流的两相提供合适的通道，气体流动的压降低，通量大，且液流易于铺展成液膜，液膜的表面易于更新。

常用填料有散装填料和规整填料两大类。鲍尔环是近年来公认的性能优良材料，其应用逐渐广泛。鲍尔环的形状特点是在拉西环的壁上开一两层窗口，上下两层窗孔错开排列，开

孔切开的窗叶片一边与环壁母体相连，另一边弯向环内，在环中心几乎对接，上下两层叶片的弯曲方向相反。由于开孔，沟通了环内外表面和空间，使得液体和气体均匀分布，因此，阻力、通量和传质效率均比拉西环显著改善。

任务四 设备准备及安全检查

【任务描述】

本任务介绍尾气干法回收工序设备及管路的气密性检查、清洗、吹扫、置换等。

【任务目标】

掌握尾气干法回收工序设备及管路的气密性检查、清洗、吹扫、置换方法及要点，并能熟练操作。

5.4.1 设备及管路气密性检查

设备管道密封是多晶硅安全生产的关键，任何泄漏都有可能造成安全事故、环境污染等，因而针对设备、管路的气密性检查至关重要。

气密性检查主要是检查设备、管路、仪表、阀门及相关的连接处是否有泄漏。针对多晶硅尾气处理的特殊性，气密性检查分运行前检漏和运行中检漏。

其中运行前检漏指在生产之前对设备、管路气密性的检查，主要采用肥皂水检漏。即在运行之前，对系统进行氮气（N_2）充压，压力高过设备管路的工作压力，低于设备管路的设计压力，然后观察压力表示数是否下降，如果有极小的下降，可以认为系统没有泄漏，如果下降幅度较大，则说明系统有泄漏，需要对该设备、管路进行严格的检漏。

但是需要明确注意：升压要从低压慢慢上升，试压也要从低压开始慢慢试，不漏了需保压一段时间之后再继续升压、检漏。因为事先并不能保证一点不泄漏，压力低的时候有漏点，喷肥皂水容易发现，保证泄漏大的地方提早试压出来及早处理，否则直接在试验压力附近检漏会浪费大量时间和气体，因为既可能是法兰处垫子漏，也可能是设备、管路焊缝处漏。

运行中的检漏则需要根据设备管路特性选择不同的检漏方法，如果设备、管路内是 $SiHCl_3$、$SiCl_4$、H_2 的混合气体或者只有前者，则可以用目测法、嗅觉法判断泄漏点，$SiHCl_3$、$SiCl_4$ 极易遇空气中水分而分解生成白色粉末，且夹杂着黄绿色，因为水解产物除了各种形式的硅酸 $x\,SiO_2 \cdot y\,H_2O$（白色）外，还有 HCl 气体，易与锈蚀设备发生反应生成 Fe^{2+}、Fe^{3+}（黄绿色）。

此外，若管路中是氢气，可以用氢气防爆检测仪和肥皂水结合检漏。先用氢气防爆检测仪找到大致泄漏点，再用肥皂水检漏细节点。如果是氮气、空气等，则直接用肥皂水检漏即可。

5.4.2 工艺管道清洗

多晶硅生产对环境及设备的清洁要求十分高，尤其是塔器设备，对产品的质量影响极为重要。为了保证一次性开车投产顺利，保证产品质量，在设备的安装过程中，对设备及管线等重要设备的清洗工作十分严谨。多晶硅的设备清洗比较特别，要保证每个设备脱脂和干燥达到工艺标准，必须对设备进行单台分段清洗干燥，每个设备检测验收合格后才能进行安装。因此，多晶硅设备的清洗关键在于每个环节的质量控制，保证整个设备的质量标准。在清洗过程中，使每个环节质量都达到标准。避免开车质量事故的发生，最大限度地降低调试费用，必须做好工艺设备和工艺管道安装前的清洗处理。

5.4.3 设备及管路吹扫、置换

管路吹扫主要用于化工生产之前的准备，即将设备管路吹扫干净，防止尘埃、水分等污染设备及管路内部。

① 清洁所有介入的通用系统管道，将设备管路清洗或吹扫，防止焊渣、锈渍、尘埃、水分污染设备及管路内部。

② 吹扫仪表空气管线至大气中，除去杂质和水分。

③ 吹扫蒸汽管至大气中，除去可能引起腐蚀和锈蚀的杂质和氧气。

④ 通入冷却水开始循环。

氮气置换则是用于置换设备管路内的易燃、易爆、有毒气体，避免拆开设备管路时发生爆炸事故和有害物质泄漏事故，如氢压机维修前的氮气置换。并不是所有的管道都要置换，只有那些易燃易爆的物料管线及生产中对氧气含量有要求的管线才要置换。

进行过氮气置换的管路和设备，在开车前应用于氢气进行置换，以排出里面的氮气。

5.4.4 机电设备及仪表的检查

多晶硅尾气处理工序使用的氢压机、冷冻机、水泵、屏蔽泵均属于机电设备，因此电机的稳定运行对生产的政策稳定运行至关重要。设备运行时要注意监护电机的运行状况，并注意定期保养。

机电设备的检查方法与操作标准如下。

① 运转机电设备前，应检查机电设备的电源线和安全防护装置。电源线破损或安全防护装置缺损和失效，未经专业人员更换、修复，不得投入使用。机电设备停止运转后，应切断电源并锁好开关箱。

② 在机电设备工作前必须检查机械、仪表、工具等，确认完好才准使用。有试运行要求的，应按照规定进行试运行，确认正常后，方可投入使用。

③ 在机电设备操作中发现异常情况应立即停机检查，禁止在机电设备运转时进行擦洗和修理，作业中严禁将头、手伸入机械行程范围内。机电设备修理应由专业人员按照原厂说明书规定的条件或有关标准、规范进行，不得任意使用代用部件或改装、改造。

④ 新机、经过大修或技术改造的机电设备，必须按厂说明书的要求进行测试和试运转。

⑤ 机电设备必须按出厂说明书规定的技术性能、承载能力、使用条件和规程的有关规定，正确操作，合理使用，严禁超载作业或任意变更、扩大使用范围。

⑥ 严禁不具备专业资格的人员操作机电设备。机电设备应由专业人员安装、拆除和维修保养。

⑦ 机电设备的操作人员必须按照规定穿戴好个人安全防护用品。

5.4.5 安全阀的检查

多晶硅尾气处理工序中安全阀主要使用在氢压机、吸收塔、脱吸塔、吸附塔等带压设备上。安全阀的安装调试与选用见 3.4.1.2 节（4）。

5.4.6 装填料、活性炭

按照设计规定清单，往清洗塔、吸收塔、脱吸塔装填规定型号及规定数量的填料。安装填料时，应确保填料安装均匀，并确保填料不被脏污，不带进粉尘、碎屑等。

从吸附柱塔顶，往每个吸附柱中装填规定数量、规定型号的活性炭。由于活性炭对水蒸气具有很强的吸附性，干燥困难，因此应避免在潮湿天气下装填。装填活性炭时也应确保装填的均匀性，以减少使用时造成气体分布不均的可能性。

根据冷冻机操作手册，将冷冻机系统抽真空至控制制冷系统值 2kPaA，保持 1h，给每套装置装入设计规定数量的制冷剂。装填冷冻机油和制冷剂时应严防水分进入系统。

5.4.7 氢气压缩机启动前的检查

开车前应对氢气压缩机进行检查。

① 地脚螺栓紧固。地脚螺栓不紧固，将会造成氢气压缩机运行时剧烈振动，压缩机长期处于剧烈振动状态，将使连接件过快达到疲劳而损坏，严重时产生事故。

② 润滑油质与油位。油质是指氢气压缩机油的品质，通过油的颜色可以判断：油品清澈，说明油中污垢较少且不含水分；若油品浑浊且有泡沫，说明很可能有氯硅烷进入到油品中；润滑油用久了之后油色会变黑，但变黑不能成为判断润滑油好坏的指标，只作为一个参考指标。由于润滑油中要加入分散剂，分散剂越多，分散剂越好，油品越易变黑。所以，往往高档油比低档油变黑更快。润滑油换油的指标如下所示。

• 活压式压缩机

高压，外部用（轴承），换油质量标准为：黏度变化大于 ±15%，酸值大于 2.0mgKOH/g，残炭大于 1.0%，正庚不溶物大于 0.5%。

低压，气缸、轴承共用，换油质量指标为：黏度变化大于 ±15%，酸值大于 2.0mgKOH/g，残炭大于 1.0%，正庚不溶物大于 0.5%。

• 回转式压缩机 转子、轴承，换油指标为：黏度变化大于 ±15%，酸值大于 0.5mgKOH/g，正庚不溶物大于 0.2%；另外，油位应该在适当的位置，以保证油量的充足但不过量。

在启动氢气压缩机前应进行盘车。所谓"盘车"，是指在启动电机前，用人力将电机转动几圈，用以判断由电机带动的负荷（即机械或传动部分）是否有卡死而阻力增大的情况，从而不会使电机的启动负荷变大而损坏电机（即烧坏）。

冷冻机启动前也应检查地脚螺栓，还应检查制冷剂贮罐液位和油位、油色。

屏蔽泵启动前应检查轴承检测仪并确保其指示绿色区域，以保证泵的石墨轴承磨损在允许范围内。

【任务五】 尾气干法回收原辅材料准备

【任务描述】

本任务介绍尾气干法回收工序所需原材料、辅助材料的质量指标。

【任务目标】

掌握尾气干法回收工序原辅材料的质量指标。

5.5.1　热源名称与技术质量标准

多晶硅尾气处理工序中的主要热源是锅炉房过来的高温饱和水蒸气，通常简称为蒸汽。蒸汽的压力应达到 0.9MPaG。

水的饱和蒸气压与温度相对应，如 100℃ 下，水的饱和蒸气压为 101.325kPa，也可以说水在 101.325kPa 下沸点为 100℃。蒸汽加热系统，往往是利用蒸汽的潜热（即相变热）进行加热，潜热即某一温度的蒸汽变成相同温度的水时释放出的热量，其数值等于该温度下水的汽化热（kJ/kg），在该过程中压力并不改变。

表 5-3 是部分饱和水蒸气温度与压力及潜热的关系表。

表 5-3　饱和水蒸气温度、压力及潜热关系

温度/℃	100	120	140	160	180	200
蒸气压力/kPa	101.3	198.6	361.5	618.3	1003.5	1554.8
潜热 r/(kJ/kg)	2258.4	2205.2	2148.7	2087.1	2019.3	1943.5

5.5.2　冷却水名称与技术质量指标

多晶硅尾气处理工序所使用的冷却水为常温外循环水，冷却水温度应不高于 32℃，压力应达到 0.4MPaG，外部循环冷却水直接由冷凝塔冷却后循环。

冷却塔设备有敞开式和封闭式之分，因而循环冷却水系统也分为敞开式和封闭式两种。多晶硅生产循环水冷却塔为常见的敞开式冷却设备，主要依靠水的蒸发降低温度，冷却塔常用风机促进蒸发。

5.5.3　N_2 的技术质量指标

多晶硅尾气处理工序氮气（N_2）主要用于置换、吹扫等。氮气压力应达到 0.6MPaG。

5.5.4　压缩空气的技术质量指标

多晶硅生产中压缩空气主要是用作仪表空气。空气经压缩机做机械功，使其体积缩小、压力提高，即得到压缩空气，主要为气阀的自动控制提供动力源以及仪器保护气。压缩空气（仪表空气）压力应达到 0.6MPaG。

5.5.5　所用电源的电压等级技术质量指标

多晶硅尾气处理工序用到的电源有 10kV AC、380V AC、220V AC。10kV AC 主要用于氢压机和冷冻机系统，380V AC 主要用于电机、泵等动力系统，220V AC 主要用于普通用电，如空调、照明等。

5.5.6　液态氯硅烷的技术质量指标

为了使回收氢达到一定的指标，系统中喷淋所用的液态氯硅烷、吸收所用的液态氯硅烷

均应达到相应的技术指标。其技术要求主要包括 B、C、Fe、Cu、Cr、Ni、Zn 等元素的浓度要求。

任务六 尾气干法回收关键及核心设备操作

【任务描述】

本任务介绍尾气干法回收工序的开停车操作。

【任务目标】

掌握尾气干法回收工序的开停车操作。

5.6.1 尾气回收工序开车操作

开启安全阀排放总管上的氮气阀门，打开所有安全阀门的隔断阀。

（1）系统氮气吹扫

吹扫氮气，除去系统内的氧气和水分，这一点对于安全运行非常重要。正常的尾气进气是可燃气体，用氮气赶走氧气和水分对于全厂的安全运行十分重要。水分与氯硅烷会剧烈反应，产生腐蚀性很强的混合物，因此在引入尾气或氯硅烷液体之前必须用 N_2 吹扫，除去水分。在氮气吹扫后，确保系统氮气的露点低于 $-40℃$。如果达不到，则需要继续用系统氮气吹扫管路，直至系统氮气的露点低于 $-40℃$。活性炭会保留氧气和水分，即使用氮气充分吹扫了，吸附塔内仍然有可能有氧气和水分，这些氧气和水分可通过加热除去。在所有容器和工艺管线被加热和吹扫之前，不可通入尾气。

操作方法如下。

开启回收系统内部所有的阀门，关闭回收系统所有外部排放阀和进口阀。用软管连接系统公用氮气接口，向系统通入氮气，使氮气反向流过系统，通过低点排放至大气，如此，完成对吸附柱、吸收和脱吸系统以及氢气压缩机系统、冷凝塔系统的吹扫。吹扫过程中，保证所有管道均有氮气通过其他排放阀进入和排放，以确保没有死角的阀门、管道和仪表。氮气吹扫也可以通过其他排放阀进入和排放，以确保没有死角。当排放点的氧含量低于 0.1% 体积比后，检查系统的露点，直到露点达到 $-40℃$。

吹扫完成后，关闭氮气排放的阀门，系统用氮气增压至 $6kgf/cm^2$（压缩机套件增压至 $2kgf/cm^2$），然后降压至 $0.1kgf/cm^2$，如此反复增减压 5 次，以彻底置换出空气。

关闭相关阀门，系统用氮气保压，准备压缩机系统的干燥。

（2）干燥吸附塔

活性炭能够吸附水分，一般的氮气吹扫和置换无法将其吸附的水分清除，因此必须在加热状态下使活性炭干燥。

其操作方法如下。

将吸附塔切换至手动操作模式：打开和关闭相关阀门，使一定流量的氮气从回收氢出口管道进入系统，并同时通过 A/B 两个吸收塔，然后从吸附塔进气侧的低点排放阀排入大气。

打开加热水管路相关阀门，启动水泵往吸附柱加热管路输送热水，对吸附柱进行加热。在加热吸附塔的同时，继续吹扫氮气至大气中，直到出口露点低于 $-40℃$。当露点与氧含量达到要求后，把吸附塔恢复到自动运行的状态，充入一定氮气保持正压。

(3) 干燥尾气压缩机

打开压缩机的启动旁路阀，打开压缩机的所有冷却水入口和出口阀门，使冷却水正常循环。在压缩机吸入和排放阀门关闭的情况下，保持用氮气吹扫系统，然后启动压缩机，直到出口露点低于－40℃。

(4) 系统用氢气置换氮气

氮气滞留于系统中，对生产将有影响，因此应用电解氢将用氮气保压的系统进行置换。用氢气置换氮气的步骤与用氮气置换空气的步骤完全一致。电解氢吹扫过程中，也应该保证所有管道均有氢气通过，排空所有死角的阀门、管道和仪表。氢气吹扫也可以通过其他排放阀排放，以保证没有死角。

进行氢气置换前，防火设施必须就位，系统内不得进行焊接或机械操作，不得引入任何火种。如发现泄漏，需要换垫圈，则要进行氮气置换。如需动火作业，必须取得动火作业证，并有足够的安全保障后才能进行。

(5) 系统填充氯硅烷

回收系统开车前，系统中应填充氯硅烷。为了防止氯硅烷对回收氢的质量产生不良影响，填充氯硅烷步骤如下。

通知精馏工序从回收氯硅烷管道方向输送液态氯硅烷至脱吸塔，开始向系统填装氯硅烷。当脱吸塔液位达到90%时，暂停氯硅烷的填充。手动打开脱吸塔管路上的相应阀门，启动脱吸塔釜底泵，用泵把氯硅烷液体从脱吸塔输送至吸收塔和冷凝塔。当脱吸塔液位降低至10%时，停止脱吸塔釜底泵，重复脱吸塔充氯硅烷的操作。如此反复，直至冷凝塔、吸收塔、脱吸塔的液位均达到70%，停止从精馏输送相关氯硅烷。

(6) 启动冷凝塔氯硅烷液体循环

将冷凝塔氯硅烷液体循环流量调节阀设定为手动状态，开启至15%，打开其前后阀门；将冷凝塔液位调节阀设定为手动关闭状态，打开其前后阀门；打开闪蒸罐至冷凝塔管路阀门；启动冷凝塔底氯硅烷循环泵，调节氯硅烷液体循环流量调节阀使流量达到要求值，待冷凝塔液位稳定后，将冷凝塔液位调节阀设定为自动，并打开回收氯硅烷至精馏的管路上的相关阀门。

(7) 启动冷冻系统

打开需用R22的换热器上的氟里昂阀门，检查冷却水、润滑油管路是否畅通，吸气阀是否打开。然后打开控制柜电源，在控制柜上检查参数，确保无异常后，先启动高压机，待高压机稳定后启动低压机。

(8) 启动吸收塔、脱吸塔氯硅烷液体循环

把系统内的液位控制阀、氯硅烷流量调节阀全部设置为手动关闭状态，开启其前后阀门，打开电解氢入口阀往系统增压，使吸收塔增压至规定压力；将脱吸塔压力控制阀的设定值设定到规定压力，并设置为自动状态，开启其前后阀门，此时脱吸塔塔顶的压力控制阀应处于关闭状态；将再沸器蒸汽入口调节阀设定为手动关闭状态，将蒸汽输送管路上的相关手动阀门打开，然后在PLC上手动开启再沸器蒸汽调节阀至5%，向再沸器中通入蒸汽。再沸器冷凝液管开始变热，有可能需要打开过滤器的排放阀，排出多余的冷凝液；每10min将再沸器蒸汽流量调节阀的开启度增加2%，直到氯硅烷呈沸腾状态，脱吸塔塔顶压力为规定值；并将脱吸塔入口流量控制阀在PLC上手动开启至10%，此时有氯硅烷从吸收塔流向脱吸塔；待脱吸塔液位开始增加时，启动脱吸塔釜底泵，将脱吸塔液位调节阀设定值设定为规定值，并设置为自动状态，氯硅烷通过泵回流至吸收塔；逐步开启脱吸塔入口调节阀，直至进入脱吸塔的氯硅烷流量达到设定值，将此调节阀设置为自动，至此吸收塔、脱吸塔氯硅烷循环已建立。在此过程中，如果吸收塔压力出现下降，需补充电解氢增加压力。此时为防止闪蒸罐积液，适当开启闪蒸罐前的加热器通蒸汽，以保持吸收塔、脱吸塔的循环稳定；然后打开脱吸塔塔顶的回流阀。当吸收塔、脱吸塔液位稳定后，将吸收塔液位控制阀设定值设定到规定值，并设置为自动模式；最后将闪蒸罐液位控制阀设定为自动模式。

注意：闪蒸罐前加热器的出口温度需在系统接收尾气后，且有 HCl 产品时再提升到设定值。

（9）启动氢气压缩机，准备接收尾气

氢气压缩机的启动步骤大致如下。

给压缩机盘车，检查靠背是否正常，检查油位、油色是否正常；检查确定所有安全阀已开启，确认压缩机手动旁路阀已完全开启，吸入阀、排放阀开启；在上位机上将压缩机入口压力控制阀设定为规定的压力值，并设置为自动状态，在现场开启其前后阀门，关闭其旁路阀；打开氮气、氢气的吹扫系统和冷却水循环系统；确认氢气压缩机进气缓冲罐压力高于低位报警点；检查以确保氢气压缩机的联锁保护处于非活动状态。然后程序启动油泵和氢压机；必要时打开 1 级吸鼓氢气补充阀吸鼓低压报警；压缩机启动完毕后检查有无异响、振动、油压、各点压力、排气温度、电机绕组温度是否正常。然后再关闭补充电解氢的阀门；慢慢关闭启动旁路阀，以增加系统后段压力；待吸附塔压力稳定后，再开始接受多晶硅尾气。

注意：压缩机启动时和在使用时，必须确保吸入口压力为正压，以免空气被吸入压缩机中可能引起爆炸事故。

（10）增加尾气流量

在正常操作温度和压力下，增加还原工序尾气流量。在回收的氢气产品中仅有的杂质是氮气。只要除去氮气，得到的氢气就可以被送到要求的贮罐中使用。由于脱吸塔内有一定的压力，回收的氯化氢产品可以流出。在完全提纯之前，氯化氢产品可能含有一些氮气和氢气。同时，氯化氢产品一般还含有一些氯硅烷。

（11）最后将闪蒸罐温度提高到设定值

将闪蒸温度提高到设定值，待系统运行稳定，即完成了开车操作。

5.6.2 系统运行监控

多晶硅尾气回收为典型的化工分离过程，一般情况下可以看做稳态操作。在开车完成时，运行参数即达到设定值。因此多晶硅尾气运行操作的主要内容是，通过相关操作保证运行的稳定。

（1）运行过程中的巡检

为了确保整个工序的平稳运行，在开车完成后，必须定时巡检，并做好真实、详尽的记录。巡检的主要内容包括以下几个项目。

① 氢压机：氢压机的油位、油压、油温、油色，地脚螺栓、机身振动情况，冷却水、吹扫氢、吹扫氮的流通是否正常。

② 冷冻机：低压级和高压级压缩机的吸气压力、排气压力、吸气温度、排气温度、滑阀、滑块位置；油分离器的油位、气液分离器的液位、油加热器油位、R22 贮罐。

③ 泵：出口压力、输送的液体流量、TGR 表的指示区域。

④ 电机：对所有的电机外壁温度应该用红外测温仪定时测量。

⑤ 吸附柱：应定时检查并记录吸附柱的加热水或出口水的温度；定时排放回收氢，看是否有烟味。

⑥ 阀门、法兰：阀门和法兰是容易产生泄漏的地方，日常巡检时应仔细查看，以减少安全隐患。

当巡检过程中发现问题时应当采取相应的措施并及时报告；对现场的任何操作，都应当记录在案。

（2）工艺参数的运行监控

在化工生产过程中，由于系统本身以及环境等多方面的原因，工艺参数产生波动是难以避免的。为了整个多晶硅尾气处理工序稳定地运行，应通过一些相关操控变量的调节以使工艺参数在目标值。

① 自动控制　自动控制在多晶硅生产中发挥以下作用：

• 降低产品成本、提高产品质量和产量；

• 减轻劳动强度、改善劳动条件；

• 能够保证生产安全，防止事故扩大发生或扩大。

在多晶硅尾气处理工序中，自动控制的目标变量主要有液位、流量、压力以及温度。其中大部分属于简单控制系统，也有的是属于串级控制系统。简单控制系统和串级控制系统的方块图如图 5-13 和图 5-14 所示。

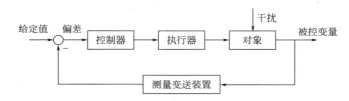

图 5-13　简单控制系统的方块图

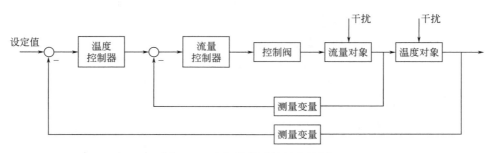

图 5-14　串级控制系统的方块图

脱吸塔中部温度的控制即采用的是串级控制系统。由于脱吸塔本质上是一个精馏塔，因此其控制过程也完全符合精馏塔的一般控制原理。对于脱吸塔，其敏感温度点位于中部温度，因此中部温度是其控制的关键点。而影响中部温度稳定的主要因素有蒸汽的压力波动、脱吸塔的进料组成波动等。譬如，当蒸汽压力降低时，将直接引起进入再沸器的蒸汽流量的降低，这时流量控制器将根据温度控制器的上一个给定值进行控制，即直到流量恢复到压力波动前蒸汽的流量值。但是由于压力降低，蒸汽的温度将降低，另外蒸汽的潜热将小幅增加（表 5-3），此时温度控制器将提供给流量控制器一个更高的流量值，于是流量控制器将打开调节阀以使中部温度恢复到设定值。通过这样的过程，实现将中部温度控制在设定值附近。

一般情况下，当蒸汽流量波动时，如果波动不大，通过自动控制系统的调节，系统能达到稳定的运行。

② 手动调节　有时候当波动过大，自动控制无法调节过来，比如，多晶硅尾气降量或提量时应手动调节相关阀门，以减少波动。

● 提量　当还原工序通知提量时，应根据需要提前做好准备，将冷冻机的氟里昂的循环量慢慢加大，以保证足够冷量；将冷凝塔的氯硅烷循环量加大，以保证在冷凝塔中多晶硅尾气中的氯硅烷能够得到充分冷凝。另外，吸收塔与脱吸塔的氯硅烷循环量也应加大，以使氯硅烷得以充分吸收。

● 减量　当还原工序通知减量时，冷冻机也在还原降量之后再降负荷；冷凝塔氯硅烷循环量、吸收塔与脱吸塔系统的氯硅烷循环量也应在还原降量之后再降。另外，当多晶硅尾气量极小时，冷凝塔的氯硅烷循环量、吸收脱吸系统的氯硅烷循环量均应保持在规定的最小值以上。因为循环氯硅烷量低于固定最小值时，塔内的填料将不能完全为液体所湿润，以致塔内形成干锥，冷凝塔、吸收塔、脱吸塔均将无法达到规定的分离效果。

5.6.3　尾气回收工序停车操作

（1）正常停车

① 关闭压缩机　当上游工序操作人员停止向尾气处理系统送气时，开始慢慢打开启动旁路阀直至完全打开，按压缩机停机按钮即可停止氢压机；氢压机停止后，辅助油阀启动，使辅助润滑油泵继续运行 3min，再将其手动关闭。氢压机停机后应保持氮气和氢气吹扫，并保持压缩机通过冷却水。

② 关闭冷凝塔循环　使冷凝塔循环 10min，清洗系统，然后关闭冷凝塔氯硅烷循环泵，并关闭出口阀；把氯硅烷流量调节阀设定到手动模式，打开阀门至一定开度；将液位调节阀等设定到手动模式并将其关闭。

③ 关闭吸收塔、脱吸塔循环　在氢气流量停止后，使吸收塔、脱吸塔循环继续进行 30min，从而除去系统中的 HCl；然后关闭再沸器、闪蒸罐前换热器的蒸汽，使循环液体冷却 10min；再停止向脱吸塔中通入氯硅烷；再停止釜底泵，关闭液位控制器。

④ 停止冷冻机运行　先停低压级，再停止高压级即可。

⑤ 关闭炭吸附柱　用电解氢为吸附柱再生，并把再生气排放至淋洗塔。当把各个吸附柱完整再生一次以后，把吸附柱系统设定为手动模式；关闭蒸汽，停止水泵运转。

注意：在下次开车时，吸附柱程序切换对系统压力的影响。

停车完成后，系统应保持氢气维持正压状态，防止水进入，这会尽量减少重启的时间。

（2）紧急停车

当运行中出现意外事故或非安全现象时，应立即切断电源，迅速停止压缩机运转。

① 关闭压缩机　按压缩机停止按钮（或停电自动停车），关闭压缩机出口阀，打开近路阀，将压缩机压力降至收集罐压力时关闭入口阀和近路阀。

② 打开放空阀　打开尾气收集罐放空阀，保持收集罐压力不超 0.05MPa。

若短时间内恢复运行，不需再做其他处理；若停车时间较长，关闭尾气缓冲罐出口阀，并通知氯化氢岗位关闭混合罐尾气进口阀、压缩机冷却水出入口阀，气温较低时放净压缩机内的冷却水，关闭冷媒水进出口阀。

任务七 尾气回收故障处理

【任务描述】

本任务介绍尾气干法回收工序常见故障判断与处理。

【任务目标】

能判断本工序故障发生并及时排除。

5.7.1 氯硅烷泄漏

由于氯硅烷遇水具有很强的腐蚀性，当法兰、仪表连接处有极微量的泄漏时，泄漏处就会被腐蚀而使得泄漏扩大。氯硅烷泄漏时，应采取的应急处理措施如下。

发现氯硅烷发生泄漏，但不着火燃烧，泄漏处嗅出刺激性气味或有白色烟雾产生，应立即戴上防毒面具，细心观察和判断是从何处泄漏，必须立即关闭相关阀门。当发现泄漏量小时，让其自然蒸发即可；当发现泄漏量大时，必须用大量的水冲至氯硅化合物全部水解为止。

氯硅烷发生泄漏并且着火燃烧时，应采取的应急处理措施是立即戴上防毒面具，细心观察和判断是何处着火。如果是容器或管道泄漏引起着火，必须立即向着火的容器或管道设法通入氮气，使容器或管道保持正压，然后关闭相关的进液阀、出液阀和放空阀，切断与着火容器或管道相连的氯硅烷来往料源（即关闭与着火容器或管道相连接管道上的阀门）。

5.7.2 氢气泄漏

氢气泄漏时，应采取以下措施。

发现氢气泄漏时，关闭主管上氢气进气口阀门，同时打开管道上氮气进口阀门。应立即封锁现场，禁止一切可能产生火花的作业，进行通风。需停电时要从远距离（如配电室）停电，禁止无关人员进入现场。

5.7.3 短期故障停车

在短期故障停车（少于20min）之后，温度和压力应保持停车前的水平。重新启动的步骤如下。

重新启动泵，使氯硅烷流动，蒸汽冷凝液流入吸附塔中；检查吸附容器的压力，当阀门转到当前步骤要求的位置时，确保重新启动不发生故障，如有必要的话，调整压力，把吸附塔阀门恢复到当前步骤，再把吸附塔设置到自动模式；重启冷冻装置；向换热器通入蒸汽；重启压缩机，完全循环；当达到正常温度后，重新通入尾气。

5.7.4 长期故障停车

如果停车超过20min，可能导致严重达不到正常温度和压力。在所有温度都重新达到停车前的状态之前，不得重新通入尾气。除此之外，重启程序大致与短期故障的操作相同。

吸收塔液体入口温度应该低于−30℃，蒸馏塔冷凝器的温度应低于−30℃。正在加热的吸附塔应恢复塔内床层在停车前的温度；一旦恢复了温度，即可重新通入尾气。如果在通入尾气之前未能达到要求的温度，很可能导致氯化氢和氯硅烷过早地从吸附塔中漏过。

5.7.5 瞬间停电

瞬间停电，而后电网恢复正常。假设泵、压缩机、冷冻机全部停止运转，紧急处理步骤如下。

立即通知上游工序停止向回收系统通入尾气，空烧赶气至淋洗塔；尾气回收岗位操作人员立即关闭相应阀门，以保持系统压力稳定；手动关闭进脱吸塔的流量调节阀、吸收塔和脱吸塔的液位调节阀，把液位锁定在各个塔里，同时关闭蒸汽，停止加热；把吸附塔切换成手动模式，仔细观察系统各部分的异常情况，并做好相应处理；现场人员应立即检查各部件设备的实际情况，并做好重新开车的准备。观察系统空气仪表、蒸汽、氢气、氮气、冷却水压力是否正常；一旦电网恢复正常，立即按照开车步骤启动泵、氢气压缩机、冷冻机，恢复系统正常运行。当系统全面恢复正常运行后，通知上游工序可向尾气处理工序、回收工序通入尾气。

5.7.6 泵出现问题

如发现清洗塔泵、釜底泵、热液泵中任一台停止运转，不能启动。应立即启动备用泵，通知维修人员对已坏泵进行维修，恢复备用状态。

5.7.7 冷冻机出现问题

冷冻机出现问题需要短时间维修，各冷凝器温度回升，低温氯硅烷喷淋液温度回升，通知还原岗位降量生产。操作人员需观察温度变化，不能维持生产时按停车处理。

企业案例

【尾气干法回收】

任务八 设备、管道保养与维护

【任务描述】

本任务介绍尾气干法回收工序设备、管道的保养与维护。

【任务目标】

① 能对本工序设备进行点检，对设备、管道进行保养与维护。
② 掌握设备、管道保养与维护的方法。

5.8.1 设备、管道的维护保养要求

通过除尘、涂漆、润滑、调整、更换配件等一般方法对设备、管道等进行护理，以维持和保护设备、管道的性能和技术状况，称为设备维护保养。设备、管道维护保养的要求主要有四项。

① 清洁 设备内外清洁，各滑动面、丝杠、齿条、齿轮箱、油孔等处无油污，各部位

不漏油、不漏气，设备周围的切屑、杂物、脏物要清洗干净。

②整齐　工具、附件、备件要放置整齐，管道、线路要有条理。

③润滑良好　检查供油量、油压正常，油表明亮，油路畅通，油质符合要求等。

④安全　遵守安全操作规程，不超负荷使用设备，设备的安全防护装置齐全可靠，及时消除不安全因素。

5.8.2　设备、管道的维护标准

健全规章制度建设，加强管理是设备、管道维护的根本保障。

（1）精密、关键设备的使用维护要求

①定使用人员：按定人定机制度，精密、关键设备操作人员应选择本工种中责任心强、技术水平高和实践经验丰富者，并尽可能保持较长时间的相对稳定。

②定检修人员：精密、关键设备需要专业人员专门负责对精密、关键设备的检查、精度调整、维护、修理。

③定操作规程：精密、关键设备应分机型逐台编制操作规程，加以显示并严格执行。

④定备品配件：根据各种精密、关键设备在企业生产中的作用及备件来源情况，确定储备定额，并优先解决。

（2）精密设备使用维护要求

①必须严格按说明书规定安装和使用设备。

②对环境有特殊要求的设备（恒湿、恒温、防振、防尘）应采取相应措施，确保设备精度性能，比如主提升控制系统中的接地和防雷系统。

③设备在日常维护保养中，不许拆卸零部件，发现异常立即停车，不允许带病运转。

④严格执行设备说明书规定的切削规范，只允许直接用途进行零件精加工，加工余量应尽可能小。加工铸件时，毛坯面应预先喷砂或涂漆。

⑤非工作时间应加护罩。长时间停歇，应定期进行擦拭、润滑、空运转。

⑥附件和专用工具应有专用柜架搁置，保持清洁，不得外借。

（3）主要设备的使用维护要求

主要设备是安全生产的关键设备，在运行中有高温、高压等危险因素，是保证安全生产的要害部位。为了安全生产上的需要，对关键设备的使用维护应有特殊要求：

①运行操作人员必须进行培训并经过考试合格；

②必须有完整的技术资料、安全运行技术规程和运行记录；

③运行人员在值班期间应随时进行巡回检查，不得随意离开工作岗位；

④在运行过程中遇有不正常情况时，值班人员应根据操作规程紧急处理，并及时报告上级；

⑤保证各种指示仪表和安全装置灵敏准确，定期校验，备用完整可靠；

⑥动力设备不得带病运转，任何一处发生故障必须及时消除；

⑦定期进行预防性实验和季节性试验；

⑧经常对值班人员进行安全教育，严格执行安全保障制度。

（4）对设备操作人员基本素质要求

操作人员在操作过程中，必须严格按照设备安全操作规程进行操作，并且管理好属于自己操作的设备，切实做到"三好""四会"（三好：管好；用好；维护好。四会：会使用；会保养；会检查；会排除故障）。

① 管好设备的三项权利

- 有权制止他人私自动用属于自己操作的设备。
- 有权制止使用不正常、不安全的设备。
- 有权不接收不合格设备的交班。

② 管好设备的"四会"

- 会使用：熟悉设备的结构性能，掌握操作规程和方法，正确规范使用设备。
- 会保养：能够保持设备外部的清洁，无油污、积尘、浆垢，合理润滑，保持油路畅通，能够做好一级保养工作。
- 会检查：能够在设备运转过程中进行声音、气味、温度、振动等的辨别，及时发现异常现象，防止大的事故发生。
- 会排除故障：对设备出现的问题，能够通过简单的调整达到排除故障的目的；对于发现的重大问题，应及时报告给相关的维修和技术人员来处理。

（5）维修工包机制

维修工人承担一定生产区域内的设备维修工作，与生产操作工作人员共同做好日常维护、巡回检查、定期维护、计划修理及故障排除工作，并负责完成管区内的设备完好率、故障停机率等考核。维修工包机制是加强设备维修为生产服务、调动维修工人积极性和使生产工人主动关心设备保养和维修工作的一种好形式。

设备专业维护主要组织形式是包机组。包机组全面负责生产区域的设备维护保养和应急修理工作。它的工作任务是：

① 负责本区域内设备的维护修理工作，确保设备的完好率、故障停机率等指标符合要求；

② 认真执行设备定期检修和区域巡回检查制，做好日常维护和定期维护工作；

③ 在技术人员指导下参加设备状况普查、精度检查、调整、治漏，开展故障分析和状态检测等工作。

5.8.3　设备、管道的维护方法

（1）设备防腐方法

全世界每年由于腐蚀而报废的金属管道、设备等，相当于年产金属量的30%。腐蚀对自然资源造成极大的浪费。

防腐分为物理防腐和化学防腐。物理防腐一般采用的都是用涂料、油漆、油脂类等覆盖金属设备表面，避免金属表面与空气中水分、CO_2、HCl等接触而腐蚀。而涂料、油漆等统称为涂层。化学防腐主要有电镀法防腐、原电池防腐、化学生产致密氧化膜保护法。利用原电池原理进行金属的保护，即设法消除引起电化学腐蚀的原电池反应。电化学保护法分为阳极保护和阴极保护两大类。化工厂设备、管道种类繁多，采用电化学法并不合理。

总体来说，还原厂房采用的防腐手段见4.3.1节（1）

根据规定，设备、管道防腐层应具有以下基本要求：

① 有效的电绝缘性；

② 良好的防潮、防水性；

③ 足够的抗冲击、抗弯曲、耐磨等力学性能；

④ 与金属有较好的粘接性；

⑤ 防腐层材料及施工工艺对涂敷的母材不应有不良影响；

⑥ 较好的耐化学性；

⑦ 较好的耐老化和耐温性；

⑧ 在地面贮存、运输期间内具有良好的稳定性和易修复性；

⑨ 在施工及使用中对环境无害，对环境的影响应符合相应的要求；

⑩ 耐土壤腐蚀性好。

（2）设备润滑的基本要求

尾气回收工序用到的设备润滑主要是针对氢压机、冷冻机和泵轴润滑。设备润滑的基本要求见 4.3.1 节（2）。

（3）设备、管道清洗的基本要求

多晶硅尾气处理工序需要清洗的设备、管道分为两大类：工艺系统和公用工程系统。

工艺系统包括冷凝塔、吸收塔、脱吸塔、吸附塔以及相应的附属管道。其中吸附塔中的活性炭对水分有很强的吸附性能，因此要将其干燥以除去水分。在开车之前，塔设备、管道内部会有焊渣、锈渍、灰尘、水分等不干净成分，不将其除去，将无法达到半导体多晶硅生产的要求。在运行之后，为防止空气中的杂质进入系统之中，系统也必须运行在正压之下。

公用工程系统包括冷却水系统、仪表空气系统、氮气系统、电解氢系统等。

设备、管道清洗分为化学清洗、物理清洗两大块，具体要求见 4.3.1 节（3）。

（4）设备、管道保温方法

设备、管道的保温采用的材料有岩棉及矿棉管壳、超细玻璃棉制品、玻璃棉毡、玻璃棉壳板、硬质聚氨酯塑料、聚苯乙烯泡沫塑料管壳等。

在对设备、管道进行保温作业之前，必须先做好如下措施：

① 设备及管道的强度实验、气密性试验合格；

② 清除被保温设备及管道表面的污垢和铁锈，涂刷防腐层；

③ 设备、管道的支、吊架及结构附件、仪表接管部件等均已安装完毕，并按不同情况设置木垫，做好防潮准备；

④ 支撑件固定就位准备；

⑤ 电伴热或热介质管均已安装就绪，并经过通电或试压合格；

⑥ 办妥设备、管道的安装、焊接及防腐等工序交接手续。

设备、管道保温的基本条件如下。

① 为减少保温结构散热损失的保温层厚度，应按"经济厚度"的方法计算。所谓经济厚度是指保温后的年散热损失费用和投资的年分摊费用之和为最小值时保温层的计算厚度。一般而言，需要根据保温要求进行严格的保温层厚度计算。

② 在保温材料的物理化学性能满足工艺要求的前提下，应优先选用热导率低、密度小、价格低廉、施工方便、便于维护的保温材料。

③ 保温结构一般由保温层和保护层组成。保温结构设计应保证其有足够的机械强度，不允许有在自重或偶然轻微外力作用下被损坏的现象发生。保温结构一般不考虑可拆卸性，但需要经常维修的部位宜采用可拆卸式的保温结构。

④ 保护层必须切实起到保护保温层的作用，以阻挡环境和外力对保温材料的影响，延长保温结构的寿命，并使保温结构外形整齐美观。保护层材料应具有防水、防潮湿、不燃性和自熄性，化学稳定性好，强度高，不易开裂，使用年限长等性能。

⑤ 管道附件的保温除寒冷地区室外架空管道及室内防结露保温的法兰、阀门等附件按

设计要求保温外，一般法兰、阀门、套管伸缩器等不应保温，并在其两侧应留 70～80mm 的间隙。

⑥ 管壳用于小于 DN350 管道保温，选用的管壳内径应与管道外径一致。施工时，张开管壳切口部套于管道上。水平管道保温时，切口位于管道的侧下方。

⑦ 板材用于平壁或大曲面设备保温、施工时，棉板应紧贴于设备外壁，曲面设备需将棉板的两板接缝切成斜口拼接。

⑧ 当保温层厚度超过 80mm 时，应分层保温，双层或多层保冷层应错接缝敷设，分层捆扎。

⑨ 设备及管道的支座、吊架以及法兰、阀门、人孔等部位，在整体保温时，预留一定装卸空隙，待整体保温及保护层施工完毕后，再做局部保温处理，并注意施工完毕的保温结构不得妨碍活动支架的滑动。

⑩ 保温棉毡、垫的保温厚度和密度应均匀，外形应规整，经压实捆扎后的容量必须符合设计规定的安装容量。

⑪ 管道端底部或有盲板的部位应敷设保温层，并应密封。除设计指明按管束保温的管道外，其余均应单独进行保温。施工后的保温层，不得遮盖设备铭牌，如将铭牌周围的保温层切割成喇叭形开口，开口处应密封规整。

⑫ 立式设备或垂直管道的保温层采用半硬质保温制品施工时，应从支撑件开始，自上而下拼砌，并用镀锌铁丝网状捆扎。

⑬ 当弯头部位保温层无成型制品时，应将普通直管壳切断，加工敷设成虾米腰状、DN≤70mm 的管道，或因弯曲半径小，不易加工成虾米腰时，可采用保温棉毡、垫绑扎。封头保温的施工，应将制品板按封头尺寸加工成扇形块，错缝敷设。捆扎材料一端应系在活动环上，另一端应系在切点位置的固定环或托架上，捆扎成辐射形扎紧条。必要时，可在扎紧条间扎上环状拉条，环状拉条应与扎紧条呈十字扭节扎紧。

（5）设备、管道的检修

① 设备、管道检修前的安全措施，见 3.5.1 节。

② 设备、管道检修计划的编制，见 3.5.2 节。

③ 设备、管道检修时的监护，见 3.5.3 节。

【小结】

尾气干法回收是改良西门子法多晶硅生产的重要环节，有此工序，多晶硅生产才得以实现规模化、循环封闭式生产，生产成本也得以大幅度降低，对保护环境做出了贡献。在多晶硅生产中，尾气干法回收工序主要回收来自还原工序、氢化工序、合成工序等尾气，工业上，常常根据不同工序来料单独采用一套装置进行分离回收，但其原理过程相同。本项目以回收还原工序尾气为例，介绍了其回收分离原理、工艺流程、关键及核心设备结构、工作原理、操作、故障、维护及保养，应急事故处理等。

【习题】

判断题（请将判断结果填入括号中，正确的填"√"错误的填"×"。）

（　　）1.装置停车检修前应做好工艺吹扫置换和隔离措施，加强与检修施工人员的联系，严格执行安全检修制度。

（　　）2.进行气密性试验时，对系统进行氮气（N_2）充压，充压压力高过设备管路的工作压力，低于设备管路的设计压力。

（　　）3. 若 $SiHCl_3$ 着火，应先切断料源，然后用水灭火。

（　　）4. 泄漏的三氯氢硅不慎溅在皮肤上，应马上用大量的水冲洗，然后去医院就医。

（　　）5. 升高再生温度不能提高回收氢质量。

（　　）6. 机电设备修理应由专业人员按照原厂说明书规定的条件或有关标准/规范进行，不得任意使用代用部件或改装、改造。

（　　）7. PFD 图表明的是化工生产装置物料的来源和去向、主要的设备位号以及物料在设备和管道中的流向，所有物料的来源必须明确来自、去向哪个厂房。

（　　）8. 为了节约成本，变质的润滑油仍可继续使用。

（　　）9. 设备管道防腐层在地面储存、运输期内要具有良好的稳定性和易修复性。

（　　）10. 装置停车检修前，应做好工艺吹扫置换和隔离措施，加强与检修施工人员的联系，严格执行安全检修制度。

项目六

四氯化硅的综合利用与处理

项目描述

  在改良西门子法多晶硅生产过程中，$SiHCl_3$合成工序和还原工序均会产生 $SiCl_4$，若大量排放 $SiCl_4$，不仅对环境造成污染，而且会增加生产成本。在实际生产中，采用两种方法来控制 $SiCl_4$：一方面通过改进生产工艺，尽量减少 $SiCl_4$ 的生成；另一方面对于副产物 $SiCl_4$ 必须进行综合利用，使其转化为有用的原料或产品。这样就可以降低总体生产成本，创造出良好的经济效益。本项目介绍了 $SiCl_4$ 冷氢化生产原理、工艺流程、操作规程。

能力目标

① 能按安全操作规范和作业文件要求操作氢化炉及配套设备。
② 能判断原料四氯化硅质量和氢化料转化率是否符合工艺要求。
③ 能按作业文件规定进行氢化系统的开车、停车。
④ 能发现并进行较复杂的工艺故障的处理。
⑤ 能判断常见设备故障，并提出处理意见。

  在多晶硅生产过程中，在 $SiHCl_3$ 合成工序和氢还原制取多晶硅工序会产生大量的副产物 $SiCl_4$，并随着尾气排出。

  在 $SiHCl_3$ 合成工序中主要发生以下反应。

主反应：
$$Si + 3HCl \longrightarrow SiHCl_3 + H_2$$

副反应：
$$Si + 4HCl \longrightarrow SiCl_4 + 2H_2$$

  在氢还原工序中，会发生以下几个反应。

主反应：
$$SiHCl_3 + H_2 \longrightarrow 3HCl + Si$$

副反应：
$$4SiHCl_3 \xrightarrow{\text{900℃以上}} Si + 3SiCl_4 + 2H_2$$
$$2SiHCl_3 \longrightarrow Si + 2HCl + SiCl_4$$

$SiHCl_3$ 合成中副反应产生的 $SiCl_4$ 约占生成物总量的 10%，在氢还原工序中也有部分

$SiHCl_3$ 发生副反应生成了 $SiCl_4$。在实际生产中，副反应不可避免，但对工艺过程加以控制，可以尽量减少副反应发生，减少副产物的生成。另一方面，对于副产物必须进行综合利用，使其转化为有用的原料或产品。这样就可以降低总体生产成本，创造出良好的经济效益。

任务一　认识四氯化硅

【任务描述】

四氯化硅是多晶硅生产过程中产生的副产物，是一种危险的化学物质，为保证生产过程中的人身和财产安全，必须对它有全面的认识和了解，以便驾驭它。本任务全面认识四氯化硅，掌握四氯化硅的应急处理办法。

【任务目标】

① 全面认识四氯化硅，掌握其特性。
② 掌握四氯化硅的应急处理办法。
③ 会编制四氯化硅应急处理预案。

四氯化硅在常温常压下是无色或淡黄色透明的液体，无极性，易挥发，有强烈的刺激性气味，易潮解。四氯化硅不能与氧气直接发生燃烧反应，但极易与水发生反应，水解生成二氧化硅和 HCl：$SiCl_4 + 2H_2O \longrightarrow SiO_2 + 4HCl$。高温下，还能发生分解、还原反应。四氯化硅能与苯、乙醚、氯仿等互溶，与乙醇反应可生成硅酸乙酯。由于四氯化硅易于水解，并生成 HCl，所以在有水的环境下具有强烈的腐蚀性。

6.1.1　四氯化硅的理化常数

国标编号	81043
CAS 号	10026-04-7
中文名称	四氯化硅
英文名称	Silicon Tetrachloride
别名	氯化硅；四氯化硅
分子式	$SiCl_4$
外观与性状	无色或淡黄色发烟液体，有刺激性气味，易潮解
相对分子质量	169.80
蒸气压	55.99kPa（37.8℃）
熔点	−70℃
沸点	57.6℃
溶解性	可混溶于苯、氯仿、石油醚等多数有机溶剂
密度	相对密度（水＝1）1.48；相对密度（空气＝1）5.86
稳定性	稳定
危险标记	20（酸性腐蚀品）
主要用途	用于制取纯硅、硅酸乙酯等，也用于制取烟幕剂

6.1.2　四氯化硅对环境的影响

（1）健康危害

① 侵入途径：吸入、食入、经皮吸收。

② 健康危害：对眼睛及上呼吸道有强烈刺激作用。高浓度可引起角膜浑浊、呼吸道炎症甚至肺水肿。皮肤接触后可引起组织坏死。

（2）毒理学资料及环境行为

① 急性毒性：LC_{50} 8000×10^{-6}，4h（大鼠吸入）。

② 危险特性：受热或遇水分解放热，放出有毒的腐蚀性烟气。

③ 燃烧（分解）产物：氯化氢、氧化硅。

6.1.3　实验室监测方法

气相色谱法，参照《分析化学手册》（第四分册，色谱分析）（化学工业出版社出版）。

6.1.4　应急处理方法

（1）泄漏应急处理

疏散泄漏污染区人员至安全区，禁止无关人员进入污染区，建议应急处理人员戴自给式呼吸器，穿化学防护服。不要直接接触泄漏物，勿使泄漏物与可燃物质（木材、纸、油等）接触，在确保安全情况下堵漏。喷水雾减慢挥发（或扩散），但不要对泄漏物或泄漏点直接喷水。将地面洒上苏打灰，然后用大量水冲洗，经稀释的洗水放入废水系统。如果大量泄漏，最好不用水处理，在技术人员指导下清除。

（2）防护措施

① 呼吸系统防护：可能接触其蒸气时，必须佩戴防毒面具或供气式头盔。紧急事态抢救或逃生时，建议佩戴自给式呼吸器。

② 眼睛防护：戴化学安全防护眼镜。

③ 防护服：穿工作服（防腐材料制作）。

④ 手防护：戴橡胶手套。

⑤ 其他：工作后，淋浴更衣。单独存放被毒物污染的衣服，洗后再用。保持良好的卫生习惯。

（3）急救措施

① 皮肤接触：立即脱去污染的衣着，用流动清水冲洗15min。若有灼伤，就医治疗。

② 眼睛接触：立即提起眼睑，用流动清水或生理盐水冲洗15min，就医。

③ 吸入：迅速脱离现场至空气新鲜处。注意保暖，保持呼吸道通畅。必要时进行人工呼吸、就医。

④ 食入：患者清醒时立即漱口，给饮牛奶或蛋清。立即就医。

（4）灭火方法

用干粉、砂土。禁止用水。

四氯化硅也可以与氢气反应生成硅，早期曾用于多晶硅生产，但是沉积速度慢，目前主要用于外延。从表6-1可以看出，用$SiHCl_3$作原料进行氢还原生产多晶硅的优势。

表 6-1 $SiHCl_3$ 与 $SiCl_4$ 的氢还原比较

$SiHCl_3$ 氢还原	$SiCl_4$ 氢还原
$SiHCl_3$ 沸点低(31.8℃),精馏能耗低	$SiCl_4$ 沸点高(57.6℃),能耗高
$SiHCl_3$ 单位质量含硅量高(20.7%),因此提取单位质量的多晶硅所需的原材料少	$SiCl_4$ 单位质量含硅量低(16.5%),因此提取单位质量的多晶硅所需的原材料多
$SiHCl_3$ 易分解,反应温度低(900~1100℃),在同等条件下的产率高,实收率高	$SiCl_4$ 难分解,反应温度高(1100~1200℃),在同等条件下的产率低,实收率低

从表 6-1 可以看出,如果将 $SiCl_4$ 用于直接氢还原制备多晶硅,无论从能耗还是物耗上讲都不合理。

对于 $SiCl_4$ 的利用,目前国内外多晶硅工厂采用得比较多的方法有以下两种:

① $SiCl_4$ 经氢化后转化为三氯氢硅,然后将三氯氢硅还原制取多晶硅;

② 将 $SiCl_4$ 作为化工原料用于生产其他类型的产品,如硅酸乙酯、有机硅和气相白炭黑等。

在多晶硅生产过程中,由于产生的 $SiCl_4$ 的量非常大(每生产 1kg 多晶硅大约要产生 10kg 的 $SiCl_4$),因此,$SiCl_4$ 的回收和利用成了制约多晶硅生产的一个关键因素。作为提高多晶硅产量的一个有效手段,$SiCl_4$ 经氢化后转化为三氯氢硅再用于生产多晶硅,是大部分多晶硅生产厂家优先考虑的方法。

任务二 四氯化硅氢化回收

【任务描述】

多晶硅生产中产生的副产物四氯化硅的量很大,处理方法很多,本任务采用氢化方法将四氯化硅转化成三氯氢硅返回到还原炉,实现封闭循环生产。氢化分冷氢化和热氢化,目前工业上采用冷氢化技术生产。

【任务目标】

① 掌握冷氢化原理,会识读冷氢化生产工艺流程。

② 能在冷氢化仿真软件上进行冷氢化冷态开车和正常停车操作。

③ 会编制冷氢化生产中的应急预案。

④ 了解热氢化原理及其生产过程。

四氯化硅($SiCl_4$)是西门子法生产多晶硅的副产物。目前,在改良西门子法生产太阳能级多晶硅的工艺中,采用小配比大循环的方式,若每年生产 1000t 多晶硅,则每年产生的副产物四氯化硅将多达 10000 余吨。为了减少原料消耗,降低生产成本,搞好环境保护,人们想出了不少办法来消耗副产物四氯化硅,如将四氯化硅提纯后供光纤通信行业制作光纤,或者将四氯化硅用于生产各种硅酸盐产品。

目前多晶硅生产企业倾向于将四氯化硅($SiCl_4$)转化为三氯氢硅($SiHCl_3$),再用于多晶硅生产,这是合理利用四氯化硅比较行之有效的途径。四氯化硅氢化就是将四氯化硅在特定条件下加氢使之转化为三氯氢硅。四氯化硅的氢化目前主要有冷氢化和热氢化两种方法,其中冷氢化得到较为广泛的使用。

6.2.1 冷氢化

（1）冷氢化的原理

冷氢化就是将四氯化硅（$SiCl_4$）、硅粉（Si）和氢气（H_2）在一定温度、压力及摩尔配比下，使四氯化硅（$SiCl_4$）部分转化为三氯氢硅（$SiHCl_3$）的方法。这种方法实际上就是三氯氢硅热分解的逆过程。

20 世纪 80 年代末期，在国内首先进行了研究并取得了成功，四氯化硅转化率高达 20％以上。

主反应：　　$3SiCl_4 + Si + 2H_2 \Longrightarrow 4SiHCl_3 - Q$（吸热反应，温度约 540℃，压力 3MPaG）

$$Si + 3HCl \Longrightarrow SiHCl_3 + H_2$$

副反应：　　$Si + 4HCl \Longrightarrow SiCl_4 + 2H_2 + Q$（放热反应，温度大于 450℃）

$$SiCl_4 + Si + 2H_2 \Longrightarrow 2SiH_2Cl_2$$

$$2SiHCl_3 \Longrightarrow SiCl_4 + SiH_2Cl_2$$

工艺原理：在流化床反应器内，将一定配比的四氯化硅与氢气和硅粉，在 540℃左右、3MPaG 条件下反应生成三氯氢硅。混合气经过 4 级冷凝，将气相氯硅烷冷凝成液相进行回收，未被冷凝的 H_2 及 HCl 通过循环氢压缩机压缩，与四氯化硅混合，经过加热后返回流化床反应器内继续生产。

（2）工艺条件

① 反应温度。温度太高，则三氯氢硅容易分解，对催化剂的损害较大；温度太低，则反应速率过低，催化剂的催化作用不明显。所以需要选择适当的温度以提高四氯化硅的转化率。一般温度范围控制在 500℃左右。

② 压力。对于有气体参加的反应，根据化学反应平衡原理，生成三氯氢硅的反应是气体分子数减少的反应，也就是体积减小的反应，因此加压有利于三氯氢硅的生成。一般压力为 1.3～1.5MPa。

③ 物料配比

$H_2 : SiCl_4 = 2 : 1$（摩尔比）

$SiCl_4 : Si$（粉）$= 3 : 1$（摩尔比）

催化剂：硅粉＝2％（质量比）

④ 接触时间。接触时间太短则不能充分反应，太长则影响效率。一般接触时间≥20s。

（3）工艺流程

四氯化硅冷氢化工艺流程如图 6-1 所示。H_2 和 $SiCl_4$ 按规定配比和压力进入混合器，在混合器内加热到 120℃左右，然后在预热器内加热 H_2 和 $SiCl_4$ 混合气体到 400℃左右，气体进入氢化反应炉（流化床），在适当的温度和压力下与干燥硅粉（含催化剂）进行反应。从氢化反应炉出来的气体（粉尘、$SiHCl_3$、$SiCl_4$、H_2）经除尘过滤，依次进入水冷器、一级深冷（−30℃）、二级深冷（−45℃），得到的液态硅氢化物进入分离塔，未反应的 $SiCl_4$ 循环使用，未反应的氢气经活性炭吸附后循环使用。

（4）主要设备

氢气压缩机、冷冻机、（H_2 和 $SiCl_4$）气体混合器、氢化反应炉（流化床）、除尘过滤器（袋式过滤器）、列管式冷凝器（双管板）、分离塔（湍流式筛板塔）。

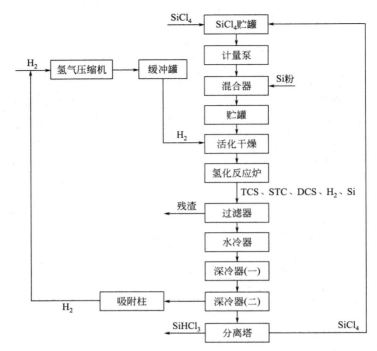

图 6-1　四氯化硅冷氢化工艺流程示意图

（5）主要原辅材料技术要求

四氯化硅　　$SiCl_4$ 含量≥98%

硅粉　　　　粒度约 80 目（约 $190\mu m$），含硅量>99%

氢气　　　　露点≤−40℃，氧含量≤5×10^{-6}，压力 1.5MPa

氮气　　　　含 N_2≥99.95%，露点−40℃

活性炭　　　粒度 8~24 目>95%，充填密度>0.3kg/cm³，干燥减量≤10%，苯吸附量≥450mg/g，强度（球磨法）≥90%，pH=7

催化剂　　　平均粒度比硅粉大 20 目（Ne-9-2 有机加氢催化剂）

蒸汽　　　　0.3~0.5MPa（表压），温度 140℃

（6）冷氢化装置开停车操作

① 冷态开车操作

a. 开车前的检查确认

• 安全生产条件的确认：

具备消防、医疗、安全等装备和条件；

打开冷氢化系统所有安全阀的根部阀及泄压侧阀门；

系统及与之相连通的管道气密试验合格；

N_2 置换合格　露点≤40℃，氮中氧含量≤0.01%（体积含量）为合格；

H_2 置换合格　氢中氮摩尔含量≤5%，氧体积含量≤0.01% 为合格。

• 水条件的确认：

循环水　0.45MPaG/32℃进水，0.25MPaG/42℃回水；

乙二醇溶液　0.45MPaG 进水，20℃；

生活水、消防水；

打开 E701、E702、C701、C702，向换热器通入循环冷却水，并且要进行排气；

确认冷氢化现场洗眼器生活水是否已经通上；

确认消防水已经送至冷氢化界区，且处于随时可用状态。

• 气条件的确认：

4bar 蒸汽；

7bar 氮气；

10bar 氢气；

7bar 压缩空气；

7bar 仪表空气；

确认蒸汽、氮气、氢气、仪表空气、压缩空气是否已经送至冷氢化工序界区；

观察压力表是否有读数，并打开阀门检查是否有气，现场人员打开所有调节阀、开关阀的仪表气源管阀门，给阀门通上仪表空气。

• 电条件的确认　确认现场用电控制箱及照明电已经送上，P701：380V，P702：380V，C701：380V，C702：380V；混合气过热器 E708：380V。

• 仪表条件的确认　现场人员打开所有设备上的液位计、压力表、流量计根部阀，并与主控人员共同确认，所有的仪表现场与中控显示是否一致：压力、温度、流量、液位。

现场人员首先确保所有调节阀的前后手阀、旁通阀均处于关闭状态，所有调节阀与开关阀均已经送上电，现场与主控人员通过对讲机一起对所有的调节阀和开关阀进行手动、自动的调试，确保其能够正常动作和开关。

• 设备条件的确认

P701：具备开机条件。

P702：具备开机条件。

C701：具备开机条件。

C702：具备开机条件。

静止设备：检查各设备有无泄漏点，发现漏点及时消除。

混合气过热器 E708：具备开机条件。

冷氢化冷态开车

b. 冷态开车　冷氢化炉设计工作温度 580℃，因此系统投料试车环节中必须进行热紧和冷紧工作（N_2 环境下进行）。热紧、冷紧完成后，用 H_2 置换系统的 N_2（H_2 中 N_2 的摩尔含量≤5%）合格后，将系统的温度和压力缓慢升至工况条件，最后向 R701 冷氢化炉分批次加入硅粉，建立床层压差。随着床层压差的增大，逐步提高 STC（四氯化硅）进料量至规定值。

• 急冷器进工业级 STC　V707 进工业级 STC 料：

※ 联系相关工序对 V707 进 STC 料，液位控制在 60%～80%；

※ 向 V707 通入 N_2，氮气调节阀投入自动后设定为 0.5MPa。

启动 P701 向急冷器通入 STC 料：

※ 打开 P701 进口过滤器的前后手阀；

※ 打开 P701 进口阀门，给 P701 通入 STC 料；

※ 打开 P701 到急冷器 V708 喷淋管线上的阀门；

※ 启动 P701 向急冷器输送 STC 料；

※ 急冷器液位达到 25％后，关闭阀门 VD0402，关闭 P701A 后阀门。

● 四级冷凝系统开车

※ 急冷器 1♯水冷却器 E701，通过增大或减小 P701 泵的喷淋量控制急冷器的液位和出口温度。具体操作：打开急冷器 1♯水冷却器（E701）循环水进口管线上的手阀，打开回水管线上的手阀，将调节阀打开，通过开大或减小调节阀开度，控制换热器出口温度。

※ 打开急冷器 2♯水冷却器（E702）循环水进口管线上的手阀，打开回水管线上的手阀，最后将 E702 出口温度设定成 45℃后，将调节阀投自动控制。

※ 全部打开急冷器 3♯冷却器（E703）R507 回气管线上的阀门。当生产负荷增大后，就投入自动控制，具体所需要的制冷量根据 E703 出口温度来进行控制设定。

● 启动补充氢压缩机

※ 补充氢压缩机 C701 内部用 N_2 置换合格后，打开氢压机进口管线、出口管线及自带旁通管线上的阀门，使补充氢压缩机与冷氢化工艺系统连通，目的是通过补充氢压缩机进口缓冲罐，向冷氢化整个工艺系统通入 N_2。

※ 将 N_2 接入 V703 补充氢压缩机的吸气贮罐，V703 将 N_2 引入到 C701 系统。

※ 主控人员将 V704 的压力设定为 3.3MPa 后，将 V703 与 V704 之间调节阀投入自动。

※ 主控人员将 V706 的压力设定为 3MPa 后，将 C701 出口管线上的调节阀投入自动。

※ 启动补充氢压缩机 C701，开始向冷氢化工艺系统升压。

● 启动循环氢压缩机

※ 压缩机具备启动条件。

※ 氢压机的进口压力设定：主控人员将循环氢出口缓冲罐与吸气缓冲罐之间调节阀设定为 2.65MPa 后投入自动。

※ 氢压机的出口压力设定：主控人员将循环氢出口缓冲罐出口调节阀设定为 3MPa 后投入自动。

※ 系统 H_2 循环量设定：主控人员将 H_2 加热器出口调节阀设定为 2336m^3/h 后投入自动。

※ 主控与现场人员联系，启动循环氢压缩机。氢压机启动后，H_2 开始在系统内循环。

● STC 过热器、电加热器开车（氢化反应器升温热紧准备）

※ 加热器已经送电并具备启动条件。

※ 启动混合气过热器 E708，对循环 N_2 进行再次升温，此时 E708 的加热功率进行手动控制（手动增加或降低），氢化炉按照 40～60℃/h 的升温速率进行升温，因此 E708 加热功率的增加以升温速率为依据进行手动调节。

● 系统的热紧和冷紧

※ R701 的热紧：当 R701 温度升至 150℃、300℃时，对氢化炉各管口、管线、阀门的密封面均进行热紧。

※ E708 的热紧：当混合气过热器温度升至 150℃、300℃、500℃时，对 E708 出口管口、管线、阀门的密封面均进行热紧。

※ E709 的热紧：当换热器管程出口温度升至 150℃、300℃时，对 E709 进出口管口、管线、阀门的密封面均进行热紧。

※ 冷冻系统的冷紧：当 E703 出口温度降至 0℃时，对 R507 管线进行冷紧。

※ 按照以上操作，氢化反应器 R701 的温度开始缓慢上升，同时急冷器 V708 的温度会上升且液位会下降，因此需要向急冷器进料进行喷淋冷却，以维持急冷器的温度和压力。

※ 在热紧前后，用氨水对各密封面进行查漏，确保温度升高后，经过热紧后的密封面不会出现泄漏情况。

※ 氢化炉 500℃热紧完成后，系统停止热紧和冷紧工作，进入下步开车工作。

● H_2 置换系统 N_2　系统完成热紧和冷紧后，用 H_2 对整个系统进行置换，将系统内的 N_2 置换出去。N_2 含量低于 0.5%，表示 H_2 置换已经合格。置换流程如下：

※ 系统仍然保持全流程循环运行；

※ 打开 V712 安全阀旁路阀门，将系统尾气泄放到三废淋洗处理，先将系统压力泄至 0.3MPa；

※ 从 V703 进 H_2，通过补充氢压缩机向系统通入 H_2 进行置换，系统压力升至 1.6MPa；

※ 打开 V712 安全阀旁路阀门，将系统尾气泄放到三废淋洗处理，先将系统压力泄至 0.3MPa；

※ 如此反复，系统通入 H_2 进行升降压置换，直至 H_2 中 N_2 含量低于 0.5%，表示 H_2 置换已经合格；

（注意：置换过程中手动调节 E708 的加热功率，尽量保证氢化炉的温度在 400℃左右）

※ H_2 置换合格后通过压缩机 C701 和 C702，将系统压力升至 2MPa 左右；

※ 氢化炉 1.8MPa 时，H_2 循环量控制在 2336m^3/h，氢化炉按照 50℃/h 的升温速率升温，E708 加热功率仍然手动增加。

● STC 进料系统开车

※ 氢化反应器用循环氢升温至 450℃，启动 P701 全回流，将 E705 预热料送出对设备预加热，P701 回流，逐渐开出口阀，将 V707 内 STC 送到 E705 预热。

※ E707 建立 STC 液位平衡，液位控制在 55%～70%。

※ 打开 E707 至 E708 之间的手阀。

※ 将 E707 尾气调节阀设定为 3.1MPa 后，投入自动控制。

※ 缓慢打开 E707 进料调节阀，向 E707 缓慢通入 STC 物料。

※ 根据 E707 的液位和出口温度缓慢开启 E707 的加热物料调节阀，缓慢加热，最终使 E707 送出物料温度达到 230℃左右。

※ 当温度达到 480℃后，继续缓慢开大 E707 进料阀门，向 E707 增大 STC 通入量，同时增大 E707 的加热物料阀门，当 STC 供给量达到 14000kg/h（氢气：四氯化硅摩尔比为 2∶1），将 E707 进口调节阀投入自动控制，同时 E707 供热物料调节阀也投自动，这样系统就自动控制。

※ 在 STC 提量的过程中，手动增加 E708 的加热功率，控制出口温度在 550℃，待 STC 进料流量温度、E708 出口温度达到 550℃时，将 E708 投自动。

以上工作完成后，系统的 H_2 和 STC 物料循环已经建立，系统缓慢升温。

● 氢化反应器进硅粉

※ R701 的温度达到 500℃时，开始向反应器通入硅粉，建立氢化炉床层差压。开车时氢化炉的床层压差控制在 30～35kPa。

※ 流化床 2.8MPaG、540℃左右条件下，建立 30～35kPa 的床层压差，需要向氢化炉通入干燥好的硅粉。氢化炉加硅粉具体操作步骤如下：

将 V701 硅粉加到 V702；

打开 V701 与 V702 之间的阀门，开关顺序是从下往上；

V701 的物位显示 0％时，关闭 V701 与 V702 之间的阀门，关阀门是从上到下；

用 H_2 置换 V702 内的 N_2，置换过程为打开 V702 上氢气调节阀，对 V702 充压至 3MPa 关闭氢气调节阀；

将 V702 的硅粉加进氢化炉；

将 V702 用氢气升压到 3MPa，依次从下往上打开 R701 与 V702 之间阀门，利用压差和硅粉自身重力，将 V702 内硅粉加入 R701 内，当床层压差控制在 30～35kPa 时，说明平衡罐的硅粉完成投料，按照从上往下顺序依次关闭气动阀门。

按照以上步骤，建立起 30～35kPa 的流化床床层压差。

炉子床层压差达到 30～35kPa，逐步将 STC 进料量提到 14.5t/h，炉子进口压力控制到 2.8MPaG。

② 正常生产操作　以下正常操作，指的是反应器按照压力 28MPaG 的操作方法。

•急冷排渣系统的正常操作　每隔 6h 将急冷器（V708）的渣浆排到急冷器排污罐（V709）一次，急冷器的液位下降 2％～4％。具体操作如下：

※ 开启冷氢化尾气缓冲罐（V711）废气的泄放手阀，开启急冷器排污罐（V709）到冷氢化尾气缓冲罐的手阀；

※ 开启急冷器排污罐 H_2 手阀；

※ 打开 H_2 调节阀，将急冷器排污罐（V709）的压力升到略低于急冷器的压力 2.5MPa 后，关闭调节阀；

※ 打开急冷器（V708）到急冷器排污罐（V709）的主控点动控制程控阀，急冷器向急冷器排污罐排渣浆，当急冷器液位下降 2％～4％时，立即关闭程控阀；

※ 当急冷器排污罐（V709）的液体经过蒸发后，将急冷器排污罐渣浆全部排到渣浆罐（V710）。

•氢化炉的正常操作

※ 流化床压差的控制（加硅粉）　氢化炉的床层压差降低 5kPa 后，准备向氢化炉补充消耗的硅粉；预计每 6h 加一次，每次补加硅粉 1t 左右。

※ 流化床温度的控制　流化床底部温度偏低，手动增加 E708 的加热功率，以保证流化床的底部温度；流化床底部温度偏高，手动降低 E708 的加热功率，以保证流化床的底部温度。

※ 流化床压力的控制　通过升高和降低压缩机的吸排气压力，调节氢化炉的反应压力，调节多少，以实际生产情况为准。

③ 冷氢化装置停车操作　系统停车，指的是反应器按照压力 28MPaG 条件下的停车。

※ 根据生产停车安排，系统不再加硅粉；待转化率低于 5％，系统逐渐减少 STC 量，反应器 STC 逐渐降量，同时通过补充氢压缩机向系统补充 H_2，流化床维持 2.5MPaG 压力不变，STC 降量的同时提高循环 H_2 流量。

※ 将 FV1311A 改为手动操作，直至 FV1311A 阀门全部关闭，停止 STC 供给。

※ STC 降量的同时，通过补充氢压缩机，从 V703 向 V704 补充 H_2。补充 H_2 的量根据系统压力进行灵活调整，使流化床维持 2.5MPaG 压力不变。将循环 H_2 的流量开到最大值 $6000m^3/h$。

※ 将 E707 里面的液相 STC 蒸发出去；把 LV1301、PV1301 改为手动操作；控制 PV1301 的阀门开度，缓慢将 E707 里面的 STC 排放到精馏工段；控制 E707 导热油的供给量，将 E707 里面的 STC 缓慢蒸发出去，当 E707 的液位显示为 20％时，关闭 LV1301，停止供导热油；当 E707 温度降至常温时，将液相 STC 排进倒淋管线。

※ 系统整体压力维持 2.5MPaG 时，H₂ 循环量保持 6000m³/h，氢化炉按照 50℃/h 的速率降温，通过逐渐降低 E708 的加热功率来实现氢化炉的降温。

※ 氢化炉温度降至 300℃ 时，停 E708。

※ 系统 H₂ 循环继续对氢化炉进行降温，直至氢化炉底部温度降至 50℃ 以下。

※ 当炉子温度降低至 50℃ 以下时，停补充氢压缩机，停循环氢压缩机。

※ 将急冷器里面的渣浆物料排放到渣浆罐，用罐车运至环保或 STC 回收处理。

※ 将 1♯ 相分离器（V712）的液体全部排到 2♯ 相分离器（V713），将 2♯ 相分离器的液体全部排至罐区。

※ 将系统压力泄压至微正压后，用 N₂ 对系统进行置换。

（7）冷氢化装置常见事故及处理

① 氢化反应器泄漏着火（泄漏点较小） 氢化反应器正常工作压力 2.8MPaG，温度 520℃ 左右，如果发生四氯化硅和氢气、三氯氢硅、二氯二氢硅混合气体泄漏，极易着火，甚至会引起爆炸。如果发生轻微泄漏，可组织相关人员对泄漏点进行紧固，但严防敲击产生火花。若仍泄漏，按照以下措施处理。

a. 拉氮气软管，开少量氮气从侧面对着泄漏点，同时联系调度冷氢化准备停车。

b. 关闭 E707 到 E708 手阀，开 PV1301A，将气体四氯化硅送至尾气回收装置 V2151 处理，同时减小四氯化硅进料量及 E707 导热油进料量。停循环氢压缩机、E708 电加热器，关补充压缩机进口阀门。联系精馏车间停 E705 预热的 T2102 塔釜料。

c. 关 TV1901 及导热油回路手阀，停止导热油来源，开 E706 出口安全阀旁路手阀，缓慢对系统泄压，同时用灭火器控制火势不向其他设备或管道蔓延。

d. 当系统压力低于氮气总管时，通过 V703 向系统内补充氮气，通氮气置换氢化反应器内部的混合气体（保证氮气压力高于系统压力），待灭火后继续用氮气置换降温。

e. 检测置换气体，当氮气含量大于 99%，氢化反应器过滤器出口温度低于 50℃ 时，可停止进氮气。对泄漏部位进行处理，并组织人员对事故原因进行分析。

f. 在处理事故时，救护人员应穿戴好防护用品，防止烧伤，同时泄漏现场禁止使用手机等不防爆通讯工具。

② 冷氢化车间动力系统停电

事故现象：动力系统断电后，冷氢化车间内所有动设备停车，包括氢压机、屏蔽泵、冷冻机、导热油泵及电加热器。

处理：全系统按紧急停车处理。

a. 迅速通知相关人员做紧急停车处理，并通知调度、车间主任、HSE 等部门到现场处理。

b. 主控人员随时注意系统各点压力，如有设备出现压力超高，在调度许可后可开启氢化炉、1♯ 相分离器安全阀旁通，对系统缓慢降压到安全压力之下。

c. 现场立即关闭 STC 蒸发器到 STC 过热器间手阀，在调度许可后主控可微开 PV1301A，对 STC 蒸发器泄压，防止 STC 蒸发器超压，并联系精馏车间停 E705 预热的 T2102 塔釜料。

d. 主控人员立即关闭补充氢压机进口压力调节阀。

e. 现场人员立即关闭循环氢压机的进口阀门，防止氢压机出口气体返回到进口，从而引起压力上升。

f. 现场关闭补充氢压机进出口手阀。

g. 按停电停车程序停完车后，及时向调度汇报，并将存在的问题通知车间及调度。

③ STC 给料泵 P701A 泵坏

事故现象：STC 给料泵 P701A 泵坏，无法输送流体 STC，泵后流量计 FIC1311A 流量突然降低为 0；若处理不及时，将导致 STC 蒸发器 E707 液位 LIC1301 降低明显，压力指标 PIC1301A 低于氢化反应器 R701 压力，STC 蒸汽无法进入冷氢化反应系统参与反应。

处理：将事故泵 P701A 切换为备用泵 P701B。

6.2.2 热氢化

热氢化，又名直接氢化，即将四氯化硅（$SiCl_4$）和氢气（H_2）按一定配比，在一定压力、温度条件下，使 $SiCl_4$ 部分转化为 $SiHCl_3$。目前国内有比较成熟的工艺和设备，其主要化学反应式如下：

$$SiCl_4（气）+H_2（气）=\!=\!=SiHCl_3（气）+HCl（气）$$

(1) 工艺流程

热氢化工艺流程如图 6-2 所示。经氯硅烷精馏提纯工序精制的四氯化硅，送入本工序的四氯化硅汽化器，被热水加热汽化。从氢气制备工序送来的氢气和从还原尾气分离工序来的多余氢气在氢气缓冲罐混合后，也通入汽化器内，与四氯化硅蒸气形成一定比例的混合气体。

总图

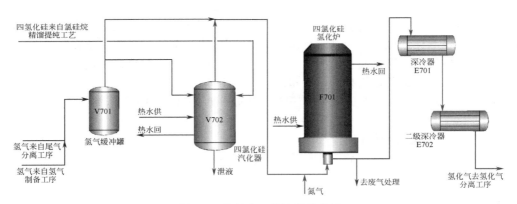

图 6-2　热氢化工艺流程示意图

从四氯化硅汽化器来的四氯化硅与氢气的混合气体，送入氢化炉内。在氢化炉内通电的炽热电极表面附近发生四氯化硅的氢化反应，生成三氯氢硅，同时生成氯化氢。出氢化炉的含有三氯氢硅、氯化氢和未反应的四氯化硅、氢气的混合气体，送往氢化气尾气分离工序。

氢化炉的炉筒夹套通入热水，以移除炉内炽热电极向炉筒内壁辐射的热量，维持炉筒内壁的温度。出炉筒夹套的高温热水送往热能回收工序。

(2) 主要设备

主要设备有氢气（H_2）压缩机、$SiCl_4$ 输送泵、$SiCl_4$ 汽化器、氢化反应炉、冷凝器和一个很大的干法回收系统。

氢化反应炉为钟罩式，内有保温套和加热器（一般为石墨加热器）。

干法回收系统（CDI）包括氢气（H_2）压缩机、冷冻机（一般为螺杆冷冻机）、吸收塔、解吸塔、吸附柱、过滤器和干法塔等设备。

（3）主要原辅材料技术要求

四氯化硅：$SiCl_4$ 含量＞96％。

氢气：露点≤−60℃，氧含量 O_2≤$5×10^{-6}$，压力 0.6MPa。

（4）每千克 $SiHCl_3$ 单耗

按 $SiCl_4$ 转化率14％计算（转化率一般在12％～18％之间），每千克 $SiHCl_3$ 耗电约为 10kW·h。

（5）操作要求

由于反应物和生成物都是涉及 $SiCl_4$、H_2、$SiHCl_3$、HCl 等危险气体，要注意防燃防爆的问题，其操作要求与冷氢化基本相同。

任务三 四氯化硅处理的其他技术

【任务描述】

四氯化硅处理除了采用氢化方法将四氯化硅转化成三氯氢硅返回到还原炉外，工业上还可将四氯化硅作为原料生产其他化工产品，如白炭黑、硅酸乙酯，亦可采用还原法将四氯化硅转化成三氯氢硅。还原法技术还不够成熟，工业上较少采用。

【任务目标】

① 了解气相白炭黑生产技术。

② 了解硅酸乙酯生产技术。

③ 了解锌还原四氯化硅生产技术。

6.3.1 气相白炭黑生产技术

（1）气相白炭黑的性质及用途

气相白炭黑（化学名称：气相二氧化硅）是一种纳米级的无机化工产品，是重要的高科技超微无机新材料。气相白炭黑主要成分是水合二氧化硅（$SiO_2·nH_2O$）；不溶于酸和水，在空气中吸收水分后成为凝聚的细粒；加热时，能溶于氢氧化钠和氢氟酸中；对其他化学药品稳定，耐高温，不燃烧，有很高的电绝缘性；多孔，比表面积很大，在硅橡胶中有较大的分散性；纯度高，达99.5％以上；是橡胶、塑料、涂料、医药、农药、造纸及日用化工等诸多领域的重要添加剂，广泛应用于高性能硅橡胶、强力胶黏剂、高级油漆涂料、光学特性材料、食品和化妆品等产品中。

（2）生产原理

气相法白炭黑是利用四氯化硅或甲基三氯硅烷等硅的卤化物在氢氧火焰中高温水解制得原生粒子，原生粒子粒径在 7～40nm。原生粒子经聚集碰撞后形成微米级的聚集体，聚集体与高温水解生成的废气一起进入高效分离器进行气固分离。白炭黑从高效分离器下部出来后进入解吸塔进行 HCl 解吸，解吸后的成品进入料仓进行包装。从高效分离器顶部出来的废气再进入废气处理系统，经处理合格后的气体直接排入大气。

采用四氯化硅与甲基三氯硅烷两种不同原料制备的反应原理基本相同，其反应方程式分别为：

$$SiCl_4 + 2H_2 + O_2 \longrightarrow SiO_2 + 4HCl$$
$$CH_3SiCl_3 + 2H_2 + 3O_2 \longrightarrow SiO_2 + 3HCl + 2H_2O + CO_2$$

(3) 工艺流程

气相二氧化硅的生产工艺流程如图 6-3 所示。

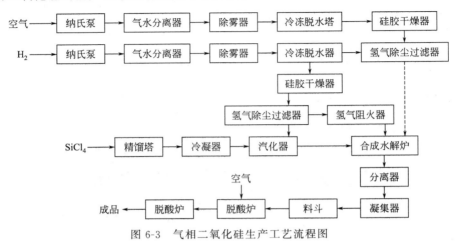

图 6-3　气相二氧化硅生产工艺流程图

　　空气经纳氏泵加压后，经气水分离器除雾、冷冻脱水、硅胶干燥、过滤除尘后分两路，一路到合成水解炉，一路到汽化器作四氯化碳载体。

　　氢气经纳氏泵加压后，经气水分离器冷冻脱水、硅胶干燥、过滤除尘后送水解炉。

　　氢气和空气在合成水解炉上部喷嘴处燃烧，同时通入四氯化硅，燃烧形成 1000℃ 左右的高温，同时生成水蒸气，水蒸气将四氯化硅水解成二氧化硅和 HCl 气体。高温水解所得的二氧化硅颗粒极细，与反应后的气体形成气溶胶，不易捕集，故先把它送至聚集器中聚集成较大颗粒，然后再经旋风分离器收集，送脱酸炉，用含氨的空气吹洗，使残留的 HCl 量降至 0.025% 以下，得成品二氧化硅。

6.3.2　硅酸乙酯生产技术

(1) 硅酸乙酯的性质及用途

　　硅酸乙酯是一种硅有机化合物，通常所讲的硅酸乙酯是正硅酸乙酯 $[Si(OC_2H_5)_4]$ 及其聚合物的总称。根据产品中 SiO_2 的含量，商品硅酸乙酯有多种牌号，正硅酸乙酯 SiO_2 含量约为 28 %（俗称硅酸乙酯-28）。

　　硅酸乙酯常温下为无色或淡黄色透明液体，具有类似乙醚的臭味，能与乙醇、丙酮等有机溶剂互溶，能与任意水发生水解反应生成硅酸溶胶并放出热量，在潮湿空气中变浑浊，静置后澄清，无毒。

　　硅酸乙酯可用于防锈富锌涂料、精密铸造、耐火材料等领域，是一具有广泛用途的精细化学品。

(2) 生产原理

　　硅酸乙酯的制备方法很多，但到目前为止真正工业化的只有两条路线，即四氯化硅法和硅粉法。下面就四氯化硅法做一介绍。

　　从乙醇与四氯化硅反应制备硅酸乙酯是生产硅酸乙酯的经典方法，我国大多数生产厂家都采用该方法。当使用无水乙醇时，生成正硅酸乙酯，反应分步进行，主要反应式如下：

$$SiCl_4 + C_2H_5OH \longrightarrow Cl_3SiOC_2H_5 + HCl \tag{6-1}$$

$$Cl_3SiOC_2H_5 + C_2H_5OH \longrightarrow Cl_2Si(OC_2H_5)_2 + HCl \tag{6-2}$$

$$Cl_2Si(OC_2H_5)_2 + C_2H_5OH \longrightarrow ClSi(OC_2H_5)_3 + HCl \tag{6-3}$$

$$ClSi(OC_2H_5)_3 + C_2H_5OH \longrightarrow Si(OC_2H_5)_4 + HCl \tag{6-4}$$

其中，第四步为可逆反应。由于 HCl 的生成，反应体系处于强酸下，故通常除上述主反应外还存在如下副反应：

$$2C_2H_5OH \longrightarrow C_2H_5OC_2H_5 + H_2O \tag{6-5}$$

$$C_2H_5OH + HCl \longrightarrow C_2H_5Cl + H_2O \tag{6-6}$$

$$2H_2O + SiCl_4 \longrightarrow SiO_2 + 4HCl \tag{6-7}$$

$$C_2H_5OH + SiCl_4 + H_2O \longrightarrow 聚硅酸乙酯 \tag{6-8}$$

（3）生产工艺

从 $SiCl_4$ 制硅酸乙酯最早采用的是间歇工艺（图 6-4）。

为防止过多的乙醇发生副反应，一般先在酯化釜内加入少量四氯化硅，然后缓慢滴加四氯化硅和乙醇，需 5～10h。滴加完后再反应 1h，继而加热升温，用 6～8h 升到 140℃，赶走未反应的乙醇以及低沸点物。降温后，产物放入中和釜，加入中和剂（通常为 NaOH），中和至 pH 值为 6～7，再经脱色过滤即得成品。

该工艺的特点是操作灵活，可以方便地通过调整乙醇中的水含量得到不同聚合度的硅酸乙酯，但缺点很多，主要表现在原料消耗高、生产周期长、产品质量不稳定、副反应较多、环境污染大等缺点。

为解决间歇工艺的弊病，提出了许多改进措施，其中最成功的是双塔连续法生产工艺（图 6-5）。

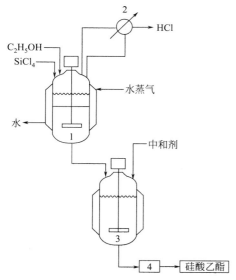

图 6-4 硅酸乙酯间歇法生产工艺流程图
1—酯化釜；2—冷凝器；3—中和釜；4—过滤器

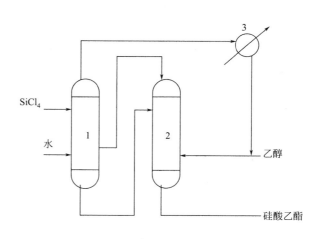

图 6-5 连续法生产工艺流程简图
1—酯化反应塔；2—汽提塔；3—冷凝器

$SiCl_4$ 从塔 1 的中上部加入，与上升的乙醇蒸气充分接触并发生反应，生成的硅酸乙酯由于沸点高，向塔下部流动，HCl 气体向上部移动从塔顶排出，在一个塔中同时完成了反应与精馏。若要制取硅酸乙酯-32 或硅酸乙酯-40，可在塔 1 下部通入适量的水蒸气，使向下流动的硅酸乙酯在塔的中下部水解。塔 2 起到汽提和中和的作用，用气相乙醇带走硅酸乙酯中少量剩余的 HCl，无需加入任何中和剂。

该工艺的特点是：

① 连续化操作，产量大，质量稳定；

② 第一个塔起到了反应及分离双重作用，使系统的 HCl 含量较低，减少副反应，使主反应进行彻底；

③ 尾气采用低温冷凝，C_2H_5OH 或 $SiCl_4$ 损失很少，收率高；

④ 不使用中和剂，降低了生产成本。

硅酸乙酯是一个老产品，在国外尤其是发达国家生产工艺成熟，且向无污染方向发展；而我国工艺落后，污染较大。为保持经济的可持续发展，我国对化工产品的环保要求越来越高，因此，污染大、消耗高的硅酸乙酯间歇法生产工艺很难适应经济发展的要求，将逐步被连续法或半连续法所淘汰。

6.3.3 锌还原四氯化硅技术

锌还原四氯化硅（$SiCl_4$）制备多晶硅技术，在国外已是成熟工艺，已实现规模化生产。锌还原 $SiCl_4$ 的化学原理是：

$$SiCl_4 + 2Zn \longrightarrow Si + 2ZnCl_2$$

综合锌还原 $SiCl_4$ 生产多晶硅的技术特点，主要有两种技术方案：一种为气气反应技术，另一种为气液反应技术。气气反应技术的工艺设计相对复杂，对设备材料的要求很高，但是反应速度比气液反应要高得多，且生成的硅纯度高、产量大，易与其他杂质进行分离，是未来锌还原法发展的方向；而气液反应技术，虽然工艺简单，装置设计相对容易，但是反应速度慢，生成的硅纯度较低，易夹杂着各种副产物和未反应物。

在气气反应技术中，目前走在最前列的当数日本 SST 公司，该公司年产能已达 3000t。在国内，目前已有几家科研单位在进行锌还原法的研究，但都处在研发阶段，离最终形成产业化、规模化仍然有很长一段路要走，在技术上还要解决如下几个主要问题：

① 寻求合适的设备材料，以解决主反应器的密封及放大问题；

② 如何有效地完成对 $ZnCl_2$ 电解，以回收利用锌；

③ 硅颗粒在不同反应器内的生长机理研究，以控制产物硅的形态及大小，便于收集；

④ 如何将各单项工艺及设备技术有效衔接，形成闭环循环生产工艺。

【小结】

目前世界上规模化生产多晶硅的方法是改良西门子法，此法生产多晶硅会产生大量的副产物四氯化硅，四氯化硅的处理成为多晶硅生产的重要环节。工业上多采用四氯化硅冷氢化技术将四氯化硅转化成三氯氢硅，用锌还原四氯化硅技术尚处于科学探讨阶段，也有将四氯化硅作为原料生产其他化学产品如气相白炭黑、硅酸乙酯生产等。

【习题】

单项选择题

1. 四氯化硅的分子式为 $SiCl_4$，分子量为（　　）。

　　A.36.5　　　　　　B.134.5　　　　　　C.98.5　　　　　　D.169.8

2. 以下对氯硅烷泄漏现象描述不正确的一项是（　　）。

A. 有大量白色烟雾　　　　　　　　B. 有刺激性气味

C. 如有液体泄漏出来后瞬间汽化　　D. 天气晴朗时烟雾较淡

3. 第三代技术，也称为改良西门子法，其中关键点在于（　　）的回收利用。

A. $SiHCl_3$ 　　　　B. SiH_2Cl_2 　　　　C. $SiCl_4$ 　　　　D. HCl

4. 管道中三氯氢硅泄漏后，着火燃烧，此时首先应（　　）。

A. 使用干粉灭火器灭火　　　　　　B. 用大量水喷淋泄漏点

C. 设法通入氮气　　　　　　　　　D. 切断管道中物料通道

5. 储罐检漏时通入工作压力（　　）倍的氮气，进行气密性检验，24h泄漏量小于1%为合格。

A. 1.5 　　　　B. 2.5 　　　　C. 2 　　　　D. 1.2

项目七

硅芯的制备与腐蚀

项目描述

在三氯氢硅氢还原制备高纯硅工序中，多晶硅棒的生成需要有载体。工业上常用硅芯作载体。本项目介绍硅芯制备及制备过程中可能出现的问题与故障处理。

能力目标

① 能按安全操作规范和作业文件要求操作硅芯炉及辅助设备。
② 能判断原辅材料和产品质量是否符合要求。
③ 能按作业文件规定进行硅芯炉的装炉、拆炉。
④ 能分析产品不合格的原因并采取纠正措施。
⑤ 能发现并判断本工序的常见工艺、设备故障并进行相应处理。

在三氯氢硅的氢还原过程中，硅芯是沉积多晶硅的载体。该发热载体可以是高纯度、高熔点且在高温下扩散系数很低的金属，如钼丝、钽管、钨丝等，也可以是用纯硅材料拉制出的硅芯。这两类发热载体在多晶硅制备工艺中都有应用，其优缺点如表 7-1 所示。

表 7-1 硅芯及金属芯发热的比较

项目	硅芯	金属芯
优点	① 对还原生长的多晶硅不沾污,易获得高纯度多晶硅; ② 不存在剥离发热体芯,多晶硅的损耗水实收率高	① 还原电气控制相对简便; ② 低压启动易操作
缺点	① 还原电气设备较复杂; ② 高压启动控制难度大	① 在高温下对多晶硅有沾污,影响质量; ② 去除金属芯时硅耗损量达 15%～25%; ③ 消耗大量贵金属材料

目前沉积多晶硅最常用的发热载体是硅芯。制备硅芯的方法有以下几种。

① 吸管法　最早制硅芯是用薄壁且直径均匀的细长石英管，利用对管控制真空的办法，

将熔硅吸入管内，冷却后除去石英管，便获得硅芯。此法存在石英对硅芯有污染。

② 切割法　将高纯多晶硅粗棒用切割机切成方形如 5mm×5mm 的细条，将其腐蚀清洗干净后，根据需要在区熔炉中熔接成所需长度的硅芯，这种方法制备出的硅芯是方硅芯。其缺点是切割效率低、多晶硅耗损量大、熔接复杂。

③ 直拉法　此法是在炉内，也可以是外热式，用高频感应熔化多晶硅棒结晶种，边熔化边拉晶，自下而上拉制出直径 5～6mm 和所需长度的细硅芯。用这种方法拉制硅芯，以多晶硅棒为熔体的基座托住熔体，不与任何物质接触，无污染，可制备出高质量的圆硅芯。

本项目重点介绍直拉法制备硅芯。

任务一 硅芯的制备

【任务描述】

本任务介绍直拉法制备硅芯的工艺原理、工艺流程、核心设备、常见事故问题处理等。

【任务目标】

① 掌握直拉法制备硅芯的工艺原理、工艺流程、核心设备及常见事故问题处理。

② 能判断原辅材料和产品质量是否符合要求。

③ 能分析产品不合格的原因并采取纠正措施。

（1）工艺原理

采用直拉法将一定直径、一定长度的多晶棒表面腐蚀清洗好后，装入硅芯炉内作基座，对硅芯炉抽空到一定真空度，充 H_2 或 Ar 到一定压力，重复一次抽空和充气，在氢气或氩气氛围下，通过高频感应加热使硅棒局部熔化，然后与上轴的"籽晶"充分熔接，并以一定的速度向上提，拉成所需直径、长度的细硅棒，且外表均匀，即硅芯。

（2）工艺流程（图 7-1）

图 7-1　硅芯拉制工艺流程图

拉制好的硅芯经检测质量合格后，根据检测数据对硅芯进行选配，再进行腐蚀、清洗、烘干就可作为沉积硅的载体了。

（3）对硅芯的质量要求

① 型号：要求每根硅芯属同一导电类型。

② 电阻率：硅芯的电阻率要求均匀，纵向电阻率不均匀度不大于 10%。N 型电阻率范围大体分三挡。

低阻：电阻率为 10^{-2}～$10^{-1}\Omega\cdot cm$，3～6$\Omega\cdot cm$，10～30$\Omega\cdot cm$。

中阻：电阻率为 40～60$\Omega\cdot cm$，100～300$\Omega\cdot cm$。

高阻：电阻率为 500～1000$\Omega\cdot cm$，1000～3000$\Omega\cdot cm$。

③ 直径：硅芯的直径要求 5～6mm，直径不均匀度应小于 10%。

④ 长度：根据多晶硅生产的需要而定。

（4）主要设备及其作用

① 高频炉　380V 交流电，经硅堆转化成直流电，再经高频振荡管转化成高频交流电，最后经耦合线圈对籽晶和多晶棒进行加热。

② 硅芯炉　制备硅芯的设备分外热式和内热式两类，但加热方式都是用高频感应加热，其加热线圈结构如图 7-2 所示。

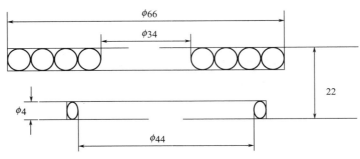

图 7-2　高频感应线圈尺寸参数

硅芯炉的基本结构由基座及炉筒构成。炉筒有窥视孔，外接充 H_2 或 Ar 管道及抽空管道，在一定的加热功率和一定的提拉速度下完成硅芯的拉制。在拉制的过程中炉内为一封闭的热场，内充 H_2 或 Ar 作保护气。

下面介绍两种内热式硅芯炉。

① LG-1300 型基座硅芯炉，如图 7-3 所示，该设备特点如下。

上轴是由提拉钢丝连接拉制机构（如籽晶夹等），沿着固定在不锈钢筒里面的四根导向柱进行升降，拉晶相对平稳；下轴不升降，可转动，其转动速度为 2～35r/min；电极筒升降（即加热用高频感应线圈可升降）上升只有快挡，下降则分快速、慢速两挡，正常拉晶用慢挡；真空度可达 0.0134～0.0067 Pa；高频炉功率为 10kW，频率为 2.3MHz。该硅芯炉为小真空室、内热式、真空、保护气氛两用设备，结构简单，造价成本低。

② GX-1100 型硅芯炉，如图 7-4 所示。

图 7-3　LG-1300 型基座硅芯炉

图 7-4　GX-1100 型硅芯炉

上轴采用柔性不锈钢丝，由传动卷筒带动，沿着两根不锈钢丝导向柱升降，轴端附加更换上夹头机构，可连续拉制 5 根硅芯。上轴不转动，可升降，其升降速度为 2～30mm/min；下轴行程约 400mm，可转动，其转动速度为 2～33r/min，下轴可升降，其升降速度为 0.2～3mm/min；加热用高频感应线圈的电极由炉体左后侧引入，距离炉底约 350mm 左右，固定不移动；高频炉功率为 20kW，频率为 3.6MHz。该设备为大真空室，马蹄形，炉体沉浸式水冷，内热式硅芯炉真空达 0.0067Pa，可在真空或保护气氛下拉制硅芯。

③ 抽空机械泵：对炉膛进行抽空，以避免炉内有空气，当真空到达一定值时，才充 H_2 或 Ar 作保护气。

④ 稳压器：稳定工作电压，避免加热功率波动，进而造成硅棒熔区的波动。

⑤ 循环水泵：为硅芯炉提供适当压力的冷却水。

（5）工作准备

① 工作线圈的清洗、安装　加工好的线圈先用磨砂打磨，去除表面毛刺和不圆滑处，然后用 CCl_4 去油、用稀 HNO_3 腐蚀清洗干净至表面光滑、无黑斑即可。

安装线圈时，注意线圈与下轴同心。接通冷却水，观察是否有浸水现象，抽空能否在短时间内抽到所规定的真空度。

装炉使用的工具如镊子、钳子、夹子等，使用前需用 CCl_4 去油，再用优质无水乙醇擦净，放入专用手操箱内，每次用前用滤纸擦净。装炉用的手套应定期清洗，用后放入手操箱内。卡头、卡座使用前需去油处理，然后放入规定的地方待用，以防止沾污硅芯料。

② 装炉　装炉前先检查设备是否正常，若正常，则可装炉。用洁净的专用的镊子将籽晶和硅棒分别装入上、下不锈钢卡座，并将硅料与加热线圈对中，将籽晶装在籽晶杆上。关上炉盖，下降籽晶杆使籽晶根部离线圈上平面 10～15mm 处。

③ 抽真空、充 H_2 或 Ar、熔接　关闭排气阀，合上机械泵电源抽真空。当真空度达到规定值时停机械泵，开 H_2 或 Ar 阀，充 H_2 或 Ar 到一定压力，反复两次，以赶尽炉内空气，确保炉内密封性好。再充入 H_2 或 Ar，关闭 H_2 或 Ar 阀门，便可进行硅芯熔接了。

在硅芯熔接的时候，先对高频灯丝预热一定时间再送高压，逐渐增加高频输出功率，使铜丝发红。当籽晶红后，升起籽杆，将籽晶末段熔成一个小熔球，用手轮将下轴向上升起，使硅棒顶端略低于加热线圈，将籽晶下端的熔球滴在硅棒顶端平面上，待硅棒发红，顶端逐渐熔透，形成熔区与籽晶熔接好，建立新熔区。

④ 拉制硅芯　当硅棒与籽晶熔接好后，将功率降至拉硅芯所需的功率，开动"下轴升"，调好速度后，开动"晶杆升"将籽晶从熔液中上拉，拉速由慢逐渐增快，最后达到预定拉速，使熔区保持一定的形状以保证硅芯的正常拉制。当熔区出现结晶时，应立即停"下轴升"和"晶杆升"，将硅棒下降，略升高功率使结晶熔化，停炉重新装炉。

当熔区垮掉了，应立即停"下轴升"和"晶杆升"，停炉重新装炉。

当硅芯拉到预定长度时，降低拉速，拉一个大头。然后停"下轴升"并快速降下轴，使熔区断开，降功率到零。停高压，使熔区凝固，停"籽晶升"，提起硅芯，使硅芯末端略高于炉膛。

⑤ 停炉　抽真空到规定值后放空，提起炉盖，移转炉盖，下降晶杆，取出硅芯。

（6）设备及工艺操作

① 将直径 25～30mm 的多晶硅棒切成一定长度的基座硅棒（一般为 350mm 左右），取硅芯籽晶长约 40mm，经 HNO_3+HF 混合液（5∶1）腐蚀、清洗、烘干待用。

② 在专用装料手套箱中，用清洁的滤纸或专用镊子取籽晶和基座硅棒，分别装入各自用光谱纯石墨制作的夹头中，装正旋紧。根据需要还可对基座硅棒实施掺杂，掺杂方法一般

采用掺杂剂涂抹法。

③ 打开炉门，用脱脂纱布蘸分析纯的苯或乙醇擦净膛内壁窥视孔和加热线圈。

④ 将装有籽晶和硅棒的上下夹头分别装在上轴端及转盘夹头孔中和下轴基座上。操作传动机构使上轴和转盘上轴与感应线圈、基座硅棒与感应线圈对中，即让它们在同一轴线上。然后降上轴，让夹头置于接近线圈的预热位置。

⑤ 关闭炉门和放气阀，打开低真空阀，由机械泵对炉体抽真空，同时开启水冷系统，并预热高频炉振荡管灯丝和油扩散泵，当低真空达到 22.66Pa 以上时，关闭低真空阀，打开高真空阀门，让油扩散泵继续抽真空达 0.0134Pa 以上。若选择用保护气（如 Ar、H_2）拉晶，则不必抽高真空，可在抽低真空达到 22.66Pa 后，关闭低真空阀，打开通气管道阀门和炉体进气阀门，对炉内充保护气体，当达到正压时再放气，反复两次赶走炉内空气后再充保护气体达到 2660Pa 左右，则关进气阀。

⑥ 对高频炉送高压，并调节输出功率预热上夹头，待籽晶被加热到红热状态时，升起上轴，让籽晶末端熔成一小熔球。

⑦ 升下轴置基座硅棒的顶端与线圈下 2～3mm 处。降上轴使小熔球与硅棒顶端接触，利用籽晶端的小熔球预热基座硅棒，直至硅棒达到红热状态，缓慢增加高频炉输出功率，使硅棒顶端熔透，把籽晶和基座硅熔接在一起，待熔区平稳后，进行拉制硅芯。

⑧ 调节高频炉输出功率，使基座硅顶端的熔区保持在拉硅芯温度（即晶体正常生长温度）。如果温度过低，会使熔区出现新的结晶中心而很快凝固；温度过高，熔区会出现流垮现象。

⑨ 开动传动机构，调节上轴提升速度，使籽晶从熔区中向上引出的硅芯，按要求的直径（5～6mm）拉出，拉速由慢逐渐增快，达到预定拉速（15～20mm/min）。同时按预定比例的速度让下轴同步上升，不断供给硅料以保持熔区体积不变。上下轴的速度比例计算公式如下：

$$V_1/V_2 = a_2^2/a_1^2$$

式中　V_1——上轴拉速，mm/min；

　　　V_2——下轴升速，mm/min；

　　　a_1——硅芯直径，mm；

　　　a_2——硅基座直径，mm。

认真仔细地调节高频炉输出功率和拉硅芯及供料（下轴升）速度，是拉制直而均匀的细硅芯的关键。

⑩ 拉"大头"。当拉制硅芯达到预定长度时，需留一个大头，以便切凹槽，方便还原工艺中搭"Π"字形状发热体结构。拉大头的方法是当拉硅芯到末端时迅速将拉速由 20mm/min 降至 4～5mm/min，并适当降低加热功率，使硅芯逐渐长粗成所谓"大头"，大头直径约 10mm，然后把硅芯与基座硅料分离即可。若可连续拉多根硅芯，此时需操作上、下轴手轮使硅芯与熔区分离，此时基座硅仍保持一定熔区域成暗红状态。

⑪ 操作更换夹头机构，将已拉出的硅芯折放在转盘的挂槽内，又通过更换机构夹住转盘上第一个夹头孔中的上夹头，使转盘与上轴对中后，下降上轴夹头，重复预热籽晶，开始第二根硅芯的拉制操作，依次到拉完预计拉制的所有硅芯后，停炉，停水。

⑫ 停高频炉电源 5min 后，关闭真空阀门，放气入炉（若用保护气 H_2 拉晶，则需开机械泵，抽空 5min 后关真空阀，再放气入炉），拆炉取出硅芯。

（7）常见事故的处理

① 突然停电：立刻将在拉制过程中的硅芯提断，快速下降硅棒，高压、杆升、晶升电气调节回零，按停炉处理。

② 突然停水：快速断高压，电气回零，提断拉制中的硅芯按停炉处理。

（8）硅芯制备过程中的几个技术问题

① 避免"糖葫芦"，提高硅芯直径的均匀性 分析"糖葫芦"的产生原因，主要是由于拉硅芯过程中，熔体温度和拉速控制不当造成的。如拉硅芯时熔体温度过高，硅芯生长会变细，而当硅芯细到一定程度时，由于高频感应线圈对硅芯的电磁感应作用变弱（硅芯离磁力线密集区远），使硅芯温度急剧下降，于是硅芯就会自动变粗，而当硅芯长粗到一定程度后，硅芯受电磁感应作用又增强了，硅芯温度又突然升高，使生长的硅芯变得更细。如此循环，拉制出的硅芯就类似糖葫芦状地粗细周期性变换着。消除"糖葫芦"的方法如下：

- 硅料熔透后需降低温度，在适当的过冷状态下拉制硅芯；
- 拉速由慢到正常拉速，应缓慢上升；
- 选择适当的供料速度，确保熔体体积不变，并保持熔区适当饱满。

若万一操作不当，出现"糖葫芦"现象，应适当调节熔区温度和拉速逐渐消除。一般以调拉速为主，以调温度为辅，两者密切配合，效果较好。

② 避免熔区流垮事故 分析熔区流垮原因，一般是熔化或拉硅芯时温度过高，或供料速度过快，或基座硅料中有氧化夹层，熔料时产生硅跳等。为避免熔区流垮，需注意如下几点。

- 熔接籽晶时，应根据基座硅料的粗细选择适当的熔透功率，升温不可过急。
- 注意熔区在感应线圈中的位置，不能让熔区过高。
- 如果拉晶时熔体温度过高，在正常拉速下硅芯会变细，当发现此现象，应立即降熔体温度，使之恢复正常；若因供料速度太快产生熔区过于饱和时，操作者应根据硅芯直径变化尽快减慢下轴升速。
- 选择无氧化夹层的多晶硅棒作原料。
- 视高频炉输出功率大小及适应线圈形状尺寸选择基座原料直径。

③ 避免结晶 在拉制硅芯过程中，当熔区表面刚出现结晶时，应适当升高加热功率，结晶核便很快消失，此时可继续拉硅芯。而当熔区温度降低、供料速度过快，使硅料未熔透造成的结晶，此时熔区很快结晶。处理这种结晶必须立即停拉速和下轴升速，并升加热功率，待熔体熔透后方可继续拉晶。

④ 避免硅芯中出现 PN 结或混合型 硅芯中产生 PN 结的现象一般出现在真空室拉制 N 型硅芯的情况下，如熔区温度过高，拉速过慢，熔体长时间停留在真空室内，引起施主磷杂质大量挥发，直至挥发尽，而硅中受主杂质硼的挥发系数小，故使后生长的硅芯出现反型。为避免硅芯中 PN 结产生，需注意以下几点。

- 在真空下拉制 N 型硅芯，在给原料掺杂时，应考虑增加磷挥发值。
- 籽晶与硅料熔接时间不宜过长，以减少磷杂质挥发。
- 采用含磷较均匀的低阻籽晶拉 N 型硅芯，相当于给硅料掺杂。一般情况下拉硅芯用籽晶按型号电阻率分类，拉低阻硅芯用低阻籽晶，拉高阻硅芯用高阻籽晶，绝不能用 P 型籽晶拉 N 型硅芯。
- 采用保护气氛（如 Ar、H_2）下拉硅芯工艺，可以减少磷杂质挥发。

⑤ 硅芯中的孔洞问题 硅芯中的孔洞来源于多晶硅中氧化夹层引起熔硅跳而形成。实验证明，用孔洞的多晶硅料反复拉制硅芯，硅芯中孔洞的直径愈来愈大，孔洞数也愈来愈多，因此克服硅芯孔洞，选择好原料是关键。一般对拉制硅芯原料要求如下：

- 多晶硅基硼含量 2×10^{-5}，即 P 型电阻率大于 $1400\Omega \cdot cm$；
- 多晶硅无氧化夹层，无孔洞。

⑥ 硅芯中的氧含量 为确保多晶硅和单晶硅的质量，硅芯中氧含量越低越好，故而选

择高真空条件（0.0067Pa）下拉制硅芯。拉完硅芯需停炉5min方可打开炉门。若开门过早，硅芯大头尚未冷却，一旦接触空气，则其硅芯氧含量要高出半个数量级。

⑦ 合理备料　根据拉制一根直径为 d（mm）、长为 h（mm）硅芯的重量应等于消耗基座硅棒［直径为 D（mm）、长为 H（mm）］重量，推算出如下公式：

$$H = \frac{d^2}{D^2}h$$

按此公式计算备料，有利于原材料充分利用，减少浪费。

（9）质量控制

原辅材料：H_2 或 Ar 为纯气。

多晶硅棒：三级品以上。

硅棒直径：27～30mm。

氢氟酸为优级纯。

浓硝酸为优级纯。

产品质量：电阻率要求均匀；直径弯曲度达到规定值。

（10）安全控制

硅芯拉制中存在的危险源有：高频、强光造成人身伤害，电器、电击伤人，因此，在操作中应注意以下各点。

① 开炉前或接班时，检查水、电、机械设备等各部位是否正常。

② 开炉时先通水，后通电，并经常检查冷却水情况。

③ 拉合闸时不要面对电闸。

④ 如果停炉时间较长，再开炉时，机械泵送电前用手将机械泵带轮盘动。

⑤ 装炉前首先检查高频炉是否停高压。

⑥ 高频炉盖板必须盖好。

⑦ 观察炉内情况时使用滤光镜片。

任务二　硅芯腐蚀

【任务描述】

本任务介绍硅芯化学腐蚀原理、工艺流程、设备及工艺操作。

【任务目标】

① 掌握硅芯化学腐蚀原理、工艺流程、设备及工艺操作。

② 了解在硅芯腐蚀过程中存在的危险源并安全使用。

在硅芯拉制和测试中，其表面难免被沾污，为了得到高纯的多晶硅，必须用物理和化学的方法除去硅芯表面的油污、氧化物及金属杂质等。

（1）硅芯化学腐蚀原理

硅芯的腐蚀目前广泛用浓硝酸和氢氟酸的混合液，HNO_3 和 HF 的体积比为 5∶1。

在 HNO_3 和 HF 混合腐蚀液中，由于有 HF 的存在，使硅芯表面的 SiO_2 保护膜被破坏了，所以都不断地被 HF 溶解，因此 HNO_3 和 HF 混合液对硅芯能进行有效的腐蚀。其反应为：

$$4HNO_3 + Si + 6HF \rightleftharpoons H_2SiF_6 + 4H_2O + 4NO_2\uparrow$$

（2）工艺流程

拉制好的硅芯送检后，根据检测数据，按型号、电阻率范围及均匀度进行选配成对，每根硅芯选好后截取一定长度称重、登记，再将每根硅芯大头切槽用自来水冲洗干净，分别用无水乙醇、CCl_4 擦洗去掉硅芯表面油污，然后用 HNO_3 和 HF 混合腐蚀后，再用纯水煮至中性，最后进入烘箱烘干备用。腐蚀工艺流程图如图 7-5 所示。

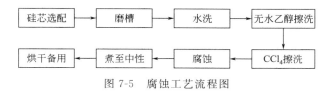

图 7-5　腐蚀工艺流程图

（3）主要设备及其作用

切割机：用于硅芯切槽、磨尖。

风机：抽排腐蚀产生的尾气。

碱泵：抽碱液到碱洗塔。

真空泵：烘箱抽空。

烘箱：烘干硅芯。

腐蚀槽：腐蚀硅芯。

不锈钢舟：硅芯在此用纯水煮至中性。

（4）设备及工艺操作

① 配制碱液，加固碱至规定量。

② 配制腐蚀液：氢氟酸：浓硝酸＝1：5。

③ 按硅芯型号、直径、均匀度、电阻率、长度进行选配，并做好记录。同一组或同一对硅芯要求型号、直径、均匀度、电阻率大致接近，硅芯弯曲方向能相互匹配。

④ 根据硅芯弯度方向、大头与硅芯搭配情况后，切槽。

切槽时，沿硅芯长度与砂轮成一定角度方向切。切槽质量要求：硅芯弯向和所切槽沟在同一个平面上，槽沟前后深度、宽度保持一致，槽沟两边的托瓣大小、厚薄基本相同，与硅芯连接牢固。切槽后的硅芯用自来水冲洗干净。

⑤ 硅芯腐蚀

a. 分别用四氯化碳和无水乙醇擦拭硅芯表面，去掉杂质和油污后放入腐蚀槽。

b. 倒入配好的腐蚀液，使之没过硅芯表面，用四氟筷子不断拨动硅芯，待有大量棕色气体冒出后，再不断搅动一会，随即用大量纯水冲洗酸液（硅芯不得露出水面）至接近中性。

c. 将硅芯从腐蚀槽中取出，放入石英舟内，倒入纯水没过硅芯表面，合上电源加热，边煮边倒入去离子水冲至水溶液呈中性为止。

d. 用专用镊子将硅芯取出放入烘箱内烘干。

（5）质量控制

腐蚀好的硅芯，要求表面无杂质、油污和氧化物，并且表面光亮，无其他色泽，因此需要对以下原辅材料及生产技术条件进行控制。

氢氟酸：符合 GB/T 260—93（该标准现已被 GB/T 260—2016 代替）（40％）。

浓硝酸：优级纯（或分析纯）HNO_3（65％～68％）。

无水乙醇：分析纯 99.5％。

四氯化碳：分析纯。

硅芯：N 型电阻率、不掺杂的混合型或 P 型的电阻率达到要求，长度达规定，直径达所需。

纯水：电阻率达到要求。

腐蚀液：氢氟酸：浓硝酸＝1：5（体积比）。

水煮沸次数：以煮至中性为准。

硅芯烘箱：保障抽真空时间，真空度到规定值。

（6）安全控制

在硅芯腐蚀过程中主要存在以下危险源：

① 硝酸、氢氟酸腐蚀伤人；

② NaOH 腐蚀伤人；

③ 切硅芯时，切割机伤人；

④ 氮氧化物气体泄漏。

所以在腐蚀过程中应对以上危险源进行控制，主要采取以下措施：

① 上班前按规定穿戴好劳动保护用品，在使用酸碱时要戴好口罩、眼镜和耐酸手套；

② 尽量在通风处操作；

③ 若酸碱液溅在脸上、手上，立即用水冲洗；

④ 使用酸手套前要检查是否完好；

⑤ 腐蚀操作前检查碱洗池液位、碱液、pH 值是否在规定值内；

⑥ 风机是否运转正常。

切槽房间内光线应充足，严格按切割机操作规程操作。

【小结】

在三氯氢硅的氢还原过程中，硅芯是沉积多晶硅的载体。目前制备硅芯的方法主要有直拉法和切割法，本项目重点介绍了直拉法制备硅芯的生产过程、质量、安全控制及硅芯装炉前的腐蚀清洗工艺。在直拉法制备硅芯不够的情况下，很多企业也采用切割法来制备硅芯。

【习题】

7-1　在硅芯的拉制过程中，有哪些因素可影响硅芯质量？

7-2　在硅芯拉制过程中，存在哪些危险源？如何控制？

7-3　现有直径为 28cm 的多晶棒，需拉制直径 6mm、长度 2.0m 的硅芯，试计算需多长的硅棒？

7-4　如何选配硅芯？切槽时应注意什么？

7-5　要保证硅芯腐蚀的质量，应注意哪些问题？

7-6　腐蚀硅芯时应采取哪些安全环保措施？

项目八

纯水的制备

 **项目描述**

　　纯水在多晶硅生产中缺一不可，主要用于清洗、冷却。纯水根据电阻率的不同，分为纯水和超纯水。本项目介绍了工业上纯水和超纯水的制备原理、工艺流程、关键核心设备结构原理及操作等。

 能力目标

　　① 能按技术操作规程生产合格纯水。
　　② 能进行各种过滤器、超滤器、滤棒的清洗、更换。
　　③ 能检查过滤器、超滤器、滤棒、离子交换器、反渗透等运行是否正常并进行相应处理。
　　④ 能分析树脂交换能力下降的原因并进行补救。

　　随着电子工业的不断发展，半导体生产工艺对水的纯度要求越来越高。水的纯度直接影响着半导体材料质量的好坏。在半导体材料生产的工艺过程中，常常用高纯水作高纯材料的清洗剂，同时还在化学腐蚀工艺以后对高纯材料进行清洗。

任务一　纯水制备

【任务描述】

　　本任务介绍天然水中的杂质，纯水制备原理、生产工艺流程、核心设备运行操作。

【任务目标】

　　① 掌握纯水制备原理、生产工艺流程、核心设备结构工作原理。

② 能用纯水系统制备合格的纯水。

8.1.1 认识纯水

（1）天然水中的杂质

自然界中存在的水（如江水、河水、湖水等）称为天然水。在生活中我们常常看到水清澈透明，然而它存在着各种不同的可溶的无机盐和一些有机物等各种不同的杂质。如果用这种认为清澈透明的水来清洗半导体材料或设备，就会沾污半导体材料，会给产品质量带来严重的影响。

天然水中的杂质总的来说包括三大部分。

① 悬浮物质：如细菌、泥沙、黏土和其他不溶物质等。

② 胶体物质：溶胶、硅胶及铁、铝等的化合物。

③ 溶解物质：Ca、Mg、Na、Fe、Mn 的酸式碳酸盐、硫酸盐及氯化物等，还有 O_2、CO_2、H_2S、N_2 等气体。

（2）纯水的分类

在半导体工艺生产过程中，各种产品对水的纯度要求各有不同。人们通常将水分为纯水和超纯水两种。

① 纯水　又称为去离子水，即去掉阴、阳离子和有机物等杂质的水，称为纯水。

一般将原水（天然水）经过滤后，再经蒸馏，其水的纯度可达 $60k\Omega \cdot cm$ 以上，再经过离子交换柱进行离子交换后可除去水中的强电解质，还可除去大部分硅酸及碳酸等弱电解质，其水的纯度可达 $10M\Omega \cdot cm$ 以上（25℃）。具有此种电阻率的水，通常称为纯水。

② 超纯水　随着半导体事业的发展，特别是近年来大规模集成电路的出现，对水的要求更高了，一般纯水已不能满足工艺的需要，因此出现了纯度更高的水，即超纯水。超纯水是将纯水在惰性气体保护下，经化学处理、蒸馏以及紫外照射杀菌等方法处理后而获得。其纯度达 7 个 "9" 以上，超纯水的电阻率可达 $18M\Omega \cdot cm$。

8.1.2 纯水制备原理

工业上制备纯水的方法很多，如蒸馏法、离子交换法、电渗析法、反渗透法等。在半导体材料生产过程中，常采用离子交换法和反渗透法制备纯水，这里重点介绍这两种方法制备纯水过程及原理。

（1）离子交换原理

① 离子交换树脂　离子交换树脂是一种高分子化合物，是由树脂的骨架和活性基团两部分组成的，主要是由苯乙烯和二乙烯苯的共聚体而组成骨架的。这种树脂的骨架可用 R 表示，在树脂的骨架上导入一些活性基团后，即成离子交换树脂。如果导入的是酸性基团，如磺酸基（—SO_3H）、羧基（—$COOH$）和酚羟基（—C_6H_4OH），则形成 R—SO_3H、R—$COOH$ 和 R—C_6H_4OH 等，这些酸性基团上的 H^+ 可以和溶液中的阳离子发生交换作用，所以叫做阳离子交换树脂（简称阳树脂）。

如果导入的是碱性基团，如伯氨基（—NH_2OH）、仲氨基 [—$NH(CH_3)OH$]、季铵基 [—$N(CH_3)_3OH$] 等，这些碱性基团上的 OH^- 可以与溶液中的阴离子发生交换作用，所以叫阴离子交换树脂（简称阴树脂）。

离子交换树脂具有一定的机械强度，耐磨，不溶于水、酸、碱和任何有机溶剂，对一般的氧化剂和还原剂有相当的化学稳定性。

② 离子交换作用原理

a. 交换反应（又称置换反应） 原水通过树脂，水中的阴、阳离子分别被阴、阳树脂"吸附"，从而使水的纯度提高。由于离子交换树脂结构中包含的活性基团不同，它所呈现的离子交换性能也不同。例如：水中的 Ca^{2+}、Mg^{2+} 通过阳树脂，与阳树脂中的氢离子（H^+）进行交换：

$$Ca^{2+}(Mg^{2+})+2R^--H^+\longrightarrow Ca^{2+}(Mg^{2+})R_2^-+2H^+$$

水中的 Ca^{2+}、Mg^{2+} 等阳离子与阳树脂的"酸根"（R^-）相结合。树脂的 H^+ 进入水中，流出水呈酸性。

同样道理，水中的 Cl^-、CO_3^{2-} 等阴离子通过阴树脂，就与阴树脂中的氢氧根离子（OH^-）进行交换：

$$Cl^-(CO_3^{2-})+M^+-OH^-\longrightarrow M^+-Cl^-(CO_3^{2-})+OH^-$$

水中的 Cl^-、CO_3^{2-} 等离子与阴树脂的"碱根"（M^+）相结合。树脂中的氢氧根（OH^-）进入水中，流出的水呈碱性。

交换反应置换出来的氢离子和氢氧根离子结合成水：

$$H^++OH^-\longrightarrow H_2O$$

这样通过"离子交换法"便可除掉水中的阳离子（Ca^{2+}、Mg^{2+}、…）、阴离子（Cl^-、CO_3^{2-}、…）等杂质离子，从而提高了水的纯度。

综合上述反应可得出以下结论。

• 必须同时使用阴、阳树脂才能把原水中的阴、阳杂质离子一起除掉。如果只用其中一种树脂，所得到的是酸性水或碱性水，而得不到高纯水。

• 为使氢离子（H^+）和氢氧根离子（OH^-）完全结合成水，阴、阳树脂必须交换出等量的离子。但阳树脂的交换当量大，故阴阳树脂配比必须适当。

b. 再生反应（又称还原反应） 原水通过阳树脂（R^--H^+）和阴树脂（M^+-OH^-），阳、阴树脂分别变成：

$$Ca^{2+}(Mg^{2+})-R_2^- \quad 和 \quad M^+-Cl^-(CO_3^{2-})$$

从而失去继续进行离子交换的能力，称为树脂的失效或疲劳，所以要进行再生处理。再生就是使阴、阳树脂恢复其交换能力的过程。所用的酸、碱称为再生剂。

再生反应是交换反应的逆反应。再生原理如下：

$$Ca^{2+}(Mg^{2+})-R_2^-+2H^+-Cl^-\longrightarrow 2R^--H^++Ca^{2+}(Mg^{2+})-Cl_2^-$$

从而使阳树脂重新获得交换能力；

$$M^+-Cl^-(CO_3^{2-})+Na^+-OH^-\longrightarrow Na^+-Cl^-(CO_3^{2-})+M^+-OH^-$$

从而使阴树脂重新获得交换能力。

在再生过程中不断用纯水将反应物冲掉。再生剂一般用盐酸和氢氧化钠。

c. 离子交换原理 离子交换法是利用离子的不断交换与树脂的不断再生的反复进行来制取高纯水的一种方法。其交换、再生过程为：原水（蒸馏水或自来水）流过离子交换树脂时，水中的阳、阴杂质离子与树脂的 H^+ 和 OH^- 交换而被吸附在树脂上，若阳、阴树脂比例适当，则树脂中有等量 H^+ 和 OH^- 进入水中，完全结合成水，这一过程直到树脂失效。然后经过树脂的再生处理，恢复树脂的交换能力，进行再交换，如此往复……

（2）反渗透工作原理（图 8-1）

反渗透，英文为 Reverse Osmosis，它所描绘的是一个自然界中水分自然渗透过程的反向过程。早在 1950 年，美国科学家 Dr. S. Sourirajan 无意中发现海鸥在海上飞行时从海面啜

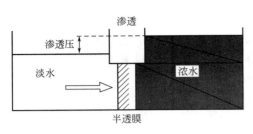 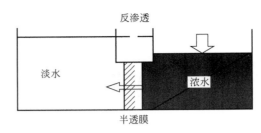

图 8-1　反渗透工作原理

起一大口海水，隔了几秒后吐出一小口海水。他由此而产生疑问：陆地上由肺呼吸的动物是绝对无法饮用高盐分的海水，那为什么海鸥就可以饮用海水呢？这位科学家把海鸥带回了实验室，经过解剖发现在海鸥体内有一层薄膜，该薄膜构造非常精密。海鸥正是利用了这薄膜把海水过滤为可饮用的淡水，而含有杂质及高浓缩盐分的海水则吐出嘴外。这就是以后逆渗透法（Reverse Osmosis，简称 RO）的基本理论架构。

对透过的物质具有选择性的薄膜称为半透膜。一般将只能透过溶剂而不能透过溶质的薄膜视为理想的半透膜。当把相同体积的稀溶液（如淡水）和浓液（如海水或盐水）分别置于一容器的两侧，中间用半透膜阻隔，稀溶液中的溶剂将自然地穿过半透膜，向浓溶液侧流动，浓溶液侧的液面会比稀溶液的液面高出一定高度，形成一个压力差，达到渗透平衡状态，此种压力差即为渗透压。渗透压的大小决定于浓液的种类、浓度和温度，与半透膜的性质无关。若在浓溶液侧施加一个大于渗透压的压力时，浓溶液中的溶剂会向稀溶液流动，此种溶剂的流动方向与原来渗透的方向相反，这一过程称为反渗透，这种装置称为反渗透装置。

对反渗透膜脱盐机理解释很多，到目前为止，较公认的机理主要有以下几个。

① 氢键理论　氢键理论最早是由雷德（Reid）等提出的，也叫孔穴式与有序式扩散（Hole Type-Alignment Type Diffusion）理论，是针对乙酸纤维膜提出的模型。此模型认为当水进入乙酸纤维膜的非结晶部分后，和羧基的氧原子发生氢键作用而构成结合水。这种结合水的结合强度取决于膜内的孔径，孔径越小结合越牢。由于牢固的结合水把孔占满，故不与乙酸纤维膜以氢键结合的溶质就不能扩散透过，但与膜能进行氢键结合的离子和分子（如水、酸等）却能穿过结合水层而有序扩散通过。

② 优先吸附-毛细孔流理论　该理论是索里拉金（Sourirajan）在 Gibbs 吸附方程的基础上提出的，他认为在盐水溶液和聚合物多孔膜接触的情况下，膜界面上有优先吸附水而排斥盐的性质，因而形成一负吸附层，它是一层已被脱盐的纯水层，纯水的输送可通过膜中的小孔来进行。纯水层厚度既与溶液的性质（如溶质的种类、溶液的浓度等）有关，也与膜的表面化学性质有关。索里拉金认为孔径必须等于或小于纯水层厚度的 2 倍，才能达到完全脱盐而连续地获得纯水，而在膜孔径等于纯水层厚度 2 倍时工作效率最高。根据膜的吸附作用有选择性，可以推知膜对溶质的脱除应有选择性。

反渗透方法可以从水中除去 90% 以上的溶解性盐类和 99% 以上的胶体微生物及有机物等。尤其以风能、太阳能作动力的反渗透净化苦咸水装置，是解决无电和常规能源短缺地区人们生活用水问题既经济又可靠的途径。反渗透淡化法不仅适用于海水淡化，也适合于苦咸水淡化。现有的淡化法中，反渗透淡化法是最经济的，它甚至已经超过电渗析淡化法。由于反渗透过程的推动力是压力，过程中没有发生相变化，膜仅起着"筛分"的作用，因此反渗透分离过程所需能耗较低。反渗透膜分离的特点是它的"广谱"分离，即它不但可以脱除水中的各种离子，而且可以脱除比离子大的微粒，如大部分的有机物、胶体、病毒、细菌、悬浮物等，故反渗透分离法又有广谱分离法之称。

将淡水与含有溶质的溶液用一种只能通过水的半透膜隔开，此时，淡水侧的水就自动地透过半透膜，进入溶液一侧，溶液侧的水面升高，这种现象就是渗透。当液面升高至一定高度时，膜两侧压力达到平衡，溶液侧的液面不再升高，这时，膜两侧有一个压力差，称为渗透压。如果给溶液侧加上一个大于渗透压的压力，溶液中的水分子就会被挤压到淡水一侧，这个过程正好与渗透相反，称为反渗透。从反渗透的过程看到，由于压力的作用，溶液中的水分子进入淡水中，淡水量增加，而溶液本身被浓缩。

8.1.3 纯水制备工艺流程

（1）纯水制备工艺流程（图 8-2）

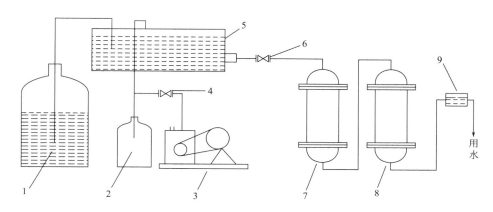

图 8-2 少量纯水制备流程（原水为蒸馏水）

1—蒸馏水瓶；2—安全瓶；3—真空泵；4—阀门 A；5—高水位；6—阀门 B；
7—第一混床；8—第二混床；9—电导仪

高位水箱为一密封的容器，用于储存蒸馏水。关闭阀门 6，使高位水与交换柱隔绝。利用真空泵将水抽至高位水箱，安全瓶用来防止高位水箱中水倒流入机械泵中。水进入高位水箱后，开启阀门 4 使其与大气相通，然后打开阀门 6，水箱中的水流经第一、第二混床，便制出高纯水，经电导仪测定水质符合要求后，提供给用水单位使用。

（2）大量纯水制备工艺流程（图 8-3）

自来水经过电磁阀进入原水箱，由原水泵加压经多介质过滤器、活性炭过滤器、全自动软水器、安保过滤器后，经一级高压泵和一级反渗透装置进入中间水箱（即纯水箱），再经纯水泵加压依次进入阳离子交换柱（阳床）、阴离子交换柱（阴床）和混合离子交换柱（混床），从混合离子交换柱（混床）流出的水即是高纯水，经紫外线杀菌和电导仪测量水质合格后即可使用。

8.1.4 纯水制备系统主要设备及工作原理

纯水制备系统如图 8-4 所示。

（1）多介质过滤器

多介质过滤器的过滤罐体材质选用玻璃钢，内部进行防腐处理。过滤器内装有多介质滤料，如石英砂、天然卵石等材料。

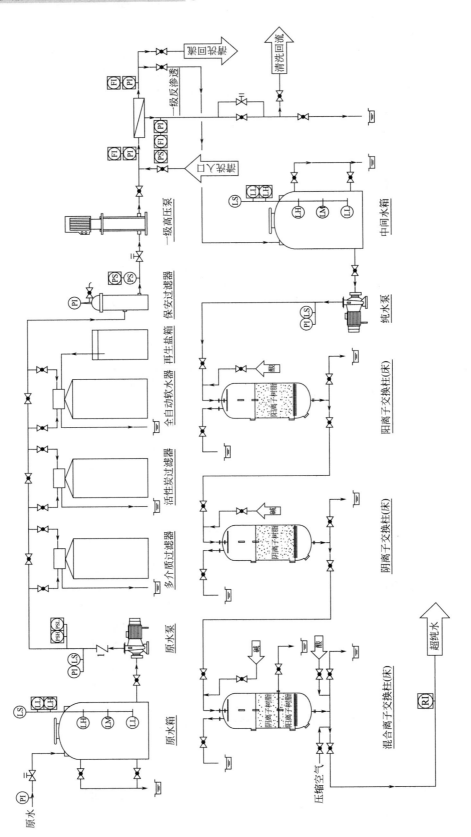

图 8-3 大量纯水制备流程

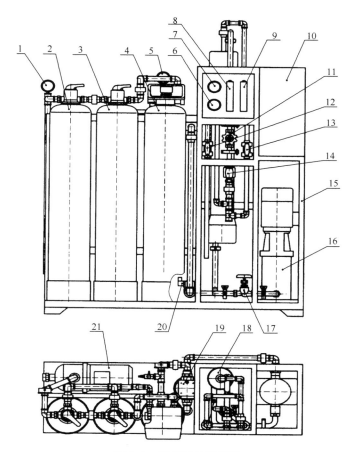

图 8-4　纯水制备系统图

1—原水压力表；2—多介质过滤器；3—活性炭过滤器；4—全自动软化器；5—预处理后压力表；
6—浓水压力表；7—进水压力表；8—浓水流量计；9—纯水流量计；10—控制箱；
11、12—纯水阀；13—纯水不合格排放阀；14—冲洗电磁阀；15—机架；
16—高压泵；17—进水调节阀；18—RO膜组件；19—精密过滤器；
20—进水电磁阀；21—原水增压泵

当水从上流经滤层时，水中部分的固体悬浮物质进入上层滤料形成的微小眼孔，受到吸附和机械阻留的作用，被滤料的表面层所截留。同时，这些被截留的悬浮物之间又发生重叠和架桥作用，就好像在滤层的表面形成一层薄膜，继续过滤着水中的悬浮物质，这就是所谓滤料表面层的薄膜过滤。这种过滤作用不仅滤层表面有，中间滤层也有，称为渗透过滤作用。此外，由于滤料彼此之间紧密地排列，水中的悬浮物颗粒流经滤料层中那些弯弯曲曲的孔道时，就有着更多的机会及时间与滤料表面相互碰撞和接触，将水中的细小颗粒杂质截留下来，从而使水得到进一步的澄清和净化，降低原水的浑浊度。因此该过滤方式是使用水达到卫生、安全的极其重要的净化措施，同时也为后续设备的运行提供了良好的进水条件。

经过滤器处理后的出水水质可去除水中的异臭异味等，使理化和感官指标达到使用要求。

① 工艺过程

a.运行：原水由进水口进入控制阀，从阀芯的上部经阀体内，并由顶部（或中心管外侧）进入罐体内。然后，向下穿过滤料层，成为净水。经下布水器收集返回中心管，向上至阀体，经阀芯后从出水口排出。

b.反洗：水从底部进入石英砂过滤层后由上部排出。反洗时启动原水泵，用大流量进行冲洗，时间 3～10min。原水由进水口进入控制阀，从阀芯的上部经阀体，由罐体下部（或中心管）、下布水器进入罐内，再向上穿过滤料层（冲洗过滤层所沉积的污泥物）、阀芯后，从阀体排水口流出。

c.静止：将原水增压泵停止，阀门全关，让多介质自然下沉，使砂层排列平整。时间 2～3min。

d.正洗：原水由进水口进入控制阀，从阀芯的上部经阀体内，并由顶部（或中心管外侧）进入罐体内。然后，向下穿过滤料层。经下布水器收集返回中心管，向上至阀体，经阀芯后从排水口排出。时间 1～2min。

② 注意事项

a.原水箱回流阀不能完全关闭，避免后续阀门不能正常开启时泄压力，保护原水泵。

b.在日常维护过程中，每次反洗时先用压缩空气使滤料充分松动，并且要把控制阀旋到对应位置（反洗或正洗）才能开启原水增压泵（在手动状态下）。

c.石英砂滤材一般每 3～5 年更换或添加一次，更换或添加时同时检查桶内上、下层集散水器有无破损。

d.每周检测一次砂滤出水 SDI 值（污染指数值，是水质指标的重要参数之一，它代表了水中颗粒、胶体和其他能阻塞各种水净化设备的物体含量），若 SDI 超过 5，则检查原因。

(2) 活性炭过滤器

活性炭过滤器的过滤罐体材质选用玻璃钢，内部进行防腐处理。过滤器内装有果壳活性炭滤料，其有效粒径一般为 0.4～1.0mm，均匀系数为 1.4～2.0。

活性炭过滤器利用活性炭的吸附特性将水中的有机污染物、微生物及溶解氧等吸附于炭的表面，增加微生物降解有机污染物的概率，延长有机物的停留时间，强化生物降解作用，将炭表面吸附的有机物去除，还可去除水中的异臭异味，去色度，去除重金属、合成洗涤剂以及脱氯等。此外，活性炭的选择吸附性，不但可吸附电解质离子，还可使高锰酸钾耗氧量（COD）得到很好的控制和降低。该设备具有吸附、生物降解和过滤处理的综合作用，不但可保证处理效果稳定，而且效率高、耐冲击负荷、占地小、操作管理简便易行，且运转费用低等。此外，作为反渗透装置的前处理，可有效防止反渗透表面的有机物污染，而不受其本身进水温度、pH 值和有机混合物的影响。

① 工艺过程

a.运行：原水由进水口进入控制阀，从阀芯的上部经阀体内，并由顶部（或中心管外侧）进入罐体内。然后，向下穿过滤料层。经下布水器收集返回中心管，向上至阀体，经阀芯后从出水口排出。

b.反洗：水从底部进入活性炭过滤层后由上部排出。反洗时启动原水泵，用大流量进行冲洗，时间 3～10min。原水由进水口进入控制阀，从阀芯的上部经阀体，由罐体下部（或中心管）、下布水器进入罐内，再向上穿过滤料层（冲洗过滤层所吸附的物质）阀芯后，从阀体排水口流出。

c.静止：将原水增压泵停止，阀门全关，让多介质自然下沉，使活性炭过滤层排列平整。时间 2～3min。

d.正洗：原水由进水口进入控制阀，从阀芯的上部经阀体内，并由顶部（或中心管外侧）进入罐体内。然后，向下穿过滤料层。经下布水器收集返回中心管，向上至阀体，经阀芯后从排水口排出。时间 1～2min。

② 注意事项

a. 活性炭滤材由于吸附要达到饱和，务必每年更换一次。更换时同时检查滤桶内上、下层集散水器有无破损。

b. 每周以余氯测定仪测定，如有残余氯存在，测试液呈黄色，则需清洗或更换活性炭。

c. 只有多介质过滤器处于运行时才能对活性炭过滤器进行日常维护。

d. 在自动运行时，建议每月对活性炭过滤器手动清洗一次。

(3) 自动软化系统

为了提高反渗透（RO）主机的回收率，并防止反渗透膜浓水端的浓水侧出现碳酸盐、硫酸盐和其他形式的化学结垢，从而影响膜元件的性能，对反渗透处理前的进水必须进行必要的软化处理。

全自动软化过滤器设计过滤罐体材质选用 FRP 增强玻璃钢内衬 PE，与传统的碳钢过滤罐相比，具有外观整洁、光滑、卫生、耐腐蚀、无污染、使用寿命长等优点。

全自动软水器一般再生周期为 1～99h（根据水质确定）。控制阀采用时间计量方式启动再生，计量准确，Ⅰ位由运行、反洗、再生＋慢洗、快洗、盐箱注水五步组成，Ⅰ位的转换由自动控制阀中的时间控制器自动记录设备的运行时间，当已处理时间达到程序预先设定值时，控制器发出指令信号给驱动电机，电机转动带动多功能阀阀芯转动，改变进出水的流向，从而实现自动控制。再生盐液靠水射器负压吸入，无须设置盐泵，日常维护只需往盐箱内加盐即可。

软化器滤料选用的是苯乙烯系 001×7 强酸性钠离子交换树脂。当水中的 Ca^{2+}、Mg^{2+} 流过树脂层时，Ca^{2+}、Mg^{2+} 被吸附并置换，反应方程式：

$$2RNa+Ca^{2+} \longrightarrow R_2Ca+2Na^+$$

树脂的吸附交换能力是一定的，当树脂饱和以后需要用工业盐将树脂上的 Ca^{2+}、Mg^{2+} 置换出来，使其重新具有吸附能力，这个过程叫再生：

$$R_2Ca+2Na^+ \longrightarrow 2RNa+Ca^{2+}$$

再生出来 Ca^{2+}、Mg^{2+} 废液经冲洗排掉。软水器出水可达到《低压锅炉进水水质标准》中硬度≤0.03mmol/L（1.5mg/L）的要求。

① 工艺过程

a. 运行：原水在一定的压力（0.2～0.6MPa）和流量下，通过控制器阀腔，进入装有离子交换树脂的容器（树脂罐），树脂中所含的 Na^+ 与水中的阳离子（Ca^{2+}、Mg^{2+}、Fe^{2+} 等）进行交换，使容器出水的 Ca^{2+}、Mg^{2+} 等离子含量达到既定的要求，实现了硬水的软化。

b. 反洗：树脂失效后，在进行再生之前，先用水自下而上地进行反洗。反洗的目的有两个：一是通过反洗，使运行中压紧的树脂层松动，有利于树脂颗粒与再生液充分接触；二是使树脂表面积累的悬浮物及碎树脂随反洗水排出，从而使交换器的水流阻力不会越来越大。

c. 再生吸盐＋慢洗：再生用盐液在一定浓度、流量下流经失效的树脂层，使其恢复原有的交换能力。在再生液进完后，交换器内尚有未参与再生交换的盐液，采用小于或等于再生液流速的清水进行清洗（慢速清洗），以充分利用盐液的再生作用并减轻正洗的负荷。

d. 再生剂箱注水：向再生剂箱中注入溶液再生一次所需盐量的水。软化过滤器配备有再生盐箱，在平时正常工作情况下，用户需要确保盐箱内有足够的稀释盐溶液（浓度控制在 5%～8%），以确保软化过滤器在再生的时候能正常运行，这点对保证良好的软化效果是十分必要的。

e. 正洗（快速清洗）：目的是清除树脂层中残留的再生废液，通常以正常流速清洗至出水合格为止。

② 注意事项

以 EBT 测定如未软化，测试液呈红色，则需再生。

a. 逆洗时进口水压维持在 160~210Pa，以利冲洗。

b. 如果进水太快，罐中的介质会损失，在缓慢进水的同时，应能听到空气慢慢从排水管排出的声音。

c. 只有石英砂过滤器控制阀和活性炭过滤器控制阀均在运行位置时，软化过滤器才能进行设备的日常维护（再生）。

d. 如果整套设备连续供水，并能确定每天的用水量，可将多功能控制阀设为自动状态，设备会定时进行日常维护。

e. 软化过滤器由于吸附水中的钙、镁离子而需再生，但每次再生完成不可能恢复到初期吸附量，树脂在 1 年半后，可能只能达到初期的吸附量的 60%，这时需更换树脂，否则将直接导致后续的反渗透膜由于钙、镁离子浓度过高而结垢，直接表现为产水量下降或脱盐率降低（添加、更换时同时检查桶内上、下层集散水器有无破损）。

（4）保安过滤器

保安过滤器位于活性炭过滤器与反渗透装置之间，过滤精度为 $5\mu m$，其目的是滤去由于预处理工序可能带来的大于 $5\mu m$ 的颗粒、杂质，在预处理工序后这些颗粒经反渗透（RO）主机的高压泵后可能会击穿反渗透膜组件，从而造成大量盐漏和串水现象，影响出水水质，同时也可能会划伤高压泵的叶轮。

保安过滤器的工作压力为 0.2~0.5MPa，当运行一段时间后，由于水中的颗粒、杂质将滤芯表面堵住，过滤器的进、出口压差将变大。当压差大于设定值（通常为 0.05~0.1MPa）时应当及时更换，避免由于滤芯的堵塞而形成负压对系统造成损坏。

（5）反渗透 RO 系统

RO（Reverse Osmosis）即反渗透技术，是利用压力差为动力的膜分离过滤技术，其孔径小至纳米级（$1nm=10^{-9}m$），在一定的压力下，H_2O 分子可以通过 RO 膜，而原水中的无机盐、重金属离子、有机物、胶体、细菌、病毒等杂质无法透过 RO 膜，从而使可以透过的纯水和无法透过的浓缩水严格区分开来。

反渗透装置主要由高压泵、反渗透膜元件、压力容器和控制部分组成。高压泵对原水加压，除水分子可以透过 RO 膜外，水中的其他物质（矿物质、有机物、微生物等）几乎都被拒于膜外，无法透过 RO 膜而被高压浓水冲走（图 8-5）。

图 8-5　反渗透装置

反渗透装置是超纯水制备系统中提纯的预脱盐部分。为达到产品水预期使用效果，根据反渗透的脱盐能力，预处理后的水经过 RO 进行预脱盐，利用 RO 膜的高脱盐性能彻底除去过去超纯水制造工艺中较难去除的 TOC（TOC 是指总有机碳，反映的是水体受到有机物污染的程度）、SiO_2、微粒子及细菌。经反渗透处理后的水，能去除 98% 以上的溶解性固体、99% 以上的有机物及胶体、几乎 100% 的细菌。

反渗透装置设计的合理与否直接关系到项目的投资费用、整个系统运行的经济效益、使用寿命、操作的可靠性和简便性。根据提供的用水水质和水量要求，通过装置回收率的计算，反渗透设计为出水量不低于时产 250.0L 的单级反渗透装置。

RO 膜元件采用芳香族聚酰胺复合膜，单支反渗透膜的脱盐率在 99.0％以上，整套装置的脱盐率≥98.0％。反渗透主机上配有数字显示电导率仪，用于跟踪监测出水水质，直观方便；同时配有产水流量计、废水流量计及回收阀，配以阀门进行调节；还配有高低压开关保护，用于反渗透主机在高压或超低压时自动停止，从而保护反渗透膜不在高压和超低压进行而造成损害，反渗透主机运行压力一般在 0.6～1.0MPa。当 RO 系统暂停使用一周以上时，系统（RO 膜组）应以 1.0％浓度的亚硫酸氢钠浸泡，防止细菌在膜表面繁殖（冬天还需加入甘油防冻）。

（6）清洗装置

无论预处理有多么完善，在长期运行过程中，在膜上总是会日益积累水中存在的各种污染物，从而使装置性能（浓缩百分数）下降和组件进、出口压力升高，因此需定期进行化学清洗。

针对这种情况，根据出水水质的变化以及反渗透膜元件受到污染的情况，应有针对性地定期对反渗透膜组件进行药物清洗。清洗装置一般由清洗水箱、清洗泵、清洗精密过滤器组成。

出现下述四种情况之一时，必须进行化学清洗：

① 装置的纯水量比初期投运时或上一次清洗后降低 5％～10％时；

② 装置的单次浓缩比比初期投运时或上一次清洗后降低 10％～20％时；

③ 装置各段的压力差值为初期投运时或上一次清洗后的 1～2 倍时；

④ 装置需长期停运时用保护溶液保护前。

（7）水箱部分

纯水制备系统有原水水箱、纯水水箱等。

① 原水水箱　由卫生级 PE 材料制成，为原水缓冲储备，并作为向预处理及整个系统的运行供水。水箱上配备液位控制开关，能根据水箱中的水位高低自动控制进水电磁阀和原水泵的启、停。

② 纯水水箱　由卫生级 PE 材料制成，用于存储反渗透装置产水，并作为混床装置的供水。水箱上配备液位控制开关，能根据水箱中的水位高、低自动控制反渗透装置和混床装置的启、停。

（8）水泵

纯水制备系统有满足系统供水需要的各型低压、高压水泵，包括原水泵、反渗透高压泵、纯水增压泵、再生水泵等。纯水部分所有水泵应选用特种泵，过流部件材质为 304 不锈钢，泵的流量及扬程均应能满足各设备、装置运行需要。再生部分选择耐酸碱的 ABS 水泵。

8.1.5 纯水制备系统的运行控制

纯水制备系统采用自动和手动两种控制方式。

（1）开机操作

① 打开设备间排气窗，向盐箱中加盐 1.0kg（盐箱中没有饱和盐水）。

② 确认原水供水阀门处于打开位置；确认电闸处于接通状态；确认一级纯水不合格排放阀处于打开状态。

③ 观察原水箱，如果原水箱未满，则进水电磁阀打开，同时启动控制面板上的原水增压泵，原水增压泵运转，对应的指示灯亮。

注意：面板上的"原水增压泵手动启/停"按钮，按一次启动，再按一次停止，其他同理。

④ 预处理系统开始运转，一级进水阀同时开启，进水压力开始升高，待压力上升到210Pa以上时，同时给保安过滤器排气，方可启动一级高压泵（设备若是第一次开机运行，则应打开保安过滤器前的排污口，观察确定软水干净后，关闭排污口，使原水进入保安过滤器）。

⑤ 当预处理后压力表上升到210Pa以上时，启动控制面板上的高压泵，高压泵运转，对应的指示灯亮，同时一级冲洗电磁阀打开，系统开始冲洗，60s后系统开始进入产水状态（时间根据进水水质而定）。

⑥ 这时调节一级浓水调节阀和泵后面的一级进水调节阀（装有清洗口和清洗阀的设备，应先检查各阀是否按规定处于关闭状态），使压力和流量在额定范围内：

　　进水压力　630～1050Pa；
　　工作压力　630～1050Pa；
　　一级产水流量　200～250L/h；
　　一级浓水流量　250～300L/h。

⑦ 待一级产水电导小于20μS/cm时，先打开一级淡水阀，再关闭一级淡水不合格排放阀（不能先关闭淡水不合格排放阀，否则会导致水压过高而损坏膜元件和管路）。

⑧ 确认阳床进水阀、阳床出水阀、阴床进水阀、阴床出水阀、混床进水阀、混床产水阀、产水不合格排放阀处于打开位置，其余混床的阀门关闭。

⑨ 按控制面板上的纯水泵，纯水泵运转，这时调节混床进水阀，使流量控制在500L/h，混床进水压力小于160Pa。

⑩ 观察终端出水电阻仪，待出水电阻大于10MΩ（根据工艺用水要求而定），打开超纯水阀，关闭不合格排放阀即可取水。

⑪ 擦干机器（尤其是电气设备和元件）上的水迹。

⑫ 每2～4h记录系统产水流量、浓水流量、进水压力、产水压力、产水电导、混床进水压力、混床产水流量、混床产水电阻。

（2）关机操作

① 停止纯水泵开关，对应的水泵停止，关闭阳床进水阀、混床出水阀，混床停止工作，混床进水压力归零。

② 开启浓水调节阀和进水调节阀，低压大流量冲洗反渗透膜表面120s。

③ 按高压泵按钮，高压泵停止，对应的指示灯熄灭。

④ 10s后再按增压泵按钮，增压泵停止，对应的停止指示灯熄灭。

⑤ 将石英砂过滤器中的多路阀依次转至反洗、正洗分别3min和2min，最后转为运行作为备用。

⑥ 在石英砂过滤器运行时，对活性炭过滤器多路阀依次转至反洗、正洗分别为3min和2min。

⑦ 在软化后用铬黑T测定，如未软化，测试液呈红色，则需再生。

⑧ 确认进水总阀关闭。

⑨ 再次确认系统压力和流量归零。

⑩ 观察全套机器是否有地方漏水，擦干机器（尤其是电气设备和元件）上的水迹。

⑪ 清洁设备间地面、墙面。

⑫ 确认系统电源关闭，关闭排风气窗。

（3）注意事项

① 轻易不要调整各个水流阀门。

② 软化器工作时，自动启动原水增压泵，高压泵则都处于停止状态。

③ 无论任何时候，反渗透系统都不要将浓水调节阀和进水调节阀完全关闭，否则会使系统压力突然升高，造成设备的损坏或危及操作者的安全。

④ 离子交换床在工作的任何时候，混床进水压力小于 160Pa，否则有机玻璃交换柱会破裂。

⑤ 电气设备部分为高压电路，注意安全。

⑥ 建立设备运行记录。

⑦ 设备第一次使用时，所制纯水应至少排放 1h 后再收集利用。

8.1.6 纯水制备系统的清洗

在长期运行过程中，在膜上会积累水中存在的各种污染物，从而使装置性能（浓缩百分数）下降和组件进、出口压力升高，水质变差，因此需定期进行化学清洗。而对混合离子交换树脂，吸附达到饱和后，出水水质变差，需对树脂进行再生处理。

（1）清洗条件（其他条件不变情况下）

① 装置的纯水量比初期投运时或上一次清洗后降低 5%～10% 时。

② 装置的单次的浓缩比比初期投运时或上一次清洗后降低 10%～20% 时。

③ 装置各段的压力差值为初期投运时或上一次清洗后的 1～2 倍时。

④ 装置需长期停运时用保护溶液保护前。

（2）药液配制

药液的配制参考如表 8-1。

表 8-1 药液配制参考表

RO 膜污染原因	适用药液	备注
碳酸盐结垢	3%柠檬酸溶液	用 HCl 调 pH 至 2～4
有机物污染及硫酸盐结垢	1.5%EDTA 溶液	用 NaOH 调 pH 至 10～11
细菌污染	1%福尔马林溶液	

（3）清洗方法

清洗时利用反渗透膜产水（流入清洗水箱），以清洗泵为增压装置。清洗液配制在清洗水箱中，清洗开始时组件浓水、产水排放一段时间（不回清洗水箱），排量控制在清洗液的 25%～30%，然后全部闭路循环 1～2h。清洗结束，水箱中的残液排尽并充分洗净水箱，设备内清洗残液应用产水低压冲洗干净。反渗透装置恢复使用时，必须重新对反渗透设备调节。开始的产水、浓水必须排放地沟一段时间。

（4）注意事项

① 清洗时操作要有安全防护措施，如戴防护镜、手套等。用 $NH_3 \cdot H_2O$ 调节 pH 时，要考虑通风。

② 固体清洗剂必须充分溶解后再加其他试剂，进行充分混合后才能进入反渗透装置。

③ 清洗过程中应密切注意清洗液温度上升情况，不得超过 35℃，并观察液位和清洗液颜色的变化，必要时补充清洗液。

④ 清洗结束后，取残液进行化学分析，确定污染物的种类，为日后清洗提供依据。

任务二　超纯水制备

【任务描述】

本任务介绍超纯水制备生产原理、工艺流程、设备及工艺操作。

【任务目标】

① 掌握超纯水制备生产原理、工艺流程、设备及工艺操作。
② 能按生产工艺要求制备合格的超纯水。

8.2.1　超纯水制备原理

超纯水制备在离子交换柱（又叫离子交换床）内进行，其结构如图 8-6 所示。树脂放在离子交换柱内，出水口与入水口在工作时使用，其余各口留作再生处理时使用。为防止树脂的流失，要在上、下法兰盖处添加一层尼龙布。

离子交换柱所用材料一般为有机玻璃。其特点为结构简单，出水通畅，密封，具有一定的机械强度，能承受一定的水压，对强酸、强碱等具有相当的化学稳定性。

离子交换柱又分为单床和混床。单独盛有阴离子交换树脂或阳离子交换树脂的称为单床，盛有阴离子交换树脂和阳离子交换混合树脂的交换柱为混床。单床、混床可根据使用要求单独或串联使用。

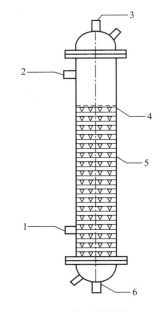

图 8-6　离子交换柱
1—进酸口；2—进碱口；3—进水口；
4—水层；5—树脂；6—出水口

8.2.2　超纯水制备设备

超纯水制备系统主要设备有阴离子交换器、阳离子交换机器及阴、阳混合离子交换器（混合床），如图 8-7 所示。超纯水制备过程就是对纯水的进一步精制过程。

阴、阳混合离子交换器一般设置于阴、阳离子交换器之后，也可设置在电渗析或反渗透后串联使用，出水水质可达含二氧化硅≤0.02mg/L，电导率≤1μS/cm。处理后的高纯水可供高压锅炉、电子、医药、造纸、化工、实验室和石油等工业部门。

混合床离子交换法，就是把阴、阳离子交换树脂放置在同一个交换器中，将它们混合，所以可看成是由无数阴、阳交换树脂交错排列的多级式复床。水中所含盐类的阴、阳离子通过该交换器，被树脂中的 H^+ 和 OH^- 所交换，从而得到高纯度的水。

在混合床中，由于阴、阳离子交换树脂是相互混匀的，所以其阴、阳离子的交换反应几乎同时进行，或者说，水的阳离子交换和阴离子交换是多次交错进行的。经交换所产生的 H^+ 和 OH^- 都不能积累起来，基本上消除了反离子的影响，交换进行得比较彻底。

混合床采用体内再生法。再生时利用两种树脂的密度不同，用反洗使阴、阳离子交换树脂完全分离，阳离子交换树脂沉积在下，阴离子交换树脂浮在上面，然后阳离子交换树脂用 HCl 再生，阴离子交换树脂用 NaOH 再生。

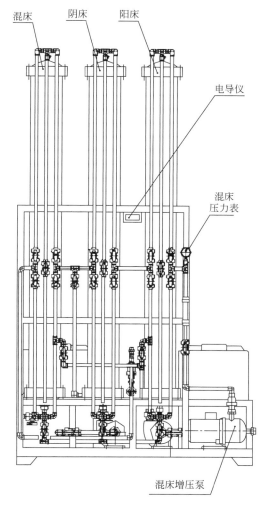

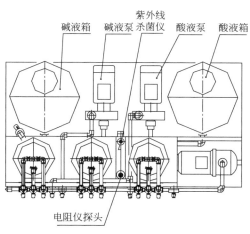

图 8-7　混合离子交换器

混合离子交换器结构组成如下。

（1）进水装置

在交换器上部设有布水装置，使进水能均匀分布。

（2）再生装置

在混合离子交换柱上方设有进液母管，管上开小孔。阴离子交换树脂再生用碱液，即由该进液母管送入。再生阳离子交换树脂用的酸液由底部排水装置进入，再生酸、碱废液均由中排口排出。

（3）中排装置

中排装置设置在阴、阳离子交换树脂的分界面上，用于排泄再生时酸、碱废液和冲洗液，型式为支管母管式。

（4）排水装置

均采用多孔板上装设排水帽，多孔板材采用钢衬胶。

筒体上部设树脂输入口，下部近多孔板处设树脂卸出口，考虑了树脂输入和卸出采用水输送的可能。

8.2.3　超纯水制备系统操作

（1）新树脂的选择和预处理

① 选择树脂型号及确定阴、阳离子交换树脂的比例　离子交换树脂的型号很多，并在不断增加。制取高纯水时一般采用强酸性阳离子交换树脂和强碱性阴离子交换树脂，并根据流程选择树脂型号。

阴、阳离子交换树脂的比例决定于阴、阳离子交换树脂的交换当量（约 1∶2）和原水中离子的种类与含量两个方面，不能由一个因素单独确定。在一般水质条件下，阴、阳离子交换树脂的比例为 1∶（1.8～2）。

② 新树脂的预处理　新树脂分干、湿两种，使用前都应进行预处理：膨胀处理和变形处理。

a.膨胀处理　膨胀处理的目的是防止新树脂遇水后膨胀过快而碎裂，影响树脂的机械强度，降低树脂的使用寿命。

对湿树脂（含水量一般在 50% 左右）的处理，是把树脂放在清水中（塑料容器中）浸泡 2～4h，然后冲洗数次，除去机械杂质和不合格的树脂，到出水清亮为止，整个过程要求不断搅拌。

对于树脂的处理，首先是把树脂放入 4%～5%NaCl 溶液中浸泡，然后不断增加 NaCl（工业纯即可）浓度到 20%，浸泡 2～4h，再逐步放入清水，使 NaCl 水溶液的浓度降至 3% 以下，树脂在 NaCl 溶液浓度的增、减过程中得到膨胀。由于树脂的膨胀受 NaCl 溶液浓度限制，所以不会突然破裂。

b. 变形处理　工厂出产的阳离子交换树脂一般为钠型，阴离子交换树脂一般为氯型。必须把它们交换制成所需的氢型和氢氧型。也就是用氢离子（H^+）交换阳离子交换树脂的钠离子（Na^+），用氢氧根离子（OH^-）交换阴离子交换树脂的氯离子（Cl^-）。变形处理所用的化学试剂用量及浓度如表 8-2 所示。

表 8-2　变形用化学试剂用量及浓度

离子交换树脂的类型	变形 1kg 树脂所需溶液
强酸性离子交换树脂	5%～10% 盐酸溶液 3000mL
强碱性离子交换树脂	4%～6% 氢氧化钠溶液 2500mL

变形处理方法：把膨胀处理好的阴、阳离子交换树脂分别放入上述溶液中搅拌 1～2h，然后浸泡 2h，倒去溶液，用纯水冲洗阴离子交换树脂至 pH 值为 10～11，冲洗阳离子交换树脂至 pH 值为 4～5。

（2）树脂的工作

将变形后的新树脂按流程顺序放入交换柱中。对于单床，放入相应的树脂。对于混床，可在柱外将阴、阳树脂按比例充分混合后，然后再装入柱内。树脂混合后应呈絮状结构（即抱团），稍用纯水冲洗几遍便可制取高纯水。

开始制水时，往往水质不高，使用一段时间后，水质逐渐达到最高值。当水使用一段时间后，具有交换能力的阴、阳离子树脂逐渐活跃起来，不断将水中的钠离子、氯离子等所"吸附"，从而置换出大量的氢离子和氢氧离子，使其达到纯洁水的目的。此时水质逐渐上升。同时，具有交换能力的阴、阳离子交换树脂逐渐减少，而失去交换能力的树脂逐渐增多，当这两种情况树脂量相差不大时，水质出现较稳的情况，当相差太大时，水质开始下降。这说明树脂开始疲劳，需要进行再生处理。

（3）树脂的再生

树脂失效，表明树脂可供交换的 H^+ 和 OH^- 大为减少。使树脂重新获得 H^+ 和 OH^-，再次具备交换能力，叫做树脂的再生。离子交换树脂就是"预处理—工作—再处理（再生）—工作—再处理……"不断地进行离子互换的运动来工作的。

树脂的再生方式分为动态再生和静态再生。静态再生多用于混床，但在生产中不常用。动态再生在柱内进行，普遍应用于单床和混床，已被工业生产中大量采用，这里着重讲述动态再生。

① 混床的动态再生　混床交换时，阴阳树脂充分混合。再生处理时，必须严格分开。

a. 逆洗分层　交换柱内树脂失效后，再生前必须首先进行短时间的强烈反冲。反冲的目的是松动和扩大树脂层，改变树脂的密实状态，以利于再生液的均匀分布。由于阳、阴树脂密度不同，从而分离阴、阳树脂并使其分层。有时为使其充分分层，可在逆洗前加入 3%～5%NaOH 溶液，使其消除混合床中成分待分离的树脂。反洗时间一般为 15～30min，原水用自来水即可。

b. 碱液再生阴树脂　由入碱口或入水口将 2～3 倍阴树脂的 4%～6%（体积）NaOH 溶液（由纯水配制，以下相同）注入柱内，控制流速，使其在 1～1.5h 内流完。当流出液 pH

值达 12 时，阴树脂与碱反应充分，用纯水冲至 pH 值 10～11 时，将水全部流出。

c.酸液再生阳树脂　由入酸口将 6%～10% 的盐酸溶液（超过阳树脂体积 2～3 倍）注入柱内，严格控制流过阳树脂层（绝对不允许流进阴树脂层）的流速，使其在 0.5～1h 内流完。当 pH 值达到 1 时，此时反应充分，用同样的水淋洗至 pH 值为 3～4 为止。

d.混合　注入蒸馏水至高出树脂 10cm 左右，然后混合。混合方法有两种。一种是用机械泵由抽气口抽气，大气由出水口自下而上冲入，使树脂在水中翻腾而混合，一般 15～30min 即可。此方法的最大压力为 1atm，适用于中、小型交换柱。另一种方法是用风泵由出水口鼓入压缩空气，使树脂充分混合，适用于大型交换柱。

e.正洗　树脂再生后，必须经正洗后方能使用。其目的是洗净树脂层中残余的再生剂及再生产物，为正式制水做准备。正洗实际上是再生作用的扩大和继续，所以正洗时流速不宜过大，一般控制流速冲洗 15min，不要间歇和中断。当树脂层中的再生剂被洗净后，可提高正洗速度洗到中性为止。

② 单床的动态再生　就是分别用 NaOH 溶液和盐酸溶液（浓度同上）再生阴、阳树脂。方法同上。

③ 混床的静态再生

a.树脂的分离（静止沉降分层法）　将混合树脂置于塑料容器内，加入饱和的 NaCl 溶液，搅拌阴、阳树脂很快分层，阴树脂浮在上面，阳树脂沉底部。先将阴树脂取出，用 NaOH 溶液进行再生，阳树脂用 HCl 再生。

b.混床阴、阳树脂的混合　混床树脂再生后，在投入运行之前应将树脂混合。既可在柱内混合，也可在柱外混合，混合后才能使用。

④ 影响再生的主要因素

a.再生剂的类型、强度、浓度、用量、流速、酸、碱液与离子交换树脂接触的时间等。

b.终点 pH 值的大小。

c.离子交换树脂的分离、反洗效果、混合程度、清洁卫生等。新交换柱与管道由于存在有油污、尘埃等，都会影响水质，一般要进行清洁处理，其办法是用 2%～3% 的 NaOH 溶液浸泡，用水冲净，再用 2%～3%HCl 浸泡 20min，冲净后方能使用。

8.2.4　超纯水制备系统的清洗

（1）混床的再生

离子交换树脂是在混合均匀的情况下使经过处理的水顺流通过，而得到纯度较高纯水的方法（树脂在柱内的高度为交换柱有效高度的 2/3，在此 2/3 的树脂层内，其中强酸性阳离子交换树脂为 1/3 在下部，强碱性阴离子交换树脂为 2/3 在上部）。阴、阳离子交换树脂的比例为 2:1（体积比）。在阴、阳离子交换树脂交界处略向下一些有一进酸管，用以在阳离子交换树脂再生进酸时，控制酸的界面在阴、阳离子交换树脂截面之下。

具体操作如下。

① 逆洗分层　水从底部进入，上口排出，树脂均匀地松弛膨胀开来，可加大水流速，以冲不出树脂为原则，洗至出水清亮度。

反洗的目的为使阴、阳离子交换树脂分层。阳离子交换树脂相对密度为 1.23～1.28，而阴离子交换树脂相对密度为 1.06～1.11，两种树脂相对密度差别比较大，所以通过逆洗很容易分层；通过逆洗也可排一些杂质异物，保证下一周期的正常运行。逆洗完毕，放水到树脂层表面 10cm 以上。

② 强碱性阴离子交换树脂再生　再生剂为 5% 的 NaOH，用量为树脂体积的 3～5 倍，从上口进入，控制一定流速，维持液面顺流通过，通过中排管而排出，再生时间不少于 15min。

③ 清洗阴离子交换树脂　当碱液淋洗完后，再淋洗附在阴离子交换树脂上的碱液。淋洗先用纯水正淋洗，自上而下顺流通过，慢速淋洗，大约 10min 改为反洗，水通过阳离子交换树脂（Na 交换水）洗阴离子交换树脂，可洗至 pH＝7～8。反洗时间约为 20min。淋洗完排水，可排到阴、阳离子交换树脂交界处以下 1～2cm，准备阳离子交换树脂再生。

④ 强酸性阳离子交换树脂再生　再生剂为 5% 盐酸，用酸量为阳离子交换树脂体积的 2～3 倍。酸液从酸再生管加入，从中排口排出。此法应严格控制酸的液面，始终在阴、阳离子交换树脂交界处（下一点儿），切不可上溢到阴离子交换树脂层，否则会使刚再生为 OH 型的阴离子交换树脂变为 Cl 型而失效。维持一定流速，在半小时内流完。

⑤ 清洗阳离子交换树脂　仍从进酸管进水，控制液面在阴、阳离子交换树脂交界处，淋洗水量为阳离子交换树脂体积的 4～6 倍，漫流速洗至 pH＝2～3。如测定速度，可控制在 5mg/L 以下。如用纯水淋洗，可洗至 pH＝6～7。

⑥ 正洗　淋洗阳离子交换树脂后可进行一次正洗，水从上口进入，下口排出。淋洗水 pH 值大约为 8，正洗 5～10min。正洗毕，排水，保持液面在树脂层表面以上 15cm 左右。

⑦ 混合　混合的目的是使两种树脂充分混合均匀。混合的办法有两种：一是用压缩空气自底部进入，上口排出；二是用真空泵进行混合，自上口抽气，打开下口阀门进气，用空气搅动阴、阳离子交换树脂，达到充分混合的目的。

混合完应立即排水（将树脂表面 15cm 以上的水层排掉），因为混合后两种树脂悬浮于水中，若任其自由落层，由于阳离子交换树脂重，阴离子交换树脂轻，必然会出现再次分层的现象，所以采用立即排水的方法，借助排水向下的动力，迫使树脂来不及分层而落层。水放至树脂层表面时即可停止。

⑧ 运行　以反渗透水缓慢地注入交换柱中，注满后即可打开下口进行运行出水。数小时后再运行，出水水质将大为提高。

（2）阴、阳离子交换树脂的再生

① 酸洗、碱洗　先打开再生阀门进、出口，其余阀门关闭，再接通再生水泵对应电源，进入阳柱酸洗、阴柱碱洗工作状态。调节再生阀门，使离子交换柱的流速控制在 5m/h 左右。再生剂为 4% 左右的氢氧化钠或盐酸，用量为树脂体积的 3～5 倍，溶液用尽后浸泡 3～4h。

② 复床正冲洗　先打开正洗阀门，再启动进水泵，进入复床正冲洗。淋洗复床水从上口进入，下口排出，洗水 pH 值大约为 7 左右表明复床正冲洗结束，进入产水状态，也可待用。

任务三　纯水测量

【任务描述】

本任务介绍纯水测量的原理和测量方法。

【任务目标】

① 掌握纯水的测量原理和测量方法。

② 能对纯水进行规范检测。

8.3.1 纯水测量的基本原理

水中所含杂质通常分为两类，一类为导电的杂质，另一类为不导电的杂质。若先除去了不导电杂质，则水的质量将由导电杂质的多少来确定。而导电的杂质在水中一般为离子状态。在平常状态下，这些离子做无规则的运动，若将水中插入两支电极，如图 8-8 所示，电极之间施加电压 U，并在两电极间的回路中串联电流计 A，此时水中离子在电场的作用下沿着电场的方向定向运动而产生电流 I_x，电流将随着离子数的增多而增加，反之则减少。这样从指示器 A 中可读出电流 I_x 的值。

8.3.2 测量方法

(1) 电极及指示仪表

① 电极　为了方便起见，采用 260 型铂电极介绍电极结构 [图 8-9 (a)]。

铂片平行地镶在玻璃杯中，玻璃杯和玻璃壳为一整体，它是由极难溶于水、化学稳定性很高的玻璃制成的。为了防止漏电，玻璃壳内灌满了绝缘性能极好的液状石蜡或沥青之类的绝缘材料。铂片之间的距离定为 1cm，而每片铂片的单面面积为 $1cm^2$。图 8-9 (b) 为现在使用的金属电极。

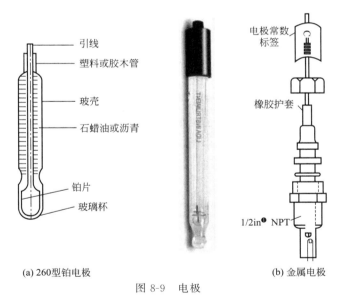

(a) 260型铂电极　　(b) 金属电极

图 8-9　电极

② 指示仪表　测定溶液电阻率的仪表主要有下列几种。

a. 智能型电导率仪　采用新型高速 MCU 芯片，超稳定测量采集，宽温度、低漂移设计，使仪表具有高稳定性和准确性；通过按键设置电极常数，电导率上、下报警，可迁移 4～20mA 电流信号输出，切换查看电导率（μS/cm）、介质温度（℃）、TDS（ppm）测量值域，

---

❶ 1in＝2.54cm。

高亮度背景光LED显示，自动量程转换，可选配多种电极，以支持更宽测量范围。适用于电渗析、反渗透、离子交换制水系统、冷却水控制系统和一般工业用水的在线监测与控制。

b.电阻率测控仪　为在线面板式高纯水电阻率/电导仪，适用于EDI、混床制备高纯水在线水质监控。采用信号采集、多元自动温度补偿技术，测量准确；配套经特殊处理的不锈钢电极，可满足长期稳定运行的需要，并有控制、报警、4～20mA电流环输出等可选功能。其高端产品采用高性能单片机作处理核心，更加稳定准确，且具有比电阻/比电导切换功能。

（2）测量方法

测量高纯水的方法有两种：一种是静置测量法，一种是流动测量法。

① 静置测量法　如图8-10所示。这种方法多用于实验室或小规模生产。其优点是：简单、灵活性大、便于移动。但是这种方法测量的准确性较差，特别是当水的纯度很高时，其准确性更差。这主要是由于盛水容器清洗不干净和空气中CO_2气体的溶解，从而影响测量的准确性。如果测量处空气中含有酸性气体，其误差更大。

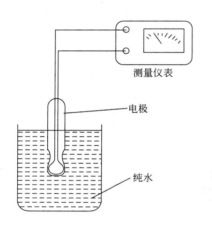 

图8-10　静置测量法原理

② 流动测量法　如图8-11所示。这种方法是将电极插入纯水流过的密闭管道中，影响测量准确性的因素较少，准确性较高，并可连续进行测量，因而目前应用较为广泛。但是，这种方法的测量装置移动不便。

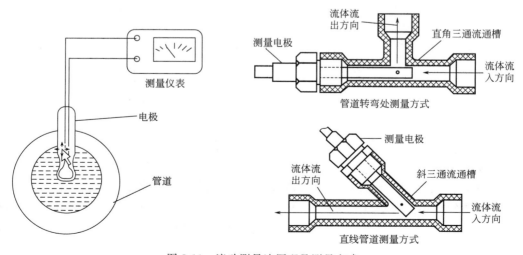

图8-11　流动测量法原理及测量方式

【拓展阅读】 其他纯水制备法及流程

(1) 其他纯水制备方法

① 超过滤法 超过滤法（Ultra Filtration）与逆渗透法类似，也是使用半透膜。超滤膜是介于微滤和纳滤之间的一种膜。超滤是一种能够将溶液进行净化、分离、浓缩的膜分离技术，超滤过程通常可以理解成与膜孔径大小相关的筛分过程。以膜两侧的压力差为驱动力，以超滤膜为过滤介质。在一定的压力下，当水流过膜表面时，只允许水及比膜孔径小的小分子物质通过，达到溶液的净化、分离与浓缩的目的。但它无法控制离子的清除，因为膜之孔径较大，只能排除细菌、病毒、热原及颗粒状物等，对水溶性离子则无法滤过。超过滤法主要的作用是充当逆渗透法的前置处理，以防止逆渗透膜被细菌污染。它也可用在水处理的最后步骤，以防止上游的水在管路中被细菌污染。一般是利用进水压与出水压差来判断超过滤膜是否有效。与活性炭类似，平时是以逆冲法来清除附着其上的杂质。

超滤膜一般分为板框式（板式）、中空纤维式、管式、卷式等多种结构。其中，中空纤维式是国内应用最为广泛的一种。

a.板框式组件 板框式组件是首先应用的大规模超滤和反渗透系统，这种设计起源于常规的过滤概念。膜、多孔膜支撑材料以及形成料液流道的空间和两个端重叠压紧在一起，料液是由料液边空间引入膜面，所有板框式组件应在单位体积中提供大的膜面积。通常这种组件与管式组件相比，控制浓度极化比较困难。特别是溶液中含大量悬浮固体时，可能会使料液流道堵塞。在板框式组件中通常要拆开或机械清洗膜，而且比管式组件需要更多的次数。但是，板框式组件的投资费用和运行费用都比管式组件低。

板式超滤膜是最原始的一种膜结构，由于占地面积大、能耗高，逐步被市场所淘汰，主要用于大颗粒物质的分离。

b.管式膜组件 管式膜组件首先用于反渗透系统。这种组件明显的优点是可以控制浓差极化和结垢。而在反渗透系统中，管式膜已在很大程度上被中空纤维式和螺旋式组件所代替，这是因为它的投资和运行费用都高。但是在超滤系统中，管式组件一直在使用着，这主要是由于管式系统对料液中的悬浮物具有一定的承受能力，它很容易用海绵球清洗而无需拆开设备。管式膜组件的主要优点是能有效地控制浓差极化，大范围地调节料液的流速，膜生成污垢后容易清洗。其缺点是投资和运行费用都高，单位体积内膜的比表面积较低。

管式膜已存在较长一段时间，它的设计简洁而易于理解。管式膜较大的优点是，它们能较大范围地耐悬浮固体和纤维、蛋白等物质，对料液前处理要求低，对料液可以进行高倍浓缩，设备的投资费用高，占地面积大，主要用于超微滤系统中。

c.中空纤维式组件 中空纤维式超滤组件与中空纤维式反渗透组件相似，只是孔径大小不同而已，应用中要根据料液的情况加以选择，各种超滤膜件都有其成功的应用领域。

中空纤维膜纤维的内径很小。我国的中空纤维膜是起步最早、运用成熟的膜结构，广泛用于水处理。但中空的技术更新受到抑制，产品过于单一。膜的水通量太低，切割分子量不准确，过滤的精度主要集中在5万分子量以上。

d.卷式膜组件 卷式构型占膜市场的主导。卷式膜的设计原本专用于水脱盐处理，但其紧凑的设计、低廉的价格已吸引了其他行业。经过许多试验和失败后，重新设计的元件已经可以用于许多工业行业，如医药生化行业、精细化工行业、纸浆和造纸行业、高纯水以及一些高温和极端pH的场合。但是，大多数膜公司只为极端项目提供一种卷式膜。

② 电渗析法　电渗析法（Electrodialysis，ED）是利用离子交换膜进行海水淡化的方法。离子交换膜是一种功能性膜，分为阴离子交换膜和阳离子交换膜［简称阴膜和阳膜］。阳膜只允许阳离子通过，阴膜只允许阴离子通过，这就是离子交换膜的选择透过性。在外加电场的作用下，水溶液中的阴、阳离子会分别向阳极和阴极移动，如果中间再加上一种交换膜，就可能达到分离浓缩的目的。电渗析法就是利用了这样的原理。

电渗析器中交替排列着许多阳膜和阴膜，分隔成小水室。当原水进入这些小室时，在直流电场的作用下，溶液中的离子就做定向迁移。阳膜只允许阳离子通过而把阴离子截留下来；阴膜只允许阴离子通过而把阳离子截留下来。结果使这些小室的一部分变成含离子很少的淡水室，出水称为淡水。而与淡水室相邻的小室则变成聚集大量离子的浓水室，出水称为浓水。从而使离子得到了分离和浓缩，水便得到了净化。

电渗析和离子交换相比，有以下异同点。

a.分离离子的工作介质虽均为离子交换树脂，但前者是呈片状的薄膜，后者则为圆球形的颗粒。

b.从作用机理来说，离子交换属于离子转移置换，离子交换树脂在过程中发生离子交换反应。而电渗析属于离子截留置换，离子交换膜在过程中起离子选择透过和截阻作用。所以更精确地说，应该把离子交换膜称为离子选择性透过膜。

c.电渗析的工作介质不需要再生，但消耗电能；而离子交换的工作介质必须再生，但不消耗电能。

电渗析法处理废水的特点是：不需要消耗化学药品，设备简单，操作方便。

电渗析法在废水处理中，根据工艺特点，电渗析操作有两种类型：一种是由阳膜和阴膜交替排列而成的普通电渗析工艺，主要用来从废水中单纯分离污染物离子，或者把废水中的污染物离子和非电解质污染物分离开来，再用其他方法处理；另一种是由复合膜与阳膜构成的特殊电渗析分离工艺，利用复合膜中的极化反应和极室中的电极反应以产生 H^+ 和 OH^-，从废水中制取酸和碱。

目前，电渗析法在废水处理实践中应用最普遍的有：

a.处理碱法造纸废液，从浓液中回收碱，从淡液中回收木质素；

b.从含金属离子的废水中分离和浓缩金属离子，然后对浓缩液进一步处理或回收利用；

c.从放射性废水中分离放射性元素；

d.从芒硝废液中制取硫酸和氢氧化钠；

e.从酸洗废液中制取硫酸及沉积重金属离子；

f.处理电镀废水和废液等，含 Cu^{2+}、Zn^{2+}、$Cr(Ⅳ)$、Ni^{2+} 等金属离子的废水都适宜用电渗析法处理，其中应用较广泛的是从镀镍废液中回收镍。许多工厂实践表明，用这种方法可以实现闭路循环。

（2）其他纯水制备工艺

① 医药用纯水工艺流程图（图 8-12）

② 食品、饮料行业用纯水工艺流程图（图 8-13）

③ 电力锅炉补给水、精细化工超纯水处理系统（图 8-14）

④ 电子超纯水系统（图 8-15）　电子超纯水设备用途：计算机硬盘、显像管（LED、LCD）、液晶显示器、集成电路芯片、半导体线路板等的清洗。

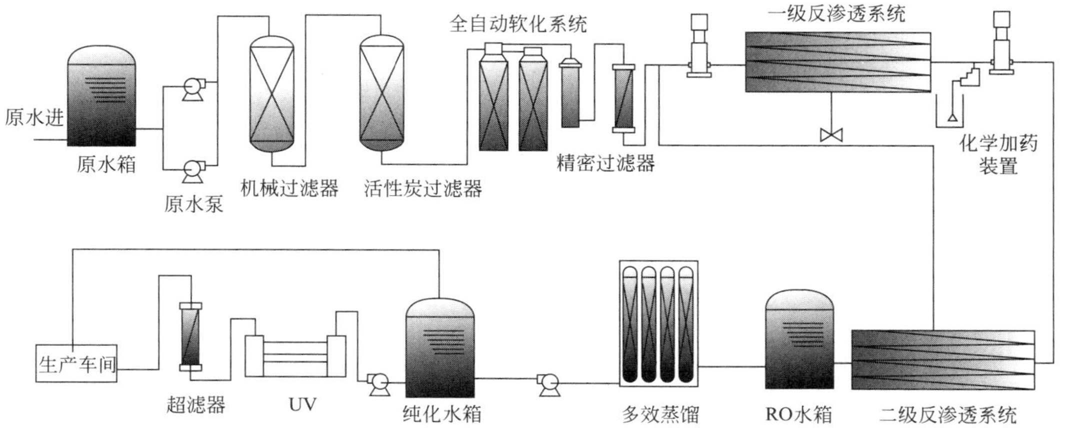

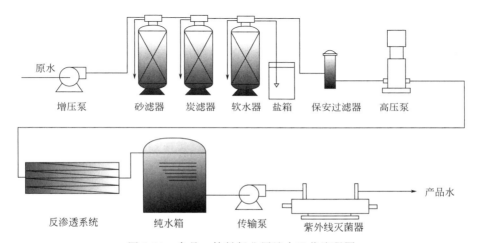

图 8-12 医药用纯水设备工艺流程图

图 8-13 食品、饮料行业用纯水工艺流程图

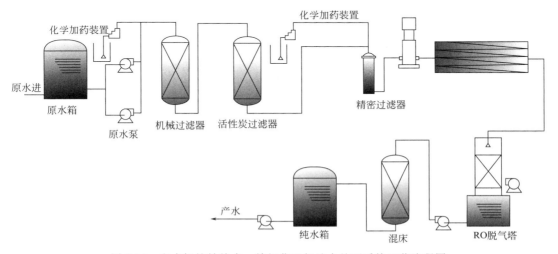

图 8-14 电力锅炉补给水、精细化工超纯水处理系统工艺流程图

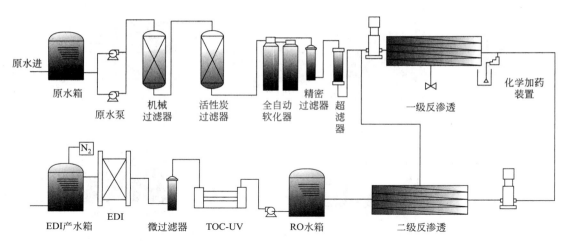

图 8-15　电子超纯水系统工艺流程图

【小结】

在生产中常用水来清洗高纯材料，因此要求所使用的水必须是纯水和超纯水。纯水是电阻率达到 10MΩ·cm 左右的水，超纯水是电阻率达到 18MΩ·cm 左右的水。在工业生产中要制备纯水和超纯水，通常使用自来水作原水，经过过滤、吸附、反渗透、离子交换和紫外线杀菌等流程来制备。

离子交换是用阳离子交换树脂中的 H^+、阴离子交换树脂中的 OH^- 与水中的 Ca^{2+}、Mg^{2+} 等金属阳离子和 Cl^-、CO_3^{2-} 等阴离子进行离子交换，从而除去水中的杂质离子的方法。

离子交换树脂在使用一段时间后会逐渐"失效"，必须"再生"后才能继续使用。离子交换树脂的再生是将离子交换树脂在再生液（阳离子交换树脂用 5％HCl、阴离子交换树脂用 5％NaOH）中浸泡 15min 以上，然后再用纯水清洗至 pH 合格。

【习题】

8-1　简述离子交换反应原理。

8-2　简述离子交换树脂的再生原理。

8-3　简述离子交换柱的结构。

8-4　简述纯水制备系统运行操作方法。

参考文献

[1] 杨德仁.太阳电池材料 [M].第二版.北京：化学工业出版社，2018.

[2] 王成华，辛海霞.化工制图 [M].北京：化学工业出版社，2018.

[3] GB 8174 设备及管道保温效果测试与评价方法 [S].

[4] GB 8175 设备及管道保温设计导则 [S].

[5] GBJ 126 工业设备及管道绝热工程施工及验收规范 [S].

[6] HG 2023018—1999 厂区设备检修作业安全规程 [S].

[7] HG 20519—92 化工工艺设计施工图内容和深度统一规定 [S].

[8] 秦国治.管道防腐蚀技术 [M].第 2 版.北京：化学工业出版社，2009.

[9] 谭天恩.化工原理 [M].第四版.北京：化学工业出版社，2013.

[10] 刘寄声.多晶硅和石英玻璃的联合制备法 [M].北京：冶金工业出版社，2010.

[11] 刘小峰，王岭.多晶硅化学制备方法的比较分析 [J].新材料产业，2011（6）：65-69.

[12] 陈光华等.新型电子薄膜材料 [M].第二版.北京：化学工业出版社，2012.

[13] 李国昌，王萍.结晶学教程 [M].第 2 版.北京：国防工业出版社，2014.

[14] 冷士良等.化工单元操作及设备 [M].第二版.北京：化学工业出版社，2015.

[15] 王绍良.化工设备基础 [M].第三版.北京：化学工业出版社，2019.

[16] 沈发治.化工基础概论 [M].北京：化学工业出版社，2007.

[17] S. R. Wenham.应用光伏学 [M].上海：上海交通大学出版社，2008.

[18] 崔克清.化工工艺及安全 [M].北京：化学工业出版社，2004.

[19] 郑广俭，张志华.无机化工生产技术 [M].北京：化学工业出版社，2010.

[20] 阙端麟.硅材料科学与技术 [M].杭州：浙江大学出版社，2000.

[21] 《实用工业硅技术》编写组.实用工业硅技术 [M].北京：化学工业出版社，2005.

[22] 陈立.制冷工操作技术 [M].合肥：安徽科学技术出版社，2008.

[23] 刘景良.化工安全技术 [M].第四版.北京：化学工业出版社，2019.

[24] 厉玉鸣.化工仪表及自动化 [M].第五版.北京：化学工业出版社，2015.

[25] 蒋军成.化工安全 [M].北京：机械工业出版社，2008.

[26] 阙端麟，陈修治.硅材料科学与技术 [M].杭州：浙江大学出版社，2000.

[27] 潘红星，曾亚龙，朱明等.$SiCl_4$ 氢化技术的应用现状及研究进展 [J].材料导报，2013，27（增刊1）：154-156，163.

[28] 王安杰.化学反应工程学 [M].第二版.北京：化学工业出版社，2018.

[29] 张恩成，张滢清，郭飞等.锌还原四氯化硅制备多晶硅技术的国内外进展 [J].新材料产业，2010（2）：48-51.

[30] 邹君辉，刘莉，徐宁等.气相白炭黑生产技术的研究 [J].广东化工，2004，31（9）：38-40.

[31] 徐玮.副产 $SiCl_4$ 制备正硅酸乙酯新工艺的研究 [D].武汉：武汉工程大学，2013.